Tuberkulose-Jahrbuch 1964/65

Deutsches Zentralkomitee zur Bekämpfung der Tuberkulose

Tuberkulose-Jahrbuch

1964/65 – Band 14

Herausgegeben von
Professor Dr. Fritz KREUSER
Generalsekretär

unter Mitarbeit der Tuberkulose-Fürsorgeärzte
Oberreg.-Med.-Rat Dr. Breu, Ludwigsburg
Med.-Direktor Dr. Neumann, Stuttgart
und des Leiters der Schirmbildstelle Hessen
Dr. Zutz, Bad Nauheim

Mit 22 Abbildungen

Springer-Verlag Berlin Heidelberg GmbH 1967

ISBN 978-3-662-22962-0   ISBN 978-3-662-24905-5 (eBook)
DOI 10.1007/978-3-662-24905-5

Titel-Nr. 6855

Vorwort

Dieses Jahrbuch weicht insofern von den bisherigen Ausgaben ab, als es die Bewegung der Tuberkulose in Deutschland über 2 Jahre behandelt.

Dazu veranlaßte einmal die starke Inanspruchnahme der Geschäftsstelle des Deutschen Zentralkomitees durch die Vorbereitung und Durchführung der erfreulich verlaufenen XVIII. Internationalen Tuberkulosekonferenz in München im Oktober 1965 — dazu berechtigt aber auch die Feststellung, daß eine Wertung der epidemiologischen Situation aus der Beobachtung längerer Abläufe ihre Vorteile hat. Es soll deshalb dieser Brauch beibehalten werden.

Der Sinn des Jahrbuches ist, nicht nur *rückblickend* Bericht und Rechenschaft abzulegen, sondern aus der Fülle der Einzelangaben und Ergebnisse *vorwärtsschauend* den Kurs zu erkennen, der gesteuert werden muß, um die Bedrohung der Volksgesundheit durch die Tuberkulose — bei uns wie bei allen Völkern — zu mindern und zu überwinden.

Daß die Arbeit des Deutschen Zentralkomitees immer solche sachkundige und freudige Hingabe finde, wie sie in dem vorliegenden Jahrbuch in der Bearbeitung durch den Generalsekretär und seine Mitarbeiter zum Ausdruck kommt, ist mein Dank und Wunsch als scheidender Präsident.

Berlin, Juli 1966   Professor Dr. Erich Schröder

Einleitung

Künftig soll in einem Jahrbuch immer für 2 Kalenderjahre Berichterstattung erfolgen:

Die Zahlen, die Jahr für Jahr geliefert werden, zeigen, auch bei der Unterteilung nach Geschlecht und Altersgruppen, verhältnismäßig so kleine Unterschiede, daß es sich kaum lohnt, ein so umfangreiches Tabellenwerk, wie es bisher in jedem Jahrbuch geliefert worden ist, jährlich neu aufzustellen. Das Zentralkomitee wird trotzdem bemüht sein, im Text auf Wandlungen aufmerksam zu machen, die hinsichtlich der Erläuterung der Epidemiologie von Bedeutung sein können. Während allgemein darauf hingewiesen wird, daß sowohl die Mortalitäts- als auch die Letalitäts-Statistik keinen Einblick mehr in die Vorgänge der Tuberkulose-Endemie geben, muß die Morbiditätsstatistik von immer größerer Bedeutung werden. Die Schwierigkeit der Führung einer exakten Morbiditätsstatistik liegt auf nationalem Gebiet in der verschiedenen Bewertung einzelner Erkrankungen durch die Fürsorge-, Heilstätten- und frei niedergelassenen Ärzte, auf internationalem Gebiet darin, daß in den einzelnen Ländern verschiedene Erkrankungsformen statistisch unterschiedlich geführt werden, so z.B. in Dänemark nur diejenigen Erkrankungen, bei denen Tuberkulosebakterien nachgewiesen werden.

Dieses von der Weltgesundheitsorganisation befürwortete statistische Verfahren gewährt eine gewisse Sicherheit, sofern die im mikroskopischen Präparat gefundenen säurefesten Stäbchen tatsächlich Tuberkuloseerreger sind. Auch kann man danach die Bekämpfungsmaßnahmen mit Rücksicht auf die wohl international bestehenden Schwierigkeiten der personellen Besetzung der Fürsorgestellen auf ein vereinfachtes Bekämpfungsverfahren aufbauen, das aber gegenüber dem in Deutschland üblichen einen Rückschritt bedeuten würde.

Seit 2 Jahren hat man sich beim Deutschen Zentralkomitee bemüht, die Erläuterungen zur Tuberkulosestatistik der Gesundheitsämter neu zu fassen in dem Bestreben, daß im ganzen Bundesgebiet die Beurteilung möglichst einheitlich erfolgen soll. Ob dies mit den im November 1965 herausgegebenen Erläuterungen, zu denen ein Kommentar von BREU (Öff. Ges. Dienst 1966 H. 1) im Januar 1966 erschienen ist, geschieht, wird die Zukunft lehren.

Die Schwierigkeiten der Führung der Statistik und damit die Gewinnung eines für die Öffentlichkeit brauchbaren Urteils über die epidemiologischen Vorgänge bei der Tuberkulose gehen aus folgenden Ausführungen hervor:

Wenn man die Tatsachen des Gebrauchs und des Mißbrauchs bekannt gegebener Zahlen betrachtet, so kann wenigstens bei der Tuberkulose oft der Verdacht entstehen, daß ihnen eine Tendenz unterlegt wird, die beweisen soll, die Tuberkulose stelle ein von selbst erlöschendes Gesundheitsproblem dar.

Es gibt Berechnungen, wann dieses Ereignis, die Überwindung der Krankheit, eingetreten sein wird. Es handelt sich dabei indessen um eine mehr oder weniger optimistische Spekulation, deren Richtigkeit von vielen schwer meßbaren Dingen abhängig ist.

Bei gleichbleibenden äußeren Umständen — Wohlstand und Sicherung des Friedens — besteht einigermaßen die Gewähr dafür, daß die Erkrankungen an Tuberkulose im jugendlichen Alter rascher abnehmen werden als die der Erwachsenen, vor allem der älteren Generationen, und daß die Zahl der Neuinfektionen, seien es Primär-, Re- oder Superinfektionen, infolge der Verringerung der Zahl der Offentuberkulösen allmählich, jedoch mit fallenden Abnahmeraten, zurückgehen wird. Die Seuchenprognose ist demnach bei gleichbleibenden sozialen Grundbedingungen günstig zu stellen. Das bedeutet aber nicht, daß eine Krankheit, an der zur Zeit im Bundesgebiet noch rd. 270 000 Menschen leiden, jährlich ca. 55 000 neu erkranken und täglich noch 20 Mitbürger sterben, von heute auf morgen ausgerottet und damit dem ärztlichen Interesse entzogen sein kann.

Wir haben daher Grund, uns laufend über die epidemiologischen Vorgänge anhand zuverlässiger Statistik des Krankheitsbefalls, des Krankheitsablaufs, sowie der Mortalität und der Letalität ein genaues Bild zu machen. Wenn dies bisher nur ungenügend geschehen ist, so ist das sowohl einer Unzulänglichkeit des statistisch gewonnenen Materials als auch der Schwierigkeit der ärztlichen Rubrizierung der Krankheitsfälle zuzuschreiben.

1. Für die Gewinnung des Materials ist *Bundeseinheitlichkeit* anzustreben, da sowohl die Einteilung der Krankheitsfälle nach den Gruppen Ia bis IIb, d. h. nach aktiven offenen, geschlossenen, extrapulmonalen Tuberkulosen und nach den noch überwachungsbedürftigen inaktiven Fällen derselben Kategorien notwendig ist, als auch die Teilung nach Geschlecht und Altersstufen sowohl beim Krankenbestand als auch bei den Zugängen, insbesondere den Ersterkrankungen.
Wir hoffen, dies im Tuberkulosebericht der Gesundheitsämter in seiner neuen Fassung (nach dem Muster von Nordrhein-Westfalen) und den dazu gegebenen „Erläuterungen" erreicht zu haben.
Der neue Bericht enthält die von dritter Seite vermißte „Seuchenstatistik". Die bisherige Statistik stellte eine „Leistungsstatistik" der Fürsorgestellen dar und gab damit keine verwertbaren Zahlen über Zugänge und Bestand der Tuberkuloseerkrankungen an.
Es muß betont werden, daß die Gewinnung „roher Zahlen" einerseits von der Durchführung der gesetzlich vorgeschriebenen Anzeigepflicht und andererseits den in einzelnen Ländern oder Landesteilen durchgeführten Ermittlungsaktionen, wie Tuberkulinkatastern und Röntgenreihenuntersuchungen abhängt.
2. Die Einreihung der Krankheitsfälle in einzelne Gruppen hängt weitgehend von der Methode und Sorgfalt der Untersuchung ab: Wer keine bakteriologischen und sorgfältigen Röntgenuntersuchungen vornimmt, wird wenige Kranke mit „offener" Lungentuberkulose finden, wer solche Kranke lange Zeit als ansteckend krank ansieht, wird viele Fälle als Ia bzw. Ib einordnen. Wer sich nicht überzeugen kann, daß eine tuberkulöse Erkrankung „inaktiv" geworden ist, wird die Zahl der „aktiv" Erkrankten in anderer Höhe registrieren als der Arzt, der sich entschließt, eine Primär-Sekundär-Tuberkulose beim Kinde in der Regel nach zwei Jahren, eine geschlossene Lungentuberkulose beim Erwachsenen nach fachgerechter Behandlung nach fünf Jahren in die Gruppe der „Inaktiven" (IIa) überzuführen. Dieser Arzt kann in seinem Fürsorgebezirk erheblich mehr aktive

Tuberkulose statistisch führen als ein anderer, welcher — oft zum Heile der Kranken — seine Patienten als „inaktiv" wieder in das soziale Milieu der Gesunden bzw. Genesenen überführt.

Bisher stellen die Werte der Morbiditätsstatistik nur „Annäherungswerte" dar. Durch Aussprachen in Tagungen der Fürsorgeärzte sollten die Länderregierungen sich bemühen, auffallende individuelle Unterschiede, die nicht epidemiologisch bedingt sein können, auszugleichen. Von allen Seiten, vor allem auch seitens der behandelnden Ärzte, sollte hier mehr „Gemeinschaftsarbeit" geleistet werden. Seit Jahren bemüht sich das Deutsche Zentralkomitee darum, eine Besserung herbeizuführen, dadurch, daß es versucht, durch seine Veröffentlichungen Aufklärung in Kreisen der Ärzteschaft zu treiben und in seinen Arbeitsausschüssen, den Hauptorganen des Komitees, niedergelassene Ärzte mit zu beschäftigen, um sie für unsere Fragen zu interessieren und ihre Sorgen verstehen zu lernen. Im Vordergrund der Führung der Statistik als wissenschaftliche Fragestellung stehen heute die etwa gleich hohen Befallzahlen der beiden Geschlechter bis zum 20. Lebensjahr und die seit Jahren international beobachtete Vorrangstellung, bzw. die Benachteiligung des männlichen Geschlechts bei Erkrankungen an Lungentuberkulose im Erwachsenenalter. Wir versuchen, diese Fragen zu ergründen und haben die Länderregierungen gebeten, daß wir einzelne, besonders gut geführte Fürsorgestellen unmittelbar als Mitarbeiter beauftragen dürfen, uns zu helfen, eine Lösung zu finden. Die Lage hat sich in dieser Hinsicht im Laufe der Jahrzehnte geändert, so daß man, wenn man schon prophezeien will, auch wieder einen Umschlag in den Zahlenverhältnissen erwarten kann, wie sie in den 20er Jahren dieses Jahrhunderts schon einmal bestanden haben.

Die Unsicherheit der Morbiditätsstatistik ist aber sicher nicht gleichbedeutend mit ihrer Wertlosigkeit, sie zeigt lediglich ihre Verbesserungsbedürftigkeit an, andererseits muß davor gewarnt werden, auf unsicheren Grundzahlen mathematische Konstruktionen aufzubauen, deren Ergebnisse unmöglich richtig sein können, da in solchen Berechnungen auch der „mittlere Fehler" seine Brauchbarkeit verliert.

Das Zentralkomitee hofft, mit der vereinbarten Neuregelung zu einer einheitlichen Seuchenstatistik zu kommen, die vor allem die Zahl der Neuerkrankungen einigermaßen exakt erfaßt und außerdem über die Sterblichkeit der Tuberkulosekranken einen Einblick gewährt und schließlich die Todeskurve wiedergibt.

Die Jahre 1964 und 1965 waren weitgehend beansprucht durch die Vorbereitung der XVIII. Internationalen Tuberkulose-Konferenz in München. Diese Konferenz sollte durch Darstellung der Tuberkulose-Bekämpfung in entwickelten und in Entwicklung befindlichen Ländern ein Bild von der Weltlage geben, deren Epidemiologie beim Stand der Entwicklungsländer selbstverständlich noch wesentlich mehr Unsicherheit enthält als die einheimische Statistik. Hinsichtlich der Kosten der Tuberkulose-Bekämpfung liegen in der Bundesrepublik ziemlich eindeutige Zahlen vor, aus denen hervorgeht, daß noch Jahr für Jahr, zum Teil infolge der steigenden Unkosten, die Ausgaben eine halbe Milliarde übersteigen. Von den deutschen Mitgliedern der Programmkommission sind als Themen in erster Linie die extrapulmonale Tuberkulose, die Kindertuberkulose und die endoskopischen Methoden zur Erkennung der Tuberkulose in das Programm aufgenommen worden, weil diese Gebiete bisher auf den internationalen Kongressen nicht genügend zur Sprache gekommen waren, bzw. die Endoskopie als neues Verfahren zur Tuberkulosediagnostik von größter Bedeutung sein kann. Die von den Herren FRIEDEL, KASTERT und MAASSEN behandelten Themen fanden größtes Interesse und führten zu anregenden Diskussionen.

Das Land Bayern sowohl wie die Stadt München hatten alles aufgeboten, um dem Kongreß einen würdigen Rahmen zu geben, so daß der Eindruck bestanden hat, daß nicht nur die einheimischen Teilnehmer, sondern auch die Besucher aus dem Ausland von dem Ablauf der Veranstaltung voll befriedigt waren.

Die Konferenz stand unter der Leitung des damaligen Präsidenten der Internationalen Union, Herrn Professor SCHRÖDER, Berlin, bzw. des Alt-Präsidenten der Internationalen Union, Herrn Professor ZORINI, Rom; sie ist durch die Gesundheitsministerin, Frau Dr. Elisabeth SCHWARZHAUPT, eröffnet worden.

Berichte über die Konferenz sind in Heft 12 des „Öffentlichen Gesundheitsdienstes" 1965, Heft 6 der „Praxis der Pneumologie", beide von NEUMANN, Stuttgart, und im „Ärzteblatt für Baden-Württemberg", Heft 2/1966, von Fräulein SCHUSTER, Sanatorium Schillerhöhe, erschienen.

Als weitere Aufgabe in der Tuberkulose-Bekämpfung besteht zur Zeit das Problem der Tuberkulose der Gastarbeiter, deren Gesamtzahl wohl die ursprünglich angenommenen Ziffern wesentlich überschritten hat. Einschlägige Arbeiten darüber sind von KOSSMANN und BREU sowie von NEUMANN, Stuttgart, veröffentlicht worden.

Über die weitere Frage, inwieweit die BCG-Schutzimpfung bei Neugeborenen aufrecht erhalten werden soll, bzw. ob diese Maßnahme durch Ermittlung der Konvertoren in jugendlichem Alter ersetzt werden soll, die dann einer „Chemoprophylaxe" unterzogen werden, wird zur Zeit noch unterhandelt. Im ganzen besteht die Tendenz, die BCG-Schutzimpfung in ein höheres Lebensalter zu verschieben, was allerdings die Vornahme der Impfung wegen der erforderlichen Vorproben kompliziert.

Im Jahre 1965 ist die Frage „Facharzt für Lungenkrankheiten" seitens der Bundesärztekammer aufgegriffen worden, bei der der Wunsch bestanden hat, die Fachärzte für Lungenkrankheiten wieder in das ursprünglich gemeinsame Fachgebiet der inneren Medizin zurückzuführen. Da diese Rückführung praktisch aber mit einer Verlängerung der Ausbildungszeit einhergehen sollte, wurde das DZK gebeten, im Interesse der Besetzung der Fürsorgearzt- und Heilstättenarztstellen dafür Sorge zu tragen, daß diese Umänderung in der geplanten Form nicht zustande kommt.

Während früher eine nicht ganz geringe Anzahl von Lungenfachärzten auf Grund ihrer eigenen Erkrankung den Beruf eines Fürsorge- oder Heilstättenarztes ergriffen haben, ist dieses Vorkommnis so selten geworden, daß ernste Nachwuchssorgen bestehen.

I. Überblick über die Geschäftsjahre 1964 und 1965
Geschäftsbericht des Deutschen Zentralkomitees
zur Bekämpfung der Tuberkulose

Ende 1965 ist ein Zeitabschnitt von 5 Jahren abgeschlossen worden, in dem das Generalsekretariat dem Herausgeber übertragen war. Es wird daher ein Überblick über diesen Zeitraum gegeben, der auch deshalb berechtigt ist, weil künftig nach einem Präsidialbeschluß vom 25. 11. 65 das Jahrbuch nur noch in jedem zweiten Jahr erscheinen soll. Im vorliegenden Band wird über die Kalenderjahre 1964 und 1965 berichtet, mit Auswertung der statistischen Daten von 1963 und 1964.

Als Aufgabenbereiche waren anzusehen:

a) Eine Reorganisation der Arbeitsausschüsse

b) Eine Reorganisation des Präsidialbeirates

c) Eine Neufassung der Satzung mit einer Geschäftsordnung

Zu a) Ende 1963 haben 17 Arbeitsausschüsse bestanden und zwei Unterausschüsse, die dem Gebiet der extrapulmonalen Tuberkulose zuzurechnen sind. Zu Vollausschüssen wurden der „Arbeitsausschuß für Laboratoriumsmethoden" (Leitung Prof. Dr. Dr. FREERKSEN) sowie der „Arbeitsausschuß für Genitaltuberkulose der Frau, Tuberkulose und Schwangerschaft" (Leitung Prof. Dr. KIRCHHOFF) erweitert, während je ein Unterausschuß für die Augen- und die Urogenitaltuberkulose des Mannes bestehen blieben.

Grundsatz bei der Reorganisation war, daß kein Mitglied eines Arbeitsausschusses gleichzeitig Mitglied eines anderen Ausschusses sein soll, um dafür zu sorgen, daß aus dem Kreise der Experten auch jüngere Kräfte in die Arbeitsausschüsse genommen werden konnten. Außerdem wurde in fast jeden Arbeitsausschuß ein Vertreter der freipraktizierenden Ärzteschaft berufen. Bei den Vorsitzenden der Arbeitsausschüsse tritt nur dort ein Wechsel ein, wo der Vorsitzende eines Arbeitsausschusses aus Altersgründen aus dem aktiven Dienst einer hauptamtlichen Tätigkeit ausgeschieden ist. Soweit der scheidende Vorsitzende den Wunsch geäußert hat, wird er als Gast zu den Sitzungen seines Ausschusses eingeladen.

Diese Organisation hat sich innerhalb der verflossenen 5 Jahre in jeder Hinsicht bewährt. Es ist selbstverständlich, daß im Bedarfsfall vereinzelt Gäste zu den Sitzungen eingeladen werden können.

Neu eingerichtet wurde eine jährliche Zusammenkunft der in den Gesundheitsverwaltungen der Länder tätigen Referenten für Tuberkulose. Die Aussprachen in diesem Gremium haben sich bisher bestens bewährt, ihr Hauptziel ist es, ein einheitliches Vorgehen im Kampf gegen die Tuberkulose im ganzen Bundesgebiet zu erreichen.

Zu b) Im Präsidialbeirat war bis 1960 mehr eine Berichterstattung üblich, die durch die Vorsitzenden der Arbeitsausschüsse vollzogen worden ist. Da diese Berichte sich vielfach mit den Veröffentlichungen im Tuberkulose-Jahrbuch gedeckt haben, war es ein dringendes Bedürfnis, wenn der Sinn des Präsidialbeirates erfüllt sein sollte, Probleme wissenschaftlicher und praktischer Bedeutung in diesem Gremium zu besprechen, und vom Präsidialbeirat die Stellung von Aufgaben zu verlangen, die an die Arbeitsausschüsse vergeben werden konnten.

Durch diese Arbeitsmethoden sind die Funktionen des Präsidialbeirates neu belebt worden.

Zu c) Die Neufassung der Satzung wurde erforderlich, weil in der alten Satzung die Trennung zwischen Ordentlichen und Außerordentlichen Mitgliedern Unklarheiten geschaffen hat. Ein Stimmrecht der Außerordentlichen Mitglieder war ausgeschlossen, der Ablauf der Mitgliederversammlungen erschwert und mitunter von sachlichen Bedürfnissen abgelenkt.

Die Funktion der engeren Präsidialmitglieder (Präsident, Vizepräsident, Schatzmeister und Generalsekretär) ist in der neuen Satzung klar umrissen und ihr Tätigkeitsbereich gekennzeichnet.

Die Mitgliederversammlung besteht nach der neuen Satzung nur noch aus tatsächlichen Interessenten, so daß es vermieden wird, daß die Versammlung zu einem Schauplatz von Meinungsäußerungen Außenstehender wird. Die Interessen der niedergelassenen Ärzte werden dadurch gewahrt, daß die Deutsche Gesellschaft für Tuberkulose und Lungenkrankheiten mit 6 Stimmen bei der Beschlußfassung der Mitgliederversammlung vertreten ist, die der Gesundheitsämter durch eine Vertretung des Bundes der Medizinalbeamten.

Die Arbeit mit der jetzigen Satzung vom 12. 3. 1964 verlief reibungslos.

Von Ende 1960 bis Ende 1965 sind folgende *Merkblätter* erarbeitet und nach Genehmigung durch das Präsidium herausgegeben worden:

1. Empfehlungen zur heutigen Kollapsbehandlung der Lungentuberkulose
2. Empfehlungen für die Resistenzbestimmung gegen Isoniacid und Streptomycin
3. Gesichtspunkte zur Begutachtung der vom Tier auf den Menschen übertragbaren Tuberkulose
4. Merkblatt für die Tuberkulose der Harnorgane und die männliche Genitaltuberkulose
5. Empfehlungen für die INH-Anwendung bei Tuberkulose von Kindern und Jugendlichen
6. Empfehlungen für Röntgeneinrichtungen der Tuberkulosefürsorgestellen an Gesundheitsämtern
7. Merkblatt für Tuberkulosekranke
8. Richtlinien für die Tuberkulose-Schutzimpfung mit BCG
9. IV. Verlautbarung über die Anwendung der tuberkulostatischen Mittel für die Behandlung der Lungentuberkulose Erwachsener
10. Merkblatt für Tuberkulosegenesene zwecks Eingliederung in das Erwerbsleben
11. Merkblatt über die Cortison-Anwendung bei der Therapie der Lungenkranken
12. Merkblatt zur Früherkennung der Skelett-Tuberkulose
13. Leitsätze für die Beurteilung der Schulfähigkeit tuberkulosekranker bzw. erkrankt gewesener Lehrer und Schüler (§ 45 Abs. 1 BSeuchG) und anderer Angehöriger der Erziehungs- und Kinderpflegeberufe (§ 48 Abs. 1 BSeuchG)
14. Immer noch Kampf gegen die Tuberkulose?
15. Desinfektionsmaßnahmen bei Tuberkulose

16. Erläuterungen zur Tuberkulosestatistik der Gesundheitsämter
    Ende 1965 waren in Bearbeitung:
1. Gesichtspunkte zur Nomenklatur bei der Begutachtung der Tuberkulose
2. Gesichtspunkte für die Anerkennung einer Erkrankung an Tuberkulose als Arbeitsunfall
3. Merkblatt über die Überwachung der ambulanten Chemotherapie
4. Empfehlungen zur Methodik und Bewertung von Resistenzbestimmungen bei Tuberkulosebakterien
5. Die Kultur von Mykobakterien, insbesondere von Tuberkulosebakterien aus Untersuchungsmaterial. —

Die Neubearbeitung der Tuberkulose-Statistik hat das Ziel, die Morbiditäts- und Mortalitäts-Zahlen möglichst bundeseinheitlich zu gestalten, so daß Vergleiche zwischen den einzelnen berichtenden Stellen möglich sind. Bekanntlich hat die bisherige Statistikführung in den Vergleichsberechnungen mitunter zu Fehlschlüssen geführt.

Die Frage der *Ausrottung der Tuberkulose* (Eradikation) wurde in der Präsidialbeiratssitzung in Lübeck am 15. Sept. 1964 zur Diskussion gestellt. Als Ausgangspunkt sollten die Ergebnisse von Tuberkulin-Katastern in größeren Feldversuchen an verschiedenen Orten des Bundesgebietes (Baden-Württemberg, Bremen, Nordhessen und Südniedersachsen) zwecks Ermittlung des Durchseuchungsstandes dienen. Es besteht kein Zweifel darüber, daß mit der Erstellung wissenschaftlich exakter Tuberkulin-Kataster eine Art „Tuberkulose-Geographie" erzielt werden kann. Andererseits handelt es sich dabei nur um ein Teilproblem, ohne daß die Fragen der Früherfassung Kranker durch Röntgenuntersuchungen, sowie der Erkennung unbekannter Ansteckungsquellen und deren ärztlich korrekte Versorgung befriedigend beantwortet sind.

Ein dazu gehörendes Untergebiet sind die Fragen der Disziplinwidrigkeit zahlreicher Tuberkulosekranker, die durch ihr Verhalten eine steigende Sorge der Heilstätten- und Fürsorgeärzte bilden. Neben ärztlichen Betreuungs- und Erziehungsaufgaben kommt die Anwendung des § 64 Abs. 2 BSHG in Betracht.

Zur Frage der *Bettenplanung* für die Unterbringung Tuberkulosekranker im Bundesgebiet muß berichtet werden, daß infolge der Besitzverhältnisse sowohl erstklassiger als auch weniger guter Heilstätten die Kranken oft nur nach wirtschaftlichen Gesichtspunkten in bestimmte Heilstätten eingewiesen werden. Es muß erreicht werden, daß durch sinnvolle Planung seitens der Träger der Rentenversicherungen, der Bundesbahn, der Landeswohlfahrtsverbände und karitativer Anstalten im Laufe der nächsten Jahre eine befriedigende Lösung gefunden wird, die es ermöglicht, sowohl dem allmählichen Rückgang der Tuberkuloseerkrankungen Rechnung zu tragen, als auch das ärztliche Interesse an einer möglichst vollkommenen Versorgung der einzelnen Kranken zu wahren.

Nachdem die *Rehabilitation* in den Rentenversicherungsneuregelungsgesetzen als Pflichtaufgabe der Rentenversicherungsträger gesetzlich verankert ist, stehen einer erweiterten Praxis der Rehabilitationsverfahren keine Hindernisse mehr im Wege. Vor den Neuregelungsgesetzen war die Rehabilitation vielfach der Initiative besonders interessierter und tatkräftiger Ärzte und Dienststellen überlassen. In Deutschland sind vor allem ALEXANDER, AGRA, BRIEGER, Breslau, und DORN, Charlottenhöhe, durch ihre Pionierarbeit bekannt geworden.

Unausgesetzt müssen die *Aufklärungsbestrebungen* in der Bevölkerung, bei den Kranken und bei der gesamten Ärzteschaft weiter betrieben werden. Einen Anstoß dazu hat der Weltgesundheitstag 1964 gegeben, bei dem der Präsident des Deutschen Zentralkomitees anläßlich der festlichen Veranstaltung der Bundesregierung in Bad Godesberg die Bedeutung der Tuberkulose und ihrer Bekämpfung für die Volksgesundheit dargelegt hat. Der Generalsekretär hat eine allgemein verständliche Aufklärungsschrift beim Verlag W. Kohlhammer, Stuttgart, herausgegeben. Für die Tuberkulosekranken kann die gut und unterhaltend gestaltete Zeitschrift „Der Liegestuhl" empfohlen werden. Leider ist Anfang 1966 mitgeteilt worden, daß diese Schrift aus Mangel an Mitteln eingestellt werden soll.

Ferner sind Versuche zur Verbesserung der Methoden der *Chemotherapie* im Werden begriffen, bei denen durch Vergleichsbehandlungen in Heilstätten Methoden erarbeitet werden sollen, die die Wege chemotherapeutischer Behandlungen aufzeigen, so daß diese durch Vermittlung des Deutschen Zentralkomitees der Gesamtheit der Ärzte nahegebracht werden können. Es besteht bisher der Eindruck, daß seit Einführung der Chemotherapie noch vielfach „Behandlungen im Versuchsstadium" durchgeführt werden und daß vor allem bei der ambulanten Behandlung noch eine gewisse Unsicherheit besteht, die dann zu unzulänglichen Erfolgen führt.

In der *Bearbeitung des Jahrbuches* wurde seit 1960 darauf geachtet, nach Möglichkeit in jedem Jahr über ein bestimmtes Arbeitsgebiet als „Schwerpunkt" besonders zu berichten. Das Jahrbuch 1959 lag bei Übernahme des Generalsekretariats schon nahezu fertig vor; 1960 wurde der Gang der Tuberkulosesterblichkeit eingehend geschildert; 1961 die ausführliche Statistik der Heilverfahrenstätigkeit der Rentenversicherungsträger ausgewertet; 1962 wurde über den derzeitigen Stand des Rehabilitationsverfahrens bei Tuberkulosekranken und 1963 über den Umfang, die Methodik und die Organisation der Tuberkulosefürsorge berichtet. In jedem Jahr wurde aus einer Durchsicht der internationalen Literatur ein Überblick über den Stand der Tuberkulose und ihre Bekämpfung im Ausland gegeben, wobei das Bestreben dahin geht, Verhältnisse in benachbarten Ländern mit ähnlicher sozialer Struktur wie die Bundesrepublik mit dem deutschen Bekämpfungsstand zu vergleichen.

Die Beziehungen zu ausländischen Organisationen wurden in Besuchen der Internationalen Kongresse in Toronto 1961 und Rom 1963 gepflegt. Ferner sind die Tagungen der Schweizer Tuberkulose-Vereinigung fast regelmäßig, die einer Österreichischen Tagung 1961 und einer gemeinsamen Österreichisch-Süddeutschen Tagung 1963 besucht worden.

Die bisherige Zusammenarbeit mit der Internationalen Union ist anläßlich verschiedener Sitzungen in Paris, die vor allem für die Vorbereitungen des Kongresses in München dienten, harmonisch verlaufen.

An den regionären Tagungen der Norddeutschen Gesellschaft, der Rheinisch-Westfälischen Gesellschaft, der Südwestdeutschen und Süddeutschen Gesellschaft hat der Generalsekretär wiederholt teilgenommen und auf Anregung aus dem Bundesministerium für Gesundheitswesen durch Besuche bei einer Reihe von Landesregierungen die Fühlung mit diesen aufgenommen. Auch bei der Bundesregierung haben wiederholt Besprechungen im kleinen Kreise stattgefunden.

Für die Zuerkennung eines *Franz-Redeker-Preises* wurden besondere Grundsätze ausgearbeitet, die anläßlich der Verleihung der Diplome im Jahre 1965 im einzelnen noch besonders hervorgehoben worden sind. Franz-Redeker-Preise sind im Jahre 1961 den Herren

NEUMANN, Stuttgart
(Die epidemiologische Bedeutung der inaktiven Lungentuberkulose)
BARTMANN, Berlin
(Die Prophylaxe der Tuberkulose durch BCG und ISONIAZID, einzeln und in Kombination, bei Tier und Mensch)
und GÖTTSCHING, Freiburg
(Die Neuzugänge an aktiver Lungentuberkulose und ihre Ansteckungsquellen)

zuerkannt worden;

im Jahre 1962 den Herren
KUNTZ, Gießen
(Die klinische Aktivitäts-Beurteilung der Lungentuberkulose)
und MÜNCHBACH, Worms
(Die Tuberkulose der Kleinkinder)

im Jahre 1963 den Herren
LANGMANN, Mülheim
(Tuberkulosebekämpfung in sozialhygienischer Hinsicht)
MAREK, Köln
(Sozialhygiene und Tuberkulosesituation aus veterinärmedizinischer Sicht)
sowie SPIESS und LÜDERS, Göttingen
(Untersuchungen zu einer Verbesserung der Tuberkulinprobe)

im Jahre 1964 den Herren
BLOEDNER, Schwabthal
(Berufliche Tätigkeit nach Lungenresektionen wegen Tuberkulose)
und ARNHOLDT, Würzburg
(Analyse der Heilstättenkuren bei ansteckender Lungentuberkulose und unterschiedlichem Entlassungsmodus)

im Jahre 1965 den Herren
GÖTTSCHING, Freiburg
(Stagnation in der Tuberkulosebekämpfung, Ursachen und Auswirkungen, Möglichkeiten der Überwindung)
und SCHMIEDEL, Zschadraß
(Über die Epidemiologie der menschlichen Bovinuslungentuberkulose in einem Industrieland)

Das Arbeitsgebiet von Dr. KEUTZER, der 1964 gestorben ist, wurde hinsichtlich der Vorbereitung des Jahrbuches nach Anstellung von Frau Dr. BRAUN dieser übertragen. Die Geschäftsführung wurde durch den Generalsekretär, Frau Dr. KAYSER und teilweise durch den Kassenleiter, Herrn LAUENROTH, wahrgenommen.
Mit Aufnahme der organisatorischen Arbeiten für die Internationale Konferenz in München wurde Herr Dr. LOECK, München, vertraglich verpflichtet. Die schriftlichen Arbeiten einschließlich der Vorbereitungen von organisatorischen Leistungen wurden Frau GÖDEKE übertragen. Die Kassenleitung einschließlich aller Geldgeschäfte hat Herr LAUENROTH übernommen.

Im Juni 1965 wurde die Rechnungsführung des DZK durch den Bundesrechnungshof überprüft.

Im Jahre 1964 und 1965 hat der Generalsekretär die Tagungen der Schweizerischen Vereinigung gegen die Tuberkulose in Solothurn bzw. Basel besucht und innerhalb des Bundesgebietes die Tagungen der Südwestdeutschen Tuberkulosegesellschaft in Hinterzarten und der Süddeutschen Gesellschaft in Freudenstadt.

Vom 16. bis 18. September 1964 wurde der Deutsche Tuberkulose-Kongreß in Lübeck abgehalten. Den ersten Tag hatte das Deutsche Zentralkomitee übernommen mit Vorträgen durch die Herren GRABENER, Kiel, EFFENBERGER, Warstein, BUSSE, Kiel und HOPPE, Düsseldorf, über die Perspektiven der in den letzten Jahren neu herausgekommenen Gesetze (Bundesseuchen- und Bundessozialhilfegesetz, Unfallversicherungsrentenneuregelungsgesetze).

Des weiteren wurde von Frau MEISSNER, Borstel, und Herrn NASSAL, Heidelberg, über die Bedeutung des Erregers der Geflügeltuberkulose für die menschliche Gesundheit referiert.

Auf die Durchführung der XVIII. Internationalen Tuberkulose-Konferenz in München ist in der Einleitung hingewiesen worden.

Arbeitsausschuß-Sitzungen sind 1964 7 und 1965 6 abgehalten worden, dazu in jedem der beiden Jahre eine Konferenz der Länderreferenten.

Das vorliegende Jahrbuch mußte, da Frau Dr. BRAUN am 31. März 1966 ihre Stelle aufgegeben hat, unter Mitarbeit der Herren Oberreg. Medizinalrat Dr. BREU, Ludwigsburg, Medizinaldirektor Dr. NEUMANN, Stuttgart, und dem Leiter der Schirmbildstelle Hessen, Dr. ZUTZ, Bad Nauheim, bearbeitet werden. Die von den Mitarbeitern abgefaßten Abschnitte sind durch die Anfangsbuchstaben von deren Namen gekennzeichnet.

Dem Wunsch eines Kritikers zufolge werden die Bände des Tuberkulose-Jahrbuches numeriert, so daß das erste Jahrbuch 1950/51 die Nummer 1 führt, das letzte Jahrbuch 1963 die Nummer 13, der vorliegende Band führt daher die Nummer 14.

Für den Inhalt verantwortlich ist der Generalsekretär.

Sowohl bei der Geschäftsführung des Zentralkomitees als auch bei der Vorbereitung der Internationalen Tuberkulose-Konferenz hat sich der gesamte Stab unserer Mitarbeiter mit großem Eifer und Interesse eingesetzt, wofür hiermit der beste Dank ausgesprochen werden soll.

II. Berichte der Arbeitsausschüsse

Für den „Arbeitsausschuß für Röntgenschirmbilduntersuchung und Röntgentechnik" und für den „Arbeitsausschuß für Desinfektion" ist eine kurze Berichterstattung durch den Herausgeber erfolgt.

Arbeitsausschuß für Tuberkulosefürsorge (Vorsitzender: Oberreg. Med.-Rat Dr. Karl Breu, Ludwigsburg)

In diesem Bericht sollen einige aktuelle Gesichtspunkte hervorgehoben werden:

1. Tuberkulose-Statistik

Im Laufe der letzten 2 Jahre sind auf mehreren Ausschußsitzungen des DZK nach eingehenden Beratungen sowohl eine *„Neufassung der Erläuterungen zur Tuberkulose-Statistik der Gesundheitsämter"* als auch ein neuer Vordruck für die Erstellung des Tuberkulose-(Viertel-)Jahresberichtes für alle Bundesländer erarbeitet worden. Als Vorlage für den neuen Vordruck diente das schon bisher in Nordrhein-Westfalen verwendete Formular, das an einigen Stellen abgeändert wurde. Bei den Besprechungen waren auch Vertreter des Arbeitsausschusses für Tuberkulosefürsorge und jeweils auch dessen Vorsitzender anwesend.

Änderungen der Erläuterungen zur Tuberkulose-Statistik der Gesundheitsämter und des Vordrucks für den Tuberkulose-Jahresbericht waren notwendig, um eine *zuverlässigere* und auch praktisch *bundeseinheitliche* Tuberkulose-Statistik zu erreichen. Bisher unterschied man unter den Zugängen an Tuberkulose 1. die „Neuzugänge" und 2. die „Übergänge aus anderen Gruppen". Wegen der unterschiedlichen Auffassung einiger Untergruppen innerhalb der Zugänge (insbesondere gilt dies für den Begriff „Wiedererkrankte") hat man bewußt den Begriff „Neuzugänge" fallengelassen, man spricht nur noch von „Zugängen". Gleichzeitig sind die einzelnen Statistik-Gruppen innerhalb der Zugänge *übersichtlicher* und damit *leichter auswertbar* geworden. Von jetzt ab können die übergeordneten Stellen die *tatsächlichen* Zugänge an aktiver Tuberkulose, insbesondere auch an ansteckungsfähiger Lungentuberkulose, mitteilen, und dies ist ein Gewinn in sozialhygienischer und sozialpolitischer Hinsicht (bisher hat das Statistische Bundesamt neben den Zahlen über die Mortalität und den Bestand an Tuberkulose nur die Neuzugänge, nicht aber die Gesamtzugänge an Tuberkulose veröffentlicht). Neu ist eine eigene Gruppe (V) für den *Morbus Boeck*, um einen Überblick über seine Häufigkeit in der Bundesrepublik zu gewinnen. Bisher war dies nicht möglich, da das Boeck'sche Sarkoid, dessen Ätiologie auch heute noch umstritten ist, je nach Auffassung des Fürsorgearztes teils unter Ic, teils unter III geführt wurde. Im Bereich der Tuberkulosefürsorgestelle Ludwigsburg spielt das Boeck'sche Sarkoid zur Zeit eine wesentliche Rolle.

Die Tuberkulose-Statistik in der jetzigen Fassung gibt nicht nur Auskunft über die Mortalität, Morbidität sowie über die Leistungen der Tuberkulosefürsorge, sondern sie ist nunmehr auch eine *Seuchen-Statistik*, die Aufschluß über die tatsächlichen Zugänge an ansteckender Lungentbk. gibt. Voraussetzung ist, daß alle Tuberkulosefürsorgestellen bemüht sind, die Tuberkulose-Statistik so sorgfältig wie möglich zu erstellen. Wir benötigen einigermaßen zuverlässige statistische Unterlagen, um uns klarzuwerden, welche Maßnahmen zur schnelleren Beseitigung der Tuberkulose weiterhin geplant werden müssen. Im einzelnen wird auf die Veröffentlichung von BREU in der Zeitschrift „Der öffentliche Gesundheitsdienst" 1966, S. 21 verwiesen.

2. Die Dokumentation

An mehreren deutschen Universitäten sind innerhalb der medizinischen Fakultät in den letzten Jahren Lehrstühle für Statistik und Dokumentation geschaffen worden. In Gießen wurde kürzlich das erste Extraordinariat für Dokumentation und Sozialmedizin (Prof. Dr. PFLANZ) ins Leben gerufen.

Auch auf dem Gebiet der Tuberkulose, sowohl in der Klinik als auch auf dem sozialhygienischen Sektor, sollte die Dokumentation auf- und ausgebaut werden. Die Aufgabe dieser Dokumentation ist es, sorgfältige ärztlich-wissenschaftlich, sowie statistisch gut fundierte Erhebungen anzustellen, wo wir heute in der Tuberkulosebekämpfung stehen, was wir erreicht haben und somit eine Aussage darüber machen zu können, was noch gemacht werden muß.

Neben den Heilstätten sind auch die Tuberkulosefürsorgestellen, die das Schicksal eines jeden Kranken mit einer bestehenden oder durchgemachten Tuberkulose über eine größere Zeitspanne hin verfolgen können, sowie andere Einrichtungen der sozialhygienischen Tuberkulose-Bekämpfung berufen, *Erhebungen* über verschiedene sozialhygienische Fragen anzustellen. Zudem wirft die moderne Tuberkulosebehandlung mit dem Wandel des Tuberkulosegeschehens sowohl im Einzelfalle wie im Ganzen nicht nur eine Reihe klinischer, sondern auch sozialhygienischer Fragen auf, die einer sorgfältigen wissenschaftlichen Bearbeitung bedürfen. Daher sollte über vereinzelte, schon bisher wissenschaftlich arbeitende Tuberkulosefürsorgeärzte und andere sozialhygienisch arbeitende Ärzte (Schirmbildärzte, Ärzte bei den Rentenversicherungsträgern) hinaus eine größere Anzahl von Tuberkulosefürsorgestellen und die Kostenträger der Heilbehandlung eine planvolle Dokumentation betreiben! Diese Dokumentation bei den Tuberkulosefürsorgestellen bedarf der Unterstützung durch die maßgebenden Stellen.

Verdienstvoll sind die vom DZK an eine Anzahl von Tuberkulosefürsorgestellen und auch pathologischen Institute ergangenen Anfragen und die Auswertung eingegangener Antworten (Häufigkeit der Chronisch-Tuberkulösen, Todesursachen, Tuberkulin-Kataster).

3. Tuberkulose bei den ausländischen Arbeitnehmern

Mit dem Problem der Tuberkulose bei den ausländischen Arbeitnehmern (a. A.) hat sich der Fürsorgeausschuß bereits auf seiner Sitzung im Jahre 1963 befaßt *(s. Tbk.-Jb. 1963, S. 8)*. BREU berichtete auf der Tagung der Süddeutschen Gesellschaft für Tuberkulose und Lungenkrankheiten im Juni 1965 in Freudenstadt über weitere Beobachtungen aus der Sicht der Tuberkulosefürsorge:

In der Bundesrepublik ist die Zahl der a. A. von 98 800 im Jahre 1956 sprunghaft auf 1 Million im Oktober 1964 angewachsen (inzwischen nach dem Stand vom 31. März 1966 auf 1,23 Millionen angestiegen). Wie eine Umfrage des DZK im Jahre 1965 ergeben hat, ist für alle ohne Beteiligung der Deutschen Auslandskommissionen eingereisten a. A. seit 1962 eine röntgenologische Untersuchung der Lunge vorgeschrieben. Die Aufenthaltserlaubnis wird in einigen Bundesländern schon bei inaktiver Lungentbk., in anderen Ländern erst bei begründetem Verdacht auf aktive Lungentbk., im Durchschnitt in 0,8 % abgelehnt. Die Untersuchungsergebnisse aus der Schweiz, wonach bei den dort beschäftigten a. A. die Erkrankungshäufigkeit an Tuberkulose gegenüber der einheimischen Bevölkerung erhöht ist, konnte an Hand einer Erhebung im Bereich der Tuberkulosefürsorgestelle Ludwigsburg für das Jahr 1964 zumindest für die Erkrankungsfälle an offener Lungentbk. bestätigt werden. Verglichen wurden sowohl bei der einheimischen Bevölkerung als auch bei den a. A. jeweils die Altersgruppen zwischen 15 und 60 Jahren. Die offenen Lungentuberkulosen — fast durchwegs hier erstmalig festgestellte Erkrankungen — wurden in der Mehrzahl zwischen 1 bis 2 Jahre (auch nach HEIN), aber auch länger als 2 Jahre, nach der Einreise in das Bundesgebiet festgestellt. — Noch eindeutiger findet sich für das Erkrankungsjahr 1965 eine Erhöhung der Erkrankungen an ansteckender Lungentbk. bei den a. A. — Bei der relativ kleinen Zahl kann es sich nur um Beobachtungen handeln. Weitere sorgfältige Erhebungen in mehreren Bundesländern wurden vorgeschlagen.

Die von schweizer Kollegen erhobene Forderung nach periodischer Wiederholung der Röntgenuntersuchung bei den a. A. ist berechtigt. Vorhandene Möglichkeiten zur Realisierung dieser Forderung sind auszunützen: Durchführung in großen Betrieben, die über einen werksärztlichen Dienst verfügen, Überprüfung, ob an einer RRU auch alle a. A. teilgenommen haben. Im Hinblick auf die Mitteilungen von gehäuften Spätprimärtuberkulosen aus der Schweiz (HAEGI, OTT, STAIGER) bei den a. A. und mehrfache eigene Beobachtungen von Erscheinungsbildern, die zu dem Formenkreis der primo-sekundären Tbk. gehören, werden repräsentative Tuberkulinprüfungen bei den a. A. und BCG-Schutzimpfung der negativen Reagenten vorgeschlagen. In diesem Sinne haben sich auch DUMMER, Köln, und kürzlich auch HEIN, Tönsheide, ausgesprochen. Nach OTT reisen aus manchen Gegenden noch um 50—60 % tuberkulinnegativ in die Schweiz ein.

Im Falle des Auftretens einer ansteckenden Tbk. müssen auch bei den Familienangehörigen der a. A. die bewährten Maßnahmen der praeventiven Tuberkulosebekämpfung durchgeführt werden.

4. Die Gesundheitserziehung

Die Erziehung breiter Bevölkerungsschichten in Fragen der Gesundheit spielt bekanntlich verschiedentlich im Ausland eine sehr große Rolle, wahrscheinlich u. a. auch deshalb, da in diesen Ländern, im Gegensatz zu uns, die Tuberkulosebekämpfung nicht so fest staatlich verankert ist. Der Gewinn einer groß angelegten Gesundheitserziehung in diesen Ländern ist der, daß die persönliche Initiative und die persönliche Aktivität stärker als bei uns ausgeprägt sind. Diese Feststellung kann u. a. dadurch belegt werden, daß z. B. in Schweden die Beteiligung der Bevölkerung an der RRU (auf freiwilliger Basis!) bis über 90 % betragen soll, während bei uns in denjenigen Bundesländern, in denen es kein Schirmbildgesetz gibt, die Beteiligung der Bevölkerung an der RRU zwischen 15 und 50 % beträgt.

In einigen Bundesländern ist die Gesundheitserziehung auf Landesebene angelaufen. In Baden-Württemberg hat sich kürzlich der Sozialausschuß des Landtags für die „Gesundheitserziehung, Aufklärung über eine zeitgerechte Gesundheitspflege und vorbeugende Maßnahmen zur Erhaltung der Volksgesundheit" ausgesprochen und einen entsprechenden Antrag gestellt. Die Gesundheitserziehung bei Tuberkulose im Rahmen einer allgemeinen Gesundheitserziehung und Aufklärung der Bevölkerung (u. a. in Fragen des Alkohols und des Nikotins) ist eine notwendige Ergänzung unserer bewährten Maßnahmen bei der Überwindung der Tuberkulose als Volkskrankheit! Auf den Aufsatz des Herrn Dr. TRIEBOLD in der Broschüre „Unbesiegte Tuberkulose" wird verwiesen.

Arbeitsausschuß für stationäre Behandlung und Studententuberkulose

Der Arbeitsausschuß für stationäre Behandlung — Vorsitz Chefarzt Dr. LOR-BACHER, Heidhausen — hat sich mit den immer dringender werdenden Personalschwierigkeiten in den Lungenabteilungen beschäftigt. Die durch das neue Krankenpflegegesetz sich ergebende Situation wurde dabei besonders berücksichtigt.

Die *Errichtung* von eigenen *Pflegeschulen*, die den Anforderungen des Pflegegesetzes voll entsprechen, wäre zwar sehr erwünscht, wird sich in der Praxis aber nur beschränkt durchführen lassen, da in den wenigsten Anstalten die sachlichen und personellen Voraussetzungen zur Durchführung einer Pflegeschule gegeben sind. In Großstadtnähe sollte man in Anlehnung an andere Krankenanstalten versuchen, geeignete ehemalige Tuberkulosekranke zusammenzuziehen und im Sinne der Rehabilitation zu Schwestern oder Pflegern auszubilden. Da die Zahl der Bewerber sicher beschränkt bleiben wird, und die meisten Pflegeschulen, unabhängig von Lungenkliniken, bevorzugen werden, wird man sich einen entscheidenden Einfluß auf den Personalmangel in den Lungenabteilungen von diesen Pflegeschulen nicht versprechen können.

Durch attraktive Wohnungen, gute Möglichkeiten der Freizeitgestaltung und nicht zuletzt durch eine auch finanziell ins Gewicht fallende Infektionszulage, müssen dem Personal von Lungenabteilungen Vorteile gegenüber den Kolleginnen und Kollegen in anderen Krankenanstalten geboten werden. Diese Notwendigkeit ergibt sich aus der Tatsache, daß die Tuberkulosepflege in der allgemeinen Volksmeinung als besonders gefährlich gilt und die Patienten nicht selten ihre Pflege durch Disziplinlosigkeit noch erschweren. Auch die in der Regel abseitige Lage der Tuberkuloseabteilungen schreckt das Personal bei der Wahl des Arbeitsplatzes ab.

Zur Frage der *Vor- und Nachbehandlung der chirurgisch behandelten Tuberkulösen* nahm der Ausschuß wie folgt Stellung:

Medikamentöse Vorbehandlung von vier bis sechs Monaten bis zur Stabilisierung der Tuberkulose muß gefordert werden. Sputumkonversion ist dabei keinesfalls erforderlich. Bei älteren Patienten ist präoperativ Digitalisierung angezeigt. Neben der gleichzeitigen Verabreichung von mehreren tuberkulostatischen Medikamenten hat sich die Medikation von Corticosteroiden bewährt. Präoperative Funktionsprüfung, Blutgasanalyse ist besonders bei Risikofällen notwendig. Postoperativ wird eine Saugdrainage von drei bis sieben Tagen, möglichst mit zwei Drains, empfohlen. Resthöhlen können durch Pneumoperitoneum verkleinert werden. Bei größeren persistierenden Resthöhlen ist eine Ausgleichsplastik mit Resektion der 2. bis 4., evtl. 5. Rippe erforderlich. Die Nachbehandlung soll auch medikamentös wenigstens sechs Monate lang fortgesetzt werden. Je weitgehender die Resistenz oder Unverträglichkeit gegen die Medikamente ist, desto vorsichtiger ist die Prognose zu stellen.

Die Resektionsbehandlung hat auch bei Diabetikern im allgemeinen eine gute Prognose.

Resezierte Patienten sollen als geschlossene Lungentuberkulose entlassen werden und sind in der Regel nach einem Jahr wieder arbeitsfähig. Besonders Rechtspneumektomierte werden nicht selten zu Funktionskrüppeln und müssen cardial unterstützt werden. Da sie in der Mehrzahl erwerbsunfähig sind und kein gesichertes Recht auf Tuberkulosehilfe haben, sollte in einer Novelle zum Sozialhilfegesetz eine finanzielle Hilfe vorgesehen werden, um eine Reaktivierung der Tuberkulose möglichst zu vermeiden.

Die *Belegungsschwierigkeiten der Schweizer Hochgebirgsheilstätten* gaben Veranlassung, die heutige Indikation für Heilverfahren im Hochgebirge zu diskutieren. Dabei wurde folgende Indikationsstellung bejaht:

1. Tuberkulose mit Bronchitis.
2. Tuberkulose mit Allergien.
3. Tuberkulose mit haematogenen Streuungen außerhalb der Pulmo.
4. Nachbehandlung von Meningitis, Knochentuberkulose usw., die postoperativ nicht die genügende Rückbildungseigenschaft haben.

Alle Kranken müssen reisefähig sein und die Behandlung muß eine gute Aussicht auf Besserung bieten.

Da die Zahl der *ausländischen Studenten*, die tuberkulosekrank sind, nicht klein ist, hält es der Ausschuß für empfehlenswert, daß über das Bundesministerium für Gesundheitswesen erwirkt wird, daß die Immatrikulation ausländischer Studenten, ähnlich wie die Aufenthaltsgenehmigung ausländischer Arbeiter, von der Vorlage des Ergebnisses einer Röntgenuntersuchung abhängig gemacht wird.

Da in der letzten Zeit bei Lungenerkrankungen gelegentlich *atypische Mykobakterien* als Krankheitserreger festgestellt werden, empfiehlt der Ausschuß den Sozialversicherungsträgern und den Trägern der öffentlichen Fürsorge, für Erkrankte mit atypischen Mykobakterien die gleichen Voraussetzungen anzuerkennen wie für Tuberkulosekranke, d. h. sie sollen unter die Tuberkulosehilfe fallen, so daß sie ein Recht auf entsprechende Unterstützung erhalten.

Der Ausschuß hat sich ferner mit Entschiedenheit für die *Erhaltung des „Lungenfacharztes"* eingesetzt, da in der Bundesärztekammer die Tendenz besteht, ihn durch den Facharzt für innere Krankheiten mit besonderer Ausbildung im Lungenfach zu ersetzen. Die Aufgabe des Lungenfacharztes würde für die Lungenabteilungen die Nachwuchsfrage so verschlechtern, daß ein ernster Rückschlag in der Bekämpfung der Tuberkulose überhaupt zu erwarten ist. Es wird auch weiterhin notwendig sein, sich an den maßgeblichen Stellen für die Erhaltung des „Lungenfacharztes" einzusetzen.

Arbeitsausschuß für Chemotherapie (Vorsitzender: Chefarzt Dr. UNHOLTZ, Berlin-Kladow)

Da einer direkten Einflußnahme auf die Durchführung von Gemeinschaftsuntersuchungen auf dem Gebiet der Chemotherapie der Tuberkulose durch das DZK vor allem organisatorische und rechtliche Gründe entgegenstanden, wurde von einem Teil der Mitglieder des Arbeitsausschusses Chemotherapie im Dezember 1964 eine „Wissenschaftliche Arbeitsgemeinschaft für die Therapie von Lungenkrankheiten e. V." gegründet. Etwa die Hälfte der Gründungsmitglieder dieser Arbeitsgemeinschaft gehören dem Arbeitsausschuß für Chemotherapie an. Dadurch ist die Koordination mit dem Arbeitsausschuß genügend gesichert. Die „Wissenschaftliche Arbeitsgemeinschaft für die Therapie von Lungenkrankheiten" (WATL) hat in der Zwischenzeit bereits 2 Studienprogramme in Angriff genommen. Da bei jeder Tuberkulosetherapie außerhalb der Standardbehandlung die für ein Studienprogramm geeigneten Fälle auch bei der großen der WATL zur Verfügung stehenden Gesamtbettenzahl sich in sehr engen Grenzen halten, andererseits aber der chronische Tuberkuloseverlauf bei kritischer Auswertung lange Vor- und Nachbeobachtungszeiten erforderlich macht, ist es klar, daß während des Berichtszeitraumes noch keines der Programme abgeschlossen werden konnte. Trotzdem ist ein drittes Programm schon wieder im Vorbereitungsstadium. Während die organisatorischen Schwierigkeiten, die solchen Gemeinschaftsuntersuchungen entgegenstehen, gut gelöst werden konnten, bereitet die finanzielle Sicherung der Studienprogramme noch erhebliche Schwierigkeiten. Bisher wurden die nötigen Mittel von den Mitgliedern der WATL persönlich aufgebracht. Es steht jedoch zu hoffen, daß mit Hilfe des DZK auch diese Frage befriedigend gelöst werden kann.

Neben Koordinierung und Mithilfe bei der Planung und Durchführung von Gemeinschaftsuntersuchungen auf dem Gebiet der Chemotherapie der Tuberkulose betrachtet es der Arbeitsausschuß für Chemotherapie als seine besondere Aufgabe, durch Erarbeitung und Herausgabe von Verlautbarungen und Merkblättern zum Thema „Chemotherapie der Tuberkulose" insbesondere den niedergelassenen Lungenfachärzten, aber auch allen anderen Ärzten, die im Kampf gegen die Tuberkulose stehen, Hinweise, Richtlinien und Anregungen für eine rationelle Therapie, deren Durchführung und Überwachung zu geben. Ein „Merkblatt für die Überwachung der ambulanten antituberkulösen Chemotherapie" wurde in der Berichtszeit erarbeitet und wird in Kürze erscheinen.

Weitere Merkblätter zum Thema „Monotherapie" und „empfehlenswerte Kombinationsbehandlungen mit Tuberkulostatica 2. Ordnung" sind in Vorbereitung.

Das Thema neue *Tuberkulostatika* und die Probleme der *Chemoprophylaxe* runden das Arbeitsgebiet des Arbeitsausschusses ab. Auch zu diesen Fragen wird von Zeit zu Zeit immer wieder Stellung genommen.

Arbeitsausschuß für Laboratoriumsmethoden (Vorsitzender: Prof. Dr. Dr. Freerksen, Borstel)

Der Ausschuß hat am 22. Januar 1965 in Borstel eine Sitzung durchgeführt.

Es wurde dabei eingehend über den Diffussionstest im Rahmen der Resistenzbestimmung von Tuberkulostatika, die Bedeutung des Lebek-Testes für die Typendifferenzierung und die Identifizierung atypischer Mycobakterien, insbesondere deren enzymatische Besonderheiten, berichtet.

Leider durften die von dem Vorsitzenden Professor Dr. Dr. FREERKSEN benannten Redner aus der Ostzone nicht an der Sitzung teilnehmen. An ihrer Stelle haben vor allem Frau Professor MEISSNER, Herr Dozent Dr. BARTMANN sowie die Herren Dr. ALBRECHT, Trier, Dr. LIEBERMEISTER, München, und Dr. SCHLIESSER, München, teilgenommen.

Für die diagnostischen Merkblätter und die Merkblätter zur Resistenzbestimmung wurden Formulierungen für eine Neufassung erarbeitet, die vom Arbeitsausschuß voraussichtlich 1966 endgültig redigiert werden. Es ergehen immer Anfragen an das Deutsche Zentralkomitee über die Handhabung der laboratoriumsmäßigen Bearbeitung von tuberkulösem Material, für die diese Merkblätter von grundlegender Bedeutung sein können.

Der Ausschuß wird seine Arbeit an den erwähnten Fragen fortsetzen und dabei insbesondere auch die pathogene, immunogene und allergene Bedeutung der sogenannten atypischen Mycobakterien weiter verfolgen.

Im Zusammenhang mit diesen Arbeiten wird auch die Tuberkulinfrage, vor allem auch im Hinblick auf Tuberkuline aus atypischen Stämmen und ihre praktische Einsetzbarkeit bearbeitet.

Im *„Arbeitsausschuß für Kindertuberkulose"* (Vorsitzender Prof. Dr. Reiner W. MÜLLER, Köln) wurde die Frage des tuberkulösen Erstherdes, vor allem des pulmonalen besprochen. Die Anregung dazu hatte H. BRÜGGER, Wangen im Allgäu, gegeben. Franz SCHMID, Heidelberg, hatte in einer Reihe von Arbeiten (z. B. Fortschr. Med. 81 (1963), 553, 641, 671, 737, 773) gezeigt, wie wenig der „Primärherd" dem Kliniker, dem Röntgenologen und dem Bronchologen zugänglich ist. Er hatte daraus den Schluß gezogen, daß man überhaupt Zweifel an der Existenz eines Primärherdes in der Lunge äußern müsse. F. SCHMID trug seine Ansichten vor dem Arbeitsausschuß vor, doch betonten anschließend die Pathologen Ph. SCHWARTZ, Warren, USA, und E. UEHLINGER, Zürich, daß sich im Obduktionsmaterial der Primärherd sehr wohl abgrenzen lasse gegenüber später entstandenen Lungenherden, z. B. solchen, die aus Lymphknotendurchbrüchen hervorgegangen sind. Solch lymphadenogene Prozesse spielen im weiteren Ablauf der Lungentbk. des Menschen (nicht jedoch der des Rindes) eine gewisse Rolle, deren Umfang von den verschiedenen Rednern verschieden umrissen wurde. Der pulmonale Primärherd als solcher ist also zwar klinisch, röntgenographisch und bronchologisch nicht faßbar, wohl aber in der pathologischen Anatomie, der experimentellen Pathologie und der Veterinärmedizin sicher nachweisbar.

Ausnahmsweise hat die Tagung dieses Arbeitsausschusses nicht in den Geschäftsräumen des DZK, sondern in der Caritas-Kinderheilstätte Wangen im Allgäu stattgefunden, im Beisein von etwa 250 Gästen, die sich an der Diskussion über das behandelte Thema lebhaft beteiligt haben. Diese Form der Sitzung war möglich, da es sich um die Erörterung eines wissenschaftlichen Problems gehandelt hat und nicht um die Redaktion eines Merkblattes, wie das sonst zumeist bei den Arbeitsausschußsitzungen der Fall ist.

Arbeitsausschuß für extrapulmonale Tuberkulose

Anläßlich der XVIII. Internationalen Tuberkulose-Konferenz in München hat der Vorsitzende, Med. Dir. Dr. KASTERT, Bad Dürkheim, darauf hingewiesen, daß bei früheren Kongressen der Union die extrapulmonale Tuberkulose (ETB) so gut wie keine Berücksichtigung gefunden hat und bittet nachdrücklich im Namen der Referenten und Diskussionsredner, daß auf der nächsten Konferenz in Amsterdam wenigstens für die häufigsten ETB (Skelettuberkulose, Urotuberkulose) je ein halber Tag eingeplant werden sollte. Er begründet seine Empfehlungen noch durch die Tatsache, daß in den einzelnen Ländern die ETB meist nicht auf Tuberkulose-Kongressen, d. h. nicht von Tuberkulose-Ärzten, sondern von Vertretern der einzelnen Fachrichtungen auf Fachkongressen diskutiert und hierbei die Probleme, die die Tuberkulose als Allgemeinerkrankung betreffen, zwangsläufig ungenügend berücksichtigt werden. Wenn die Internationale Union hier nicht beispielgebend vorangeht, wird sie in den einzelnen Ländern so leicht an diesem überkommenen Versäumnis kaum etwas ändern.

In der Bundesrepublik mit rund einer Million erfaßter Tuberkulose-Kranker beträgt der Anteil der aktiven ETB 14,6 %, der inaktiven 6,4 % und der Neuerkrankungen 15,5 %. Der Anteil der Skelettuberkulose wurde im Rahmen der ETB mit 20—25 % errechnet. Neben der Uro- und Lymphknotentuberkulose gehören sie damit zu den häufigsten extrapulmonalen Manifestationen. Zu der zahlenmäßigen Erfassung der Skelettuberkulose ist auch an dieser Stelle hervorzuheben, daß in den meisten Ländern der Welt genaue Zahlenangaben nicht existieren.

Hinsichtlich der epidemiologischen Situation zeigt sich in der Bundesrepublik nach Ausrottung der Rindertuberkulose seit 1960 ein deutlicher Rückgang der Bovinusinfektion, insbesondere bei der Spondylitis tuberculosa. Entsprechend den Veröffentlichungen im anglo-amerikanischen Schrifttum ist ebenso seit 1959 ein deutlicher Rückgang der primären Resistenz gegenüber INH und Streptomycin zu verzeichnen. Für den gleichen Zeitpunkt ergibt die Auswertung der histologischen Befunde einen geringen Rückgang der verkäsenden, insbesondere der nekrotisierend verkäsenden Entzündungsformen.

Professor DEBEYRE, Paris, schilderte ausführlich Bedeutung und Anwendung der modernen medikamentösen Therapie. Sie soll *frühzeitig* einsetzen, jedoch erst, wenn die Diagnose feststeht. Hier ist neben klinischen und röntgenologischen Daten der histologische und am besten der Bakteriennachweis heranzuziehen. Die Anwendung soll *kombiniert* sein, um hierdurch die Entwicklung einer Bakterienresistenz erfolgreich zu verhüten. Die Medikation ist *ohne Unterbrechung* fortzusetzen und nicht mehr zu variieren, sie soll 1—2 Jahre dauern, um partiell resistente oder „stumme" Bakterien ebenfalls zu vernichten.

Die Klimatotherapie stärkt nach wie vor die Abwehrkraft des Organismus. Die Ruhigstellung ist nicht mehr erforderlich und kommt nur noch zu Beginn der Krankheit für kurze Zeit zur Anwendung, insbesondere bei schmerzenden Gelenkprozessen oder zur Beseitigung lokaler Entzündung (von schweren Fällen abgesehen). Heute genügt die Ausschaltung der Belastung durch Bettruhe, bei gleichzeitigen Bewegungsübungen im Liegen.

Chirurgische Eingriffe im Herdbereich sind ohne jede Gefahr. Sie sind erforderlich zur Bestätigung der Diagnose und zur Förderung der Herdvernarbung. Letzteres wird erreicht durch die Entfernung von Gewebsnekrosen, Käse, Sequestern bei Knochenherden und bei Gelenkprozessen durch Synovialektomien. Endlich ist sie zur Verhütung von Rezidiven bei älteren Fällen heranzuziehen, um abgekapselte „Nester" zu beseitigen. Die operative Indikation ist angezeigt, wenn die medikamentöse Therapie nach 3 Monaten keine wirksamen Effekte zeigt, in denen die Destruktion weiter voranschreitet oder ein ausgedehnter Abszess nicht austrocknet. Unter dem Schutz der modernen Medikation sind sämtliche Gelenkoperationen wie bei unspezifischen Gelenkerkrankungen möglich (Arthrodese, Arthroplastik, ankylosierende oder mobilisierende Resektionen, „Metallische" Osteosynthesen usw.). Die Bakterienresistenz erreicht im Bereich der Skelettuberkulose die gleiche Frequenz wie bei der Lungentuberkulose. Klinisch sind Allgemeinsymptome, Schmerzen, Temperaturen, nervöse Komplikationen, Abszesse und Fisteln weniger ausgeprägt. — In prognostischer Hinsicht ist die Lebensgefahr herabgesetzt, die funktionelle Wiederherstellung wesentlich gebessert und die Möglichkeit der Invalidität, Verkrüppelung bzw. Arbeitsunfähigkeit weitgehend gebannt.

Aus Schweden berichtet Dr. LINDBERG über Langzeitergebnisse (etwa 5—15 Jahre nach der Operation) bei operativ behandelter Wirbeltuberkulose. Von 173 Patienten (86 Frauen und 87 Männer) war in 118 Fällen die Tuberkulose frisch diagnostiziert, in 58 Fällen handelte es sich um ältere Prozesse. Von letzteren waren zum Zeitpunkt der Operation 26 länger als 5 Jahre an Spondylitis erkrankt und ausnahmslos konservativ behandelt worden. 18 Patienten zeigten Querschnittssyndrome von unterschiedlicher Intensität. Bei Herdoperationen sind hohes Alter, mäßiger Allgemeinzustand oder anderweitige Organtuberkulosen keine Kontraindikation. Zu der Operationstechnik wird im Brustkorbbereich neuerdings auch transthoracal bzw. transpleural vorgegangen. Im Lendenbereich erfolgt der Zugang antero-lateral und retroperitoneal; im Lumbosacralbereich transperitoneal. Auf eine postoperative Herdinstillation wird verzichtet und die Wunde primär verschlossen.

Bei gleichzeitiger aktiver Lungentuberkulose oder Miliartuberkulose ist die medikamentöse Vorbereitung länger. Die medikamentöse postoperative Nachbehandlung dauert von 2—3 Wochen bis zu einem Jahr und länger.

Von 173 Patienten waren 23 verstorben, 19 nicht mehr auffindbar und 132 konnten regelrecht nachbeobachtet werden. Davon waren 121 voll arbeitsfähig und ohne Symptome, 4 blieben aus anderen Ursachen arbeitsunfähig und waren klinisch geheilt, 7 waren beschränkt arbeitsfähig, 2 von ihnen aufgrund anderer Gebrechen. 4 Patienten sind nach der Röntgenkontrolle als nicht geheilt zu bezeichnen.

Bei 3 Fällen kam es später zur Entstehung neuer spondylitischer Herde und zwar 3, 6 und 8 Jahre nach der Operation.

Dr. JORIO, Rom, berichtet über Beobachtungen an 3 198 Fällen mit Skeletttuberkulose. Die Grundlagen der Behandlung des Forlanini-Institutes sind

1. allgemeine Behandlung und antibiotische Therapie,
2. absolute Ruhigstellung der erkrankten Region,
3. evtl. operative Maßnahmen zur rechten Zeit.

Die moderne medikamentöse Therapie wird in Form einer Kombinationstherapie angewendet: Schnelle Besserung des Allgemeinzustandes; Abkürzung der exsudativen Phase; Vereinfachung der Abszeß- und Fistelbehandlung; Ausheilung lokalisierter Knochenherde, insbesondere in Gelenknähe; Änderung der operativen Eingriffe, wie z. B. Resektion statt Arthrodese, transarticuläres statt extraarticuläres Vorgehen; Verminderung der Frequenz der Amputation; Herabsetzung der Mortalität, der Amyloidose, der secundären Meningitis, der Addison'schen Krankheit; Herabsetzung der visceralen Komplikationen von 20 auf 5 %.

Dr. KONSTAM, Nigeria, berichtet aus dem Teaching Hospital in Abadan/West-nigeria anhand einer 11jährigen Erfahrung über die ambulante Behandlung der Wirbeltuberkulose. Er hat den Eindruck, daß die Orthopäden im allgemeinen zu wenig Kenntnisse über den Fortschritt in der Chemotherapie haben. Es genügt zur Herdausheilung eine Langzeitbehandlung rein medikamentöser Art in ambulanter Behandlung. Seine Erfahrungen basieren auf der Behandlung von 207 Westafrikanern (74 Erwachsene, 133 Kinder; 1955—1959). Die gehfähigen Patienten wurden einmal im Monat zur ambulanten Untersuchung einbestellt; in dreimonatigen Abständen wurden Röntgenkontrollen vorgenommen und medikamentös PAS und INH kombiniert für wenigstens 1 Jahr verabfolgt. Streptomycin wurde nur bei Beteiligung des Rückenmarks gegeben. Gipskorsette wurden zur ambulanten Behandlung angelegt, wenn Schmerzen oder Muskelspasmen dies erforderlich machten. Die Ergebnisse waren sehr zufriedenstellend. Zunehmende Gibbusbildung ist bei dieser Art der Behandlung nicht zu vermeiden. Perispinale Abszesse wurden eröffnet und drainiert. Dr. KASTERT weist auf die Gefahren der vorgeschlagenen Therapie hin. Zahlenmaterial und Nachbeobachtungszeit sind zu gering und die Kontrolle der Behandlungsergebnisse, durch die örtlichen Verhältnisse bedingt, nicht exakt genug möglich. Ein nicht mehr gehfähiger Patient kann eben nicht mehr zur Behandlung kommen und ist deshalb nicht mehr zu kontrollieren. Diese durch den außergewöhnlichen Bettenmangel bedingte „Notstandstherapie" eines Entwicklungslandes darf sich unmöglich richtungweisend auf die Behandlung der Skelettuberkulose auswirken. In Afrika ist die Skelettuberkulose seit mehr als 6 000 Jahren, in Europa dagegen erst seit knapp 2 000 Jahren nachweisbar. Professor Dr. CHOCHLOW, Leningrad, berichtet über Auswertung von 4 410 histologischen und 1 314 bakteriologischen Untersuchungen von operativ gewonnenen Herdmaterialien. Die histologischen Untersuchungen bestätigen die Gefahr des tuberkulösen Knochenmarkherdes für den Makroorganismus während der gesamten Evolutionszeit des Entzündungsprozesses. Ein besonderes Gefahrenproblem stellt hierbei Art und Ausdehnung der käsigen Entzündung dar. Die moderne Chemotherapie vermag die Resorptionsvorgänge der käsig-nekrotischen Herdsubstanzen nicht zu beschleunigen. Lediglich Verkreidungs- und Verkalkungsprozesse setzen frühzeitiger ein. Das gleiche ist bei den Vorgängen zur Herdabgrenzung zu beobachten.

Histologische und bakteriologische Untersuchungen ergaben:

1. Die modernen Medikamente üben keine stimulierende Wirkung auf die Organisationsprozesse spezifischer Käseherde aus
2. Die Tuberkulosebakterien in verkästen Knochenherden gehen unter dem Einfluß antibakterieller Präparate nicht zugrunde.

In Übereinstimmung mit zahlreichen Spezialisten aus aller Welt bilden die käsig-nekrotischen Herde das Haupthindernis zur Ausheilung der tuberkulösen Skelettmanifestationen. Werden nach 3—4 Monaten medikamentöser Therapie röntgenologisch im Herd keine sicheren Vernarbungstendenzen gefunden, ist die Behandlung als wirkungslos anzusehen und die operative Herdöffnung indiziert. Radikal operiert werden ferner gelenknahe Knochenherde, um ein Übergreifen auf das Gelenk zu vermeiden. Bei spezifischen Gelenkerkrankungen wird zu einem hohen Anteil früh die Synovialektomie durchgeführt. Sie ist die sicherste Voraussetzung für eine totale oder weitgehende Erhaltung der Gelenkfunktion. Von besonderer Bedeutung und besonderem Erfolg waren die Herdoperationen bei 4 355 Kranken mit tuberkulöser

Spondylitis. Im Gegensatz zur rein medikamentösen Therapie zeigt die kombinierte medikamentös-operative Herdtherapie dauerhafte Herdvernarbungen.

Dr. SCHWABE, Bonn, unterstreicht die Bedeutung der Frühdiagnose; sie verhütet die Entstehung ausgedehnter Knochendefekte und in funktioneller Hinsicht irreparable Gelenkschäden. Neben lokalisierten Herdsymptomen von oft wechselnder Intensität treten in anderen Fällen Umgebungs- (Myogelosen) oder gar Fernsymptome (radiculäre oder segmentale Sensibilitätsstörungen) in den Vordergrund. Der tuberkulöse Knochenherd zeigt im Frühstadium infolge allergisch-hyperergischer Vorgänge eine histologisch dokumentierbare cellulär-hyalin-fibröse Herdabgrenzung, der später eine reaktive Sklerosierung hinzutritt, die den Herd auf die Dauer gesehen aber nur scheinbar abschließt. Durch diese Veränderung wird der Herd gegenüber medikamentösen Einwirkungen praktisch unzugänglich, während die aus dem Herd heraus diffundierenden Tuberkulotoxine zu lokalen Herdsymptomen und toxischen Allgemeinreaktionen führen. Hierdurch ist die Begrenztheit der chemotherapeutischen Behandlungsmöglichkeiten erklärt.

Dr. MICKA, Brod/CSR, weist auf die epidemiologisch bedingten, oft schwer zu analysierenden bakteriologischen Verhältnisse im Knochenherd und dessen klinischer Symptomatik hin. Bakteriologische und bioptische Untersuchungen ergaben unterschiedliche Resultate und machen weitere Untersuchungen erforderlich. Gelenknahe Knochenherde führen nicht selten zu perifokalen Reaktionen der Synovialis (synovialitis perifocalis) und komplizieren die Früherkennung. Im Gelenkpunktat sind dann keine Bazillen nachweisbar und in den gelenkbildenden Knochenteilen histologisch keine tuberkulösen Veränderungen. Somit fehlen positive Ergebnisse, während negative ohne Wert sind. Dementsprechend ergaben die Untersuchungen an 227 eigenen Patienten in den Jahren 1955—1964 nur in 32,6 % der Fälle positive Ergebnisse.

Dr. WEHRHEIM, Bad Berka, weist auf die Zunahme der Alterstuberkulose hin, die die Skelettuberkulose zu einem Teilproblem der Geriatrie werden läßt. Im eigenen Material (464 Fälle, 1954—1964) stieg der Häufigkeitsgipfel, bezogen auf das Aufnahmealter von 30 Jahren 1958 auf 60 Jahre 1965. 1958 waren nur 22 % über 50 Jahre alt, 1964 bereits 46,5 %.

Drs. VIGLIANI und TAGLIAPIETRA, Padua, bezeichnen die Entwicklung der Vertebrotomie als einen außerordentlichen Fortschritt in der Behandlung der Wirbeltuberkulose. Sie empfehlen die operative Herderöffnung, wenn nach einer Behandlungszeit von höchstens 6 Monaten mit medikamentöser Therapie die Röntgenuntersuchung einen oder mehrere Sequester aufzeigt.

Dr. GRUNDMANN, Bad Dürkheim, weist auf die Fortschritte hin, die es unter dem Schutz der neuen Medikation ermöglichen, durch die Tuberkulose zerstörte Gelenke nach modernen Gesichtspunkten zu resezieren.

In technischer Hinsicht wurden Operationsverfahren im Sinne der intra-articulären Resektionsarthrodese ausgearbeitet. Generell werden zur Fixation der aufeinandergestellten Knochenflächen intra operationem gekreuzte Kirschnerdrähte eingeführt, um eine exakte Achsenstellung zu garantieren und die Gefahr einer Verschiebung der Knochenteile beim Anlegen von Gipsverbänden auszuschalten.

Über die prophylaktischen und Wiederherstellungsoperationen bei der Skeletttuberkulose berichtet Dr. SWIRESHEW aus Nowosibirsk/UdSSR. Bei 102 Kranken wurden intraartikuläre Herdausräumungen und arthroplastische Eingriffe im Sinne von prophylaktischen und Wiederherstellungsoperationen durchgeführt. Ziel seiner Bemühungen war die weitgehende Wiederherstellung der Gelenkfunktion, was in 83 % der Fälle erreicht wurde. Als genügendes Resultat wurden Funktionsausschläge von 40—60 Grad bezeichnet und bei 13,7 % der Operierten erzielt. Unbefriedigende Ergebnisse lagen in 3 % der Fälle vor. Bei einer Nachbeobachtungszeit bis zu 8 Jahren blieben die Ergebnisse stabil. Der Referent unterstrich, daß die Anwendbarkeit chirurgischer Maßnahmen im Sinne einer aktiven Therapie der Skelettuberkulose als bewiesen anzusehen ist. Ihtraarticuläre und arthroplastische Operationen sind unter Erhaltung auch der vollständigen Gelenkfunktion möglich geworden.

Dr. COLOMBANI, Cortina d'Ampezzo, schließt aus der Tatsache, daß die tuberkulösen Gelenkprozesse der oberen Gliedmaßen im allgemeinen günstiger verlaufen als diejenigen der unteren Extremitäten, auf die Bedeutung des mechanischen Faktors der Belastung. Es muß therapeutisch der größte Wert auf die strengste Vermeidung von Belastung und Druck gelegt werden. Bewegungsübungen sind nur zu rechtfertigen, wenn klinische und röntgenologische Anzeichen die Beherrschung der spezifischen Gelenkentzündung bestätigen.

Dr. MIRABELLA, Venedig, berichtet über Erfolge der chirurgischen Behandlung bei Pott'scher Querschnittslähmung. Während die Klinik nicht eine breite Operationsindikation für alle Fälle mit Spondylitis tuberculosa vertritt, sollte die Querschnittslähmung immer und so früh wie möglich operiert werden.

Dr. SCHULZE, Cuxhaven-Sahlenburg, berichtet über langzeitige Nachbeobachtung von Spondylitis-Fällen.

Der Referent hat diese Erhebungen für den Zeitraum von 1950—1960 angestellt. Nach ULLMANN und LABUDA (1952) bestand eine Mortalität der konservativ Behandelten von 28,5 bzw. 21,2 %, Wiederherstellung der Arbeitsfähigkeit in 32,5 bzw. 30 % der Fälle. Bis 1964 starben von den 1951—1960 erkrankten 356 Spondylitikern demgegenüber nur noch 16 %. In der genannten Zeit wurden lediglich in 8,5 % der Fälle Vertebrotomien durchgeführt, in 3,5 % der Fälle Spanoperationen. Die Spätmortalität der Vertebrotomie lag bei 11,8 %, die der lediglich medikamentös behandelten bei 18,3 %. Über 70 % der vertebrotomierten und gespanten Patienten arbeiten wieder, wobei der arbeitsfreie Intervall im Durchschnitt 3 Jahre betrug. Die Zahl der arbeitsfähigen medikamentös behandelten Spondylitiker ist gegenüber den Angaben der vorantibiotischen Ära nur unwesentlich angestiegen.

Dr. KASTERT unterbreitet der Internationalen Union folgende Empfehlungen:

1. Die Erfassung und Behandlung und damit die Bekämpfung der extrapulmonalen Tuberkulose ist ein wesentlicher Faktor für die Überwindung bzw. Ausrottung der Tuberkulose in der Welt;

2. Die Empfehlung von Behandlungsmethoden kann nicht nur aus der Sicht nationaler oder auch kontinentaler Erfahrungen erfolgen, sondern ist weitgehend auch von der jeweiligen epidemiologischen Situation in den einzelnen Ländern oder Kontinenten abhängig;

3. Die Tuberkulosen des Skelettsystems neigen aufgrund der Eigentümlichkeiten der Stützsubstanzen des Knochengewebes grundsätzlich und mehr als alle anderen extrapulmonalen Tuberkulosen zum chronischen Krankheitsverlauf. Gleichzeitig wird durch die verzögerte Röntgendarstellung der knöchernen Veränderungen

des Frühherdes in vielen Fällen die Frühdiagnose erschwert und dadurch eine optimale Auswirkung der modernen medikamentösen Therapie verpaßt;

4. Die sich daraus ergebenden entzündlich bedingten Komplikationen erfordern beim tuberkulösen Skelettherd mehr als bei anderen Organtuberkulosen chirurgische Eingriffe im Sinne von Herdoperationen;

5. Die Grundlage der Behandlung der Skelettuberkulose ist jedoch wie bei allen anderen Organ- und Organsystemtuberkulosen die medikamentöse Therapie. Sie schuf erst die Voraussetzung zur Entwicklung einer systematischen operativen Herdtherapie und die Anwendung dieser Behandlungsart im Frühstadium;

6. Stationäre Aufenthaltsdauer und Dauer der Gesamterkrankung werden durch die medikamentös-operative Herdtherapie im Frühstadium ganz erheblich abgekürzt, funktionelle Wiederherstellung weitgehend garantiert, Verkrüppelung und Invalidität vermieden und eine frühzeitige Wiederherstellung der Arbeitsfähigkeit erreicht. Deshalb gewinnt neben der epidemiologischen Situation auch die sogenannte soziale Indikation für die einzuschlagende Behandlungsart wesentlich an Bedeutung.

Arbeitsausschuß für Röntgenschirmbilduntersuchung und Röntgentechnik

Dieser Arbeitsausschuß, dessen Vorsitz nach dem Ausscheiden von Herrn Professor Dr. FROMMHOLD, Berlin, Herr Professor Dr. LOSSEN, Mainz, liebenswürdigerweise noch einmal übernommen hatte, hat 1964 und 1965 nicht getagt. Trotzdem wurde insofern auf diesem Sachgebiet gearbeitet, als der verbesserte Entwurf einer Verordnung über den Schutz vor Schäden durch Röntgenstrahlen bei der Anwendung auf Mensch und Tier, über den schon im Jahrbuch 1963 berichtet worden ist, in einer 2. Ausführung vorgelegen hat. Es wurde dazu von seiten des Generalsekretärs in folgender Weise Stellung genommen:

Der umgearbeitete Entwurf hat, gegenüber dem vom 10. Juli 1963, den großen Vorzug, daß er leicht lesbar und auch für den Kreis von Personen, die sich an seine Bestimmungen halten müssen, verständlich ist. Trotzdem sind m. E. — ich gehe hierbei wie bei meiner ersten Kritik vom 11. 9. 1963 vom Standpunkt eines Tuberkulosefürsorgearztes aus — die Bestimmungen der §§ 23 ff. ungewöhnlich perfektionistisch. Es werden dabei dem Arbeitgeber, rechtlich gesehen dem Leiter des Gesundheitsamtes, Auflagen erteilt, die nach meinen praktischen Erfahrungen zu weit gehen. Man sollte sich doch fragen, ob nicht auch in dieser Beziehung eine gewisse Vereinfachung möglich ist in dem Sinn, daß im Röntgendienst beruflich tätige Personen, die vom § 23 ab als „beruflich strahlenexponiert" bezeichnet werden, mit verschiedenen Maßstäben gemessen werden müssen, und zwar je nach dem, ob die betreffenden Personen in der Röntgendiagnostik bzw. in der Röntgentherapie tätig sind. Dementsprechend ist es auch in einer Fürsorgestelle kaum zumutbar, daß der für die Aufsicht verantwortliche Arzt Dosisüberschreitungen anmeldet, falls diese nicht auf einen Unfall zurückzuführen sind.

Außerdem wurde der Ausdruck „Schutz Einzelner oder der Allgemeinheit gegen Strahlenschäden" nochmals beanstandet. Dieser Ausdruck hat in der 1. Strahlenschutzverordnung zweifellos seinen Sinn, in der geplanten 3. dagegen kann er sich so auswirken, daß unbedingt erforderliche Röntgenuntersuchungen unterbleiben,

weil entweder der Patient selbst oder sonstige Besucher einer Röntgenuntersuchungsstelle die Befürchtung haben, daß ihnen Strahlenschäden widerfahren, was hinsichtlich der Diagnostik bei den modernen Apparaturen und der exakten Beaufsichtigung
der benützten Einrichtung als ausgeschlossen betrachtet werden darf. Zu dem § 37
des Entwurfes wurde in folgender Form Stellung genommen:

Soll im Sinne des § 37 etwa der Leitende Medizinalbeamte einer Landesregierung
oder eines Regierungspräsidiums darüber entscheiden, ob und unter welchen Voraussetzungen eine im Röntgenbetrieb angestellte Person weiterhin im Betrieb eines Gesundheitsamtes beschäftigt werden darf? Ich halte das für eine Überforderung der
Aufsichtsbehörde. Die Entscheidung über diesen Punkt kann doch mit einiger Genauigkeit nur ein im Röntgenverfahren besonders erfahrener Facharzt treffen. Da es
heute schon Röntgenfachärzte im Pensionsalter gibt, könnte man sich vorstellen, daß
ein derartig pensionierter Röntgenfacharzt mit besonderer Erfahrung von der zuständigen Regierung beauftragt wird, in solchen Fällen eine Entscheidung zu treffen.

Im übrigen sind Röntgenreihenuntersuchungen in den 4 Ländern, die sie gesetzlich durchführen (Baden-Württemberg, Bayern, Niedersachsen und Schleswig-
Holstein) vorgenommen worden.

Die Notwendigkeit, die in das Bundesgebiet einreisenden Gastarbeiter einer
Röntgenreihenuntersuchung zu unterziehen, hat die Tätigkeit auf diesem Gebiet
ebenfalls erneut verstärkt. Mit Rücksicht darauf, daß bei den ausländischen Arbeitnehmern Tuberkuloseerkrankungen oft erst im 2. Jahre ihres Aufenthaltes in der
Bundesrepublik beobachtet werden, stehen zur Zeit Kontrolluntersuchungen zur
Debatte, für deren Durchführung allerdings in technischer Beziehung (Personal-
und Apparatemangel) Schwierigkeiten bestehen.

Die Entscheidung in dem Prozeß NATHANSOHN vor dem Bundesverfassungsgericht über die Verfassungsmäßigkeit des Bayerischen Gesetzes über Röntgenreihenuntersuchungen ist noch nicht gefallen.

Arbeitsausschuß Beziehungen zwischen Tier- und Menschentuberkulose (Vorsitzender: Professor
Dr. med. vet. habil. K. FRITZSCHE, Koblenz)

Der Arbeitsausschuß wurde im Jahre 1965 (4. März) neu konstituiert, nachdem er
infolge Ablebens des bisherigen Vorsitzenden, Herrn Professor Dr. MEYN, längere
Zeit nicht getagt hatte. Bei dieser Sitzung erfolgte die Umbenennung des Ausschusses, die sein Aufgabengebiet nach der Tilgung der Rindertuberkulose besser
umreißt.

Die Tilgung der Rindertuberkulose erfolgte in der Bundesrepublik in einem Zeitraum von weniger als 10 Jahren, der von anderen europäischen Ländern, die die
Rindertuberkulose ebenfalls getilgt haben, nicht erreicht wurde. Die Auswirkungen
der Tilgung der Rindertuberkulose haben sich wahrscheinlich schon jetzt im Rückgang der Kindertuberkulose gezeigt. Insbesondere ist ein Rückgang der Halsdrüsentuberkulose bei Kindern zu verzeichnen. Systematische Tuberkulinproben bei
Kindern ergeben auch in landwirtschaftlichen Gebieten einen erheblich niedrigeren
Prozentsatz von Reagenten. Die Überprüfung der Rinderbestände auf Tuberkulose
erlaubt heute einen größeren als jährlichen Untersuchungsturnus, der in einer Veröffentlichung im Bundesgesetzblatt vom 26. 8. 1965 mit 2 Jahren vorgeschrieben
wird. In der Bundesstatistik werden folgende Prozentzahlen angegeben:

	Gesamtzahl der Rinderbestände	Untersuchte Bestände	Prozentzahl der Reagenten	Bovine Infektion	Humane Infektion	Aviäre Infektion
1964	1 125 094	811 616 = 75 %	8,7 %	0,86 %	0,03 %	2,03 %
1965	1 125 094	ca. 600 000 = 55,6 %	9,36 %	0,99 %	0,04 %	2,43 %

Bei den in der Tabelle angegebenen aviären Infektionen ist zu berücksichtigen, daß diese nur mit Geflügeltuberkulin ermittelt wurden. Dabei befinden sich natürlich durch atypische Mycobakterien verursachte Mycobakteriosen.

Die Häufigkeit von Neuinfektionen kann nach NASSAL aufgrund repräsentativer Mitteilungen mit jährlich 3 % der Bestände und 1 % der Rinder angenommen werden. Diese Prozentsätze bedeuten wirtschaftlich jährlich aber immer noch Millionen-Beträge (Gewährung aus Ausmerzungsbeihilfen usw.). Größte Beachtung ist deshalb bei der Bekämpfung und Beseitigung potentieller Gefahrenquellen, insbesondere der Geflügeltuberkulose und der Tuberkulose der Menschen, zu widmen.

Bei den Neuverseuchungen von Rinderbeständen mit boviner Tuberkulose handelt es sich in der Mehrzahl der Fälle nachgewiesenermaßen um Infektionen von Rinderbeständen durch ältere Personen in den bäuerlichen Familien, die noch mit einer Tuberkulose des Mycobakterium bovis behaftet sind. Oftmals sind Neuausbrüche von Rindertuberkulose in Beständen geradezu der Indikator, daß eine Person, die mit dem Kuhstall Kontakt hat, Ausscheider des Mycobakterium bovis ist.

Bei der Wiederholungstuberkulinisierung in Rinderbeständen wurden in dem von NASSAL überschauten Gebiet 8,5 % Bestände mit neuen Infektionen ermittelt, bei deren Abklärung in 10,2 % der Fälle bovine, in 0,7 % humane und in 20,5 % aviäre Infektionen ermittelt wurden; 68,6 % waren durch andere Mycobakteriosen verursacht.

Die aviären Mycobakteriosen spielen in der modernen Wirtschaftsgeflügelzucht eine untergeordnete Rolle und werden dort nur selten ermittelt. In kleinbäuerlichen Geflügelhaltungen ist die Geflügeltuberkulose stark verbreitet und erreicht in manchen Gegenden einen Verseuchungsprozentsatz von 20—40 % der Bestände. Eier aus solchen Beständen enthalten bis zu 8 % Tuberkulosebakterien. Sogenannte „frische Landeier" sollten daher ähnlich wie Enteneier (wegen der Salmonellengefahr) lebensmittelpolizeilich gemaßregelt werden. Durch infizierten Hühnerkot werden häufiger Schweine infiziert, so daß bei der Typendifferenzierung von Mycobakterien aus Schweinebeständen das Mycobakterium avium mit 95,2 % an der Spitze steht. Beim Rind ist das Mycobakterium avium mit ca. 15 % der Fälle beteiligt. Da selbst bei isolierter Lymphknotentuberkulose beim Schwein von verschiedenen Autoren in 2—12 % der Fälle in der Muskulatur Mycobakterien ermittelt wurden, ist die strenge fleischbeschauliche Beurteilung der Rinder- und Schweinetuberkulose im Interesse der menschlichen Gesundheit gerechtfertigt.

Trotz unterschiedlicher Meinung über die pathogene Bedeutung des Mycobakterium avium für den Menschen, muß diesem Bakterientyp in Zukunft weiterhin große Beachtung geschenkt werden. In diesem Zusammenhang scheint die Arbeit von

GAD aus Dänemark wichtig zu sein, die sich mit der Bedeutung der aviären Tuberkulose als Ursache positiver Tuberkulinreaktionen beim Menschen befaßt. In ländlichen Bezirken Zeelands ist die Morbidität der Menschentuberkulose sehr niedrig, während aviäre Tuberkulose beim Geflügel sehr verbreitet ist. Aus diesem Grunde wurden während einer Zeit von 16 Monaten sämtliche Kinder, die eine positive Moro-Reaktion gezeigt hatten, mit der Mantoux-Methode unter Verwendung von humanem und aviärem Tuberkulin nachuntersucht. Von 60 Moropositiven Kindern waren nur 21 Mantouxpositiv; dabei zeigte sich in 14 Fällen eine stärkere Reaktion bei Verwendung von aviärem Tuberkulin gegenüber Human-Tuberkulin. Weitere 16 reagierten nur mit dem aviären Tuberkulin, so daß bei insgesamt 30 von 60 Moropositiven Kindern eine Infektion mit aviären Tuberkelbakterien angenommen werden kann.

Schließlich muß die *Tuberkulose von Hund* und *Katze* in ihrer hygienischen Bedeutung für den Menschen Erwähnung finden. SCHLIESSER berichtete darüber wie folgt:

„Die Tuberkulose von Hund und Katze nimmt aus zwei Gründen unter den tuberkulösen Erkrankungen der Tiere eine besondere Stellung ein. Einmal wird sie fast ausschließlich durch Mycobakterien verursacht, deren Pathogenität für den Menschen außer jedem Zweifel steht, und zum anderen leben Hunde und Katzen gewöhnlich in einer weit engeren Gemeinschaft mit dem Menschen als andere Haustiere.

Bei *Hunden* stehen Ansteckungen mit M. tuberculosis im Vordergrund, bei *Katzen* ist in der Vergangenheit vornehmlich M. bovis gefunden worden. Zwangsläufig ist bei der Katze infolge der Tilgung der bovinen Infektionsquellen (Milch und Organe tuberkulöser Rinder) gegenwärtig eine Verschiebung zugunsten des M. tuberculosis eingetreten. Aufgrund von Sektionsstatistiken muß nach Literaturangaben damit gerechnet werden, daß in Großstädten 0,3 bis 1 % der Hunde mit Tuberkulose behaftet sind. Ähnliche Prozentzahlen sind auch für die Tuberkulose der Katzen anzunehmen.

Die *Ausscheidungsfrage* bei der Fleischfressertuberkulose besitzt daher eine gewisse Bedeutung. 2 Möglichkeiten sind zu berücksichtigen: Exponierte Hunde und Katzen können, ohne selbst zu erkranken, zeitweilig im Speichel und im Kot Tuberkulosebakterien ausscheiden und somit *temporäre Bakterienträger* darstellen. Bei 14,5 % solcher im Kontakt mit tuberkulösen Menschen lebenden Hunde und Katzen sind von schottischen Autoren (HAWTHORNE und LAUDER) in Rachenabstrichen und in Kotproben virulente Menschentuberkulosebakterien gefunden worden. Tuberkulös erkrankte Hunde und Katzen selbst können praktisch bei allen Formen und in allen Stadien der Tuberkulose die Erreger ausscheiden. Besondere Gefahr einer *dauernden und massiven Ausscheidung* besteht beim Vorliegen einer generalisierten Tuberkulose und bei tuberkulösen Hautveränderungen. Erhöht wird die Ansteckungsgefahr für den Menschen ferner durch den Umstand, daß die Tuberkulose bei Hund und Katze meistens chronisch und lange Zeit ohne deutliche klinische Symptome verläuft. Sie wird von Tierbesitzern oft sehr spät bemerkt; selbst die tierärztliche Diagnose kann Schwierigkeiten bereiten.

Als wirksame Maßnahmen zum Schutze des Menschen kommen in Frage:

1. *Melde- bzw. Anzeigenpflicht* für die Tuberkulose der Fleischfresser. Sie ermöglicht gezielte Umgebungsuntersuchungen und damit eine möglichst frühzeitige Er-

fassung menschlicher Erkrankungsfälle. Zusammen mit weiteren Maßnahmen dient sie sowohl dem besonderen Schutz des Menschen, als auch dem Schutz tuberkulosefreier Rinderbestände.

2. *Untersuchungszwang* für Hunde und Katzen in der Umgebung meldepflichtiger tuberkulöser Menschen. Seine Einführung ist eine wichtige Voraussetzung für die Erfassung tierischer Infektionsquellen. Die Untersuchungspflicht stellt eine wichtige Ergänzung der Maßnahmen des Bundesseuchengesetzes dar.

3. *Therapieverbot* bei Tuberkulose der Hunde und Katzen. Bei richtiger und lang dauernder Behandlung sind zwar zweifellos Erfolge zu erzielen, die Chemotherapie bei Tieren erfolgt aber unter ganz anderen, ungünstigeren Verhältnissen als beim Menschen. Sie wird stets ambulant vorgenommen und eine geregelte Überwachung nach Absetzen der Therapie findet nicht statt.

4. *Tötung* von Hunden und Katzen in Fällen von gesicherter Tuberkulose. Im Hinblick auf die Ansteckungsgefahr für den Menschen besteht keine Veranlassung, bei der Fleischfressertuberkulose anders zu verfahren als bei der Tuberkulose des Rindes. Arzt und Tierarzt sind verpflichtet, im Einzelfall durch entsprechende Aufklärung und Beratung den Tierbesitzer von der Notwendigkeit dieser Maßnahme zu überzeugen."

Arbeitsausschuß für Impf- und Chemoprophylaxe (Vorsitzender: Professor Dr. SPIESS, Göttingen)

In der Berichtszeit hat nur eine Hauptversammlung des Ausschusses am 9. 1. 1964 stattgefunden. Außerdem trat die Tuberkulinkommission des Ausschusses für Impf- und Chemoprophylaxe am 16. 6. 1964, am 30. 6. 1964, am 26. 8. 1964, am 10. 11. 1964 und am 31. 8. 1965 zusammen.

Die zentrale Aufgabe des Ausschusses wird vom Vorsitzenden darin gesehen, anhand der Tuberkulosedurchseuchung der jugendlichen Bevölkerung immer wieder zu überprüfen, ob und in welchem Alter die BCG-Schutzimpfung befürwortet werden soll, sie gegebenenfalls durch entsprechende Empfehlungen zu propagieren bzw. andere prophylaktische Maßnahmen anstelle der Schutzimpfung zu diskutieren. Aus diesem Grunde auch erfolgte die Umbenennung der Bezeichnung „Arbeitsausschuß für BCG-Schutzimpfung" in „Arbeitsausschuß für Impf- und Chemoprophylaxe."

Der Ausschuß ist sich darin einig, daß alle der „Eradikation der Tuberkulose" dienenden Maßnahmen, d.h. die Expositionsprophylaxe in der Tuberkulosebekämpfung an erster Stelle stehen muß. Dieser Expositionsprophylaxe dient u. a. die regelmäßig zu wiederholende Tuberkulinprüfung in der jugendlichen Bevölkerung, zwecks Früherkennung und Präventivbehandlung der Frischinfizierten und Aufdeckung ihrer Infektionsquellen durch Umgebungsuntersuchung.

In der Sitzung des Ausschusses für Impf- und Chemoprophylaxe und den Diskussionen in der Tuberkulinkommission stand daher die Tuberkulinreihenprüfung hinsichtlich Methodik und Durchführung im Vordergrund. Es wurden die verschiedenen perkutanen und intrakutanen Prüfmethoden besprochen. Für einen regelmäßig zu wiederholenden Tuberkulinreihentest kommt nur eine einmalig auszuführende einfache Probe in Frage. Die sicherste Aussage ist durch einen Intrakutantest zu erhalten. Da die intrakutane Tuberkulinprüfung mit der Spritze zu umständlich ist, wurde in Süd-Niedersachsen und Nord-Hessen die von SPIESS empfohlene Hochdruckinjektion mit dem Hypospray-Jet-Injektor der Firma Scherer GmbH in verschiedenen Kreisen durchgeführt. Nach den bis zum 10. 11. 1964 vorliegenden Testergebnissen an rd. 21 000 Schülern aus den Landkreisen Hann.-Münden, Alfeld und Osterode hat sich die Hochdruckinjektion in der Tuberkulinreihenprüfung nach Herrn BUNNEMANN jr. bewährt. Bis zu 2 000 Kinder konnten nach seiner Mitteilung täglich eine intrakutane Tuberkulininjektion erhalten. Es gelangen etwa 5 Tuberkulineinheiten GT Hoechst in die Haut. Wie jeder Monotest führt auch diese Tuberkulinprobe manchmal zu bullösen Tuberkulinreaktionen. Der bei der Hochdruckinjektion auftretende leichte Knall beim Abdrücken der „Pistole" führt bei manchen Kindern zu Angstreaktionen. Diese lassen sich jedoch durch vorherige Aufklärung der Lehrer und Vorbereitung der Schüler in geringen Grenzen halten.

Als weitere Testmethode wurde der Tine-Test mit Alt-Tuberkulin (Lederle) und der Tubergentest mit gereinigtem Tuberkulin (Fa. Behring GmbH) in geringerer Zahl geprüft und diskutiert. Diese Testmethode ist einfach und wird in Form des Tubergentests besonders von FREERKSEN empfohlen. Dieser von den Behringwerken entwickelte Stempel-Test ist jedoch bislang noch nicht handelsüblich, da noch einige Veränderungen an dem Kunststoff-Stempel vorgenommen werden müssen. Der Preis des Tine- bzw. Tubergentests ist auch für die Reihenuntersuchungen relativ hoch. Insgesamt wurde in den verschiedenen Sitzungen festgestellt, daß mit allen Methoden noch weitere Ergebnisse abgewartet werden müssen und ein Urteil über die verschiedenen Testverfahren noch nicht gegeben werden kann. Es bleibt auch abzuwarten, inwieweit eine Tuberkulinreihenprüfung hierzulande überhaupt regelmäßig durchgeführt werden kann. Hierüber soll der genannte Versuch in Süd-Niedersachsen und Nord-Hessen, der von den Ländern mit Unterstützung des DZK finanziert wird, Aufschluß geben.

Weitere Diskussionen betrafen die Art und Dosis des Tuberkulins. Es bestand Einigkeit darin, daß für den intrakutanen Monotest gereinigtes Tuberkulin vorzuziehen ist, bis zum Vorliegen weiterer Vergleichsuntersuchungen zwischen den einzelnen Tuberkulinpräparaten (GT-Hoechst, RT 23) wird der Monotest mit 5 bis 10 Tuberkulineinheiten gereinigten Tuberkulins (GT-Hoechst) weiterhin empfohlen.

Ob die allgemeine BCG-Schutzimpfung der Neugeborenen, wie sie besonders KLEINSCHMIDT empfiehlt, oder nur die gezielte BCG-Schutzimpfung durchgeführt werden soll, wofür FREERKSEN eintritt, wurde anhand der vorliegenden Tuberkulinkonversionsraten diskutiert. Grundlegend waren vor allen Dingen die Zahlen aus Nordrhein-Westfalen (LUTTERBERG) und Hannover (MANEKE). Nachdem 1964 noch immer bis zu 10 % der Schulanfänger, bis zu 30 % der Schulabgänger und 45 bis zu 70 % der Rekruten in der Bundesrepublik tuberkulinpositiv reagierten, wurde in der Sitzung des Arbeitsausschusses für Impf- und Chemoprophylaxe am 9. 1. 1964 folgende in der Fachpresse zu veröffentlichende Empfehlung angenommen:

„Der Ausschuß für BCG-Schutzimpfung im Deutschen Zentralkomitee zur Bekämpfung der Tuberkulose hat nach eingehender Erörterung einstimmig beschlossen, weiterhin die BCG-Impfung für Neugeborene, tuberkulinnegative Schulanfänger und -abgänger, Adoleszenten, Wehrpflichtige und für die im Lebens- oder Arbeitsbereich besonders tuberkulosegefährdeten Personen zu empfehlen.

Darüber hinaus wird dringend angeraten, zumindest bei allen Schülern, Jugendlichen und Wehrpflichtigen Tuberkulinprüfungen durchzuführen und diese bei den nicht BCB-geimpften tuberkulinnegativen Personen jährlich zu wiederholen.

Nicht gegen Tuberkulose schutzgeimpfte Tuberkulinreagenten jeden Alters sollten bei der Tuberkulinkonversion (Erstauftreten der Tuberkulinreaktion innerhalb des letzten Jahres) oder bei starker Tuberkulinempfindlichkeit bei der ersten Prüfung der Tuberkulosefürsorge bzw. Röntgenkontrolle zugeführt werden.

Den Regierungen der Länder wird wiederum empfohlen, die Tuberkulose in den Katalog der übertragbaren Krankheiten gem. § 14 des Bundesseuchengesetzes vom 18. 7. 1961 aufzunehmen."

Arbeitsausschuß für Arbeitsfürsorge und Rehabilitation (Vorsitzender: Chefarzt Dr. SCHWEN-KENBECHER, Charlottenhöhe)

Die berufliche Rehabilitation der Lungengeschädigten und Posttuberkulösen hat in den letzten Jahren zunehmend Anerkennung und Unterstützung erfahren. Durch den wirtschaftlichen Aufschwung, die Vollbeschäftigung unseres Volkes und durch die berufliche Entwicklungsmöglichkeit eines Jeden ist das Bedürfnis nach Ausbildungsstätten für Lungengeschädigte und ehemalige Tuberkulöse von Jahr zu Jahr gestiegen. Man hat erkannt, daß der Großteil der Behinderten schöpferische und wertvolle Kräfte besitzt, die gefördert und genützt werden sollten. Durch planmäßiges durchdachtes Einsetzen von Fachleuten der Berufsberatung gelingt es in den meisten Fällen, einen Lungengeschädigten einer Berufsausbildung und einer Tätigkeit zuzuführen, zu der er sich eignet und die er mit seinen verbliebenen Kräften ausüben kann. Im Benehmen mit den heimatlichen Arbeitsämtern ist für den Lungengeschädigten ein Beruf auszuwählen, in dem er sich entwickeln kann und für den Aufstiegsmöglichkeiten bestehen. Die enge Zusammenarbeit zwischen Arzt und Arbeitsamt ist deshalb Voraussetzung. Die Berufsberatung erfolgt am besten frühzeitig, wenn der Patient sich noch in klinischer Behandlung befindet. An erster Stelle muß der behandelnde Arzt sich damit befassen, wie die Wiedereingliederung des Kranken später in das Erwerbsleben zu ermöglichen ist und wie sie am zweckmäßigsten durchgeführt wird. Leider machen manche Ärzte in den Lungenkrankenhäusern und Sanatorien sich nicht die Mühe, sich mit dem Problem der Rehabilitation zu beschäftigen. Der behandelnde Sanatoriumsarzt sollte dem Kostenträger oder dem örtlichen Arbeitsamt über den Gesundheitszustand des Kranken, über seine beruflichen Pläne und Neigungen berichten. Durch psychologische und fachliche Testung wird dann der Beruf ausgewählt, für den die besten Voraussetzungen bestehen.

Im Bundesgebiet gibt es nur wenige Einrichtungen, in denen speziell und allein Lungengeschädigte und ehemalige Tuberkulöse aufgenommen und beruflich ausgebildet werden können. Zu ihnen gehören die Staatlichen Werkstätten in Gauting, die Ausbildungsstätte des Waldsanatoriums Lippoldsberg und das Erwin-Dorn-Werk in Schömberg. Sie haben den Vorteil, daß in ihnen Patienten Aufnahme finden können, die einen noch nicht sicher abgeheilten oder labilen Befund haben. Die Rehabilitation kann also wesentlich früher beginnen als in Einrichtungen, wo Behinderte aller Art aufgenommen werden. Bei 3 bis 4 % der Umschüler wird während der Ausbildungszeit ein Rückfall der Lungentuberkulose beobachtet.

Die Ausbildungszweige für verschiedene Berufe in den Rehabilitationseinrichtungen speziell für Lungengeschädigte sind begrenzt, da die Zahl der Lungenkranken, die einer Umschulung bedürfen, nicht groß ist. Man rechnet, daß 1 % aller an Tuberkulose Erkrankten berufsfördernde Maßnahmen notwendig haben. In den Berufsförderungswerken für ehemalige Tuberkulöse bestehen folgende Ausbildungsmöglichkeiten:

Technischer Zeichner im Maschinenbau,

Bauzeichner,

Mechaniker,

Feinmechaniker,

Dreher,

Radio- und Fernsehmechaniker,

Bürogehilfe,

Büro- und Industriekaufmann.

Die Rehabilitationseinrichtungen für Behinderte aller Art wie z. B. deren Modelleinrichtung, das Berufsförderungswerk in Heidelberg, haben wesentlich mehr Fachgebiete, in denen Umschulungen erfolgen, wie z. B. zum Programmierer, Tabellierer, Techniker und andere. Falls ein ehemals Tuberkulöser für einen Beruf geeignet befunden wird, zu dem in den speziell für Lungengeschädigte eingerichteten Berufsförderungswerken keine Ausbildungsmöglichkeit besteht, so wird versucht, ihn einer Ausbildungsstätte für Behinderte aller Art zuzuweisen. Allerdings besteht dann die unerläßliche Bedingung, daß sein Befund stabil und inaktiv ist, damit die mit ihm gemeinsam umzuschulenden nichttuberkulösen Rehabilitanden keiner Infektionsgefahr ausgesetzt sind. In dem Berufsförderungswerk Heidelberg, der größten Einrichtung dieser Art, befinden sich unter den Rehabilitanden ungefähr 20 % ehemalige Tuberkulöse.

Die Kurse der einzelnen Ausbildungszweige dauern meist 12—20 Monate, die Umschulung endet mit einer Fachprüfung vor der Industrie- und Handelskammer oder der Handwerkskammer. Nur bestausgebildete Arbeitskräfte können sich auf Dauer im Erwerbsleben durchsetzen. Es wird deshalb bei allen Einrichtungen besonders darauf geachtet, daß fähige Lehrer und Facharbeiter die Umschulung leiten und durchführen. Die Rehabilitanden, die meist älter als 20 Jahre sind und den Ernst des Lebens bereits kennen, empfinden dankbar, daß ihnen auf Kosten der Sozialversicherung eine Berufsausbildung und -förderung gewährt wird, so daß sie trotz ihrer körperlichen Behinderung wieder voll einsatzfähig werden. Sie folgen meist mit Eifer und Strebsamkeit dem Unterricht und der Ausbildung in den Werkstätten.

Arbeitsausschuß für Tuberkulose im Rahmen der Unfallversicherung (Vorsitzender: Min. Rat Dr. Lederer, München)

Im Berichtszeitraum war der Arbeitsausschuß nach wie vor mit der *Beratung und Neufassung der im Jahre 1951 von DZK herausgegebenen „Gesichtspunkte zur Nomenklatur bei der Begutachtung der Tuberkulose"* beschäftigt. Die Notwendigkeit der Neufassung der Gesichtspunkte war allseits anerkannt worden. Die in der Sitzung des Arbeitsausschusses vom 8. 3. 1963 beschlossene kleine Kommission hat inzwischen einen

Vorentwurf der Neufassung erarbeitet und vorgelegt. Dieser wurde in der Sitzung des Arbeitsausschusses am *9. 4. 1965* in Augsburg eingehend beraten und ein vorläufiger „Entwurf" fertiggestellt.

Zum zweiten befaßte sich der Arbeitsausschuß weiterhin mit dem *Problem „Tuberkulose als Unfall"*, das ebenfalls in der Sitzung des Arbeitsausschusses am *9. 4. 1965* zur Diskussion stand. Zur Bearbeitung der einschlägigen Fragen wurde eine Kommission gebildet mit der Aufgabe, einen *Vorentwurf* über *„Gesichtspunkte für die Anerkennung einer Erkrankung an Tuberkulose als Arbeitsunfall bzw. Dienstunfall"* auszuarbeiten. Nach Art und Umfang der Materie, in die zudem außer der Lungentuberkulose auch die posttraumatische und die extrapulmonale Tuberkulose einbezogen werden sollen, ist die Erstellung eines einschlägigen „Merkblatts" besonders schwierig, da sowohl den Fachleuten wie den Laien gleichermaßen verständliche Formulierungen gefunden werden müssen. Der Abfassung der „Gesichtspunkte" diente eine Reihe von Informationen und Besprechungen in engeren Fachkreisen. Aufgrund der verschiedenen Vorschläge wurde ein *letzter „Entwurf" vom 5. 7. 1965* aufgestellt mit Einschluß der Lungentuberkulose und posttraumatischen Tuberkulose. Mit dem Fragenkomplex der *extrapulmonalen Tuberkulose als Unfall* wird sich in der Folge der *Arbeitsausschuß für extrapulmonale Tuberkulose* befassen. Es ist zu erwarten, daß sich dabei noch einige Aspekte und Hinweise für die endgültige Abfassung des Merkblatts ergeben.

In bezug auf die Begutachtung der Lungentuberkulose *humanen* Typs gibt die *versicherungsmedizinische Beurteilung des ursächlichen Zusammenhangs einer extrapulmonalen Tuberkulose bei der Siliko-Tuberkulose (Ziff. 35 der Liste der derzeit gültigen 6. Berufskrankheitenverordnung)* mit *nicht* klinisch beweisbarer *aktiver* Tuberkulose einige noch ungelöste Fragen auf. Offenbar ist vom Tatbestand der Ziff. 35 auszugehen, so daß eine extrapulmonale Tuberkulose nur dann als Folge einer Siliko-Tuberkulose entschädigungspflichtig ist, wenn tatsächlich *sowohl* eine mit hinreichender Sicherheit nachweisbare, einigermaßen erhebliche Lungentuberkulose *als auch* eine Silikose vorliegt. Für den Umfang der Silikose genügt es, wenn sie mit hinreichender Sicherheit als solche erkennbar ist. Die bloße Konstruktion, daß eine Lungentuberkulose irgendwann einmal vorhanden und aktiv gewesen sein muß, weil jetzt z. B. eine noch aktive Knochen- oder Urogenitaltuberkulose vorliegt, würde also in einem solchen Falle nicht genügen. Es muß zu einem solchen Zeitpunkt der tuberkulösen Streuung nachweislich bereits der Tatbestand einer Siliko-Tuberkulose vorgelegen haben. Zu dieser Grundvoraussetzung kommt die weitere Bedingung, daß zwischen der Siliko-Tuberkulose und der extrapulmonalen Tuberkulose ein *kausaler* Zusammenhang angenommen werden kann. In *pathogenetischer* Hinsicht wird ein solcher im allgemeinen wohl angenommen werden können. Die schwierigere und entscheidendere Frage ist aber, ob auch in *zeitlicher* Hinsicht ein solcher Zusammenhang wahrscheinlich gemacht werden kann.

Auch das *Ansteckungsrisiko durch sog. geschlossene Tuberkulosen* (einschließlich Hals- und Peritoneal-Tuberkulose) bedarf der Erörterung. Hierbei sollen u. a. auch die Fragen der Ansteckungsfähigkeit der Urogenitaltuberkulose berücksichtigt werden.

Über die Wege, auf denen eine *Sehnenscheidentuberkulose* entsteht, sind die Vorstellungen nicht einheitlich. Sie haben sich im Laufe der letzten Zeit einigermaßen geändert. Gegenüber der Auffassung von der *ausschließlich haematogenen* Entstehung (RANDERATH, GEISSENDÖRFER u. a.) wird von den Bearbeitern des einschlägigen Kapitels

(GEISSENDÖRFER und UNGEHEUER) in der neuesten Auflage des Handbuchs der ges. Unfallheilkunde von BÜRKLE DE LA CAMP und SCHWAIGER (Enke-Verlag 1963, S. 6454) wohl die haematogene sekundäre tuberkulöse Sehnenscheidenentzündung als die häufigere bezeichnet, andererseits aber zugegeben, daß es auch eine primäre, von Hautverletzungen aus zustandekommende Sehnenscheidentuberkulose gibt und daß beide Formen praktisch oft nicht voneinander zu unterscheiden sind. Damit ist praktischen Erfahrungen der Staatlichen Gewerbeärzte bei der Durchführung der Berufskrankheitenverordnungen, sowie auch den vom DZK im März 1962 herausgegebenen „Gesichtspunkten zur Begutachtung der vom Tier auf den Menschen übertragenen Tuberkulose" Rechnung getragen. Im übrigen sind auch durch die Zahlen in der Arbeit von W. BROSIG und H. GÖBEL („Sind Metzger für die tuberkulöse Sehnenscheidenentzündung besonders disponiert?", Monatszeitschr. f. Unfallheilkunde u. Versicherungsmedizin 62. Jg. S. 376, 1959) die Einwände von T. BURCKHART aufgrund des Materials der Fleischerei-BG entkräftet worden. BROSIG und GÖBEL haben 134 in den Jahren 1947—1957 beobachtete Fälle von S.-Tbc. nach Berufsgruppen aufgeschlüsselt und fanden u. a. 25 Fälle bei Hausfrauen, 22 Fälle bei Metzgern und 17 Fälle bei Fabrikarbeitern. Bezieht man diese Zahlen auf die Gesamtzahl der in den einzelnen Berufsgruppen Beschäftigten, so ergibt sich, daß bei den Metzgern rund 40mal mehr Erkrankungen vorgekommen waren, als bei gleicher Exposition aller Berufe zu erwarten gewesen wäre. —

Arbeitsausschuß für Desinfektion bei Tuberkulose (Vorsitzender: Professor Dr. HEICKEN, Berlin)

In einer ausgedehnten Sitzung am 22. 7. 1964 wurde der Wortlaut einer neuen Desinfektionsordnung festgelegt, die im September 1964 veröffentlicht worden ist.

Es ist natürlich, daß auf diesem Gebiet die Arbeit sich dauernd im Fluß befindet, weil die chemische Industrie immer wieder mit neuen Desinfektionsmitteln aufwartet. Diese Mittel werden durch den Vorsitzenden jeweils 2 unabhängig voneinander arbeitenden Instituten zur Überprüfung und Beurteilung vorgelegt. Der Arbeitsausschuß beschließt aufgrund dieser Gutachten die Annahme oder Ablehnung eines Mittels für Zwecke der Tuberkulosedesinfektion.

III. Stand der Tuberkulose-Bekämpfung im Bundesgebiet, in West-Berlin und in Mitteldeutschland

A. Epidemiologie der Tuberkulose

1. Bevölkerungsverhältnisse

Die Deutsche Bundesrepublik einschließlich Berlin (West) hatte am 30. 6. 1965 59 040 000 Einwohner, davon waren 28 059 000 männlichen und 30 981 000 weiblichen Geschlechts. Der überhöhte Frauenüberschuß hat seit 1962 von 1 118 auf 1 104 : 1 000 Männer abgenommen. Er ist — wie *Abb. 1* zeigt — im Hinblick auf die Gesamtbevölkerung seit 1946 rückläufig, prägt sich aber in den höheren Altersgruppen durch die höhere Lebenserwartung der Frauen und durch das Aufrücken der kriegsdezimierten Männerjahrgänge verstärkt aus.

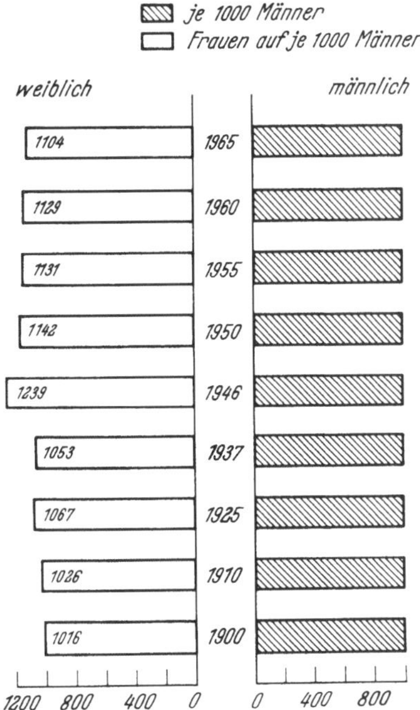

Abb. 1. Anzahl der Frauen auf je 1000 Männer im Deutschen Reich und in der Bundesrepublik Deutschland einschl. Berlin (West) von 1900 bis 1964 (1900 bis 37 nach Werten der Volkszählungen berechnet 1946 bis 64 nach der mittleren Bevölkerung der Deutschen Bundesrepublik einschließlich Berlin (West) berechnet.)

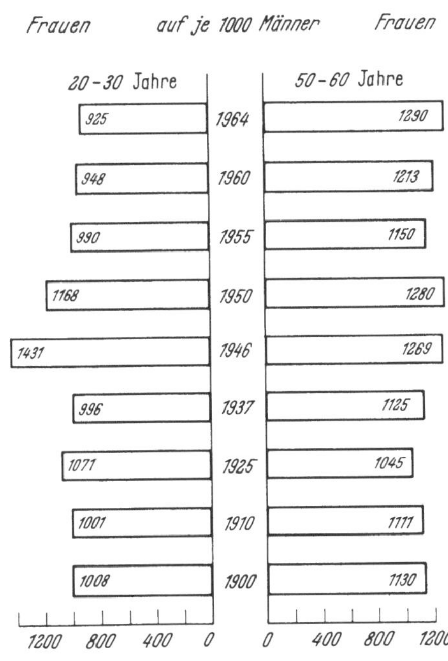

Abb. 2. Anzahl der Frauen auf je 1000 Männer im Alter von 20—30 und 50—60 Jahren im Deutschen Reich und in der Bundesrepublik Deutschland einschl. Berlin (West) von 1900 bis 1964 (1900 bis 1946 nach Werten der Volkszählungen berechnet, 1950 bis 1964 nach der mittleren Bevölkerung des Bundesgebietes einschließlich Berlin (West) berechnet)

In *Abb. 2* wird das durchschnittliche Zahlenverhältnis von Männern und Frauen im Alter von 20 bis 30 und von 50 bis 60 Jahren seit 1900 dargestellt. Bei den 20- bis 30jährigen geht der Höchstwert von 1431 Frauen auf 1000 Männer seit 1946 kontinuierlich zurück. Bei den 50- bis 60jährigen nimmt der Frauenüberschuß seit 1955 durch die Verschiebung der Nachkriegswerte in das höhere Lebensalter sowie durch die steigende weibliche und stagnierende männliche mittlere Lebenserwartung zu.

Die Bevölkerungsdichte betrug 1964 im Bundesgebiet 236 Einwohner pro qkm. Sie liegt somit an dritter Stelle der europäischen Staaten hinter den Niederlanden (335) und Belgien (306).

Von den deutschen Bundesländern sind nach den Stadtstaaten Nordrhein-Westfalen mit 486 und das Saarland als ausgesprochene Industriebezirke mit 435 Einwohnern pro qkm am dichtesten besiedelt. Die geringste Bevölkerungsdichte haben Niedersachsen (145) und Bayern (141). Die jährliche Zuwachsrate ist jedoch seit 1960 in Baden-Württemberg, Bayern und Hessen am größten. Insgesamt hat die Bevölkerung des Bundesgebietes im Jahre 1964 um 723000 Personen oder um 1,2 % zugenommen. Davon entfallen 58,3 % auf den Geburtenüberschuß, der seit Kriegsende seinen bisher höchsten Stand erreicht hat, während der Zuwanderungsüberschuß 301 000 Personen (41,7 %) beträgt. Gleichzeitig ist die allgemeine Sterblichkeit von 11,7 auf 11,0 : 1000 Einwohner leicht zurückgegangen (Wirtschaft und Statistik 4 (1965 : 238/1000).

Der Anteil der Kinder unter 15 Jahren an der Gesamtbevölkerung ist von 21,2 % im Jahre 1962 auf 22,5 % (1964) gestiegen. Das Aufrücken der relativ schwachen Geburtsjahrgänge am Ende des II. Weltkrieges und aus den ersten Nachkriegsjahren in das Heiratsalter wird demnach durch die steigende Geburtenfreudigkeit zur Zeit noch kompensiert; *die Basis der Bevölkerungspyramide ist durch die Geburtenzunahme wieder breiter geworden.* 1959 wurden im Bundesgebiet einschließlich Berlin (West) 951 942 Lebendgeborene, d. h. 17,3 auf 1 000 Einwohner registriert und 1964 waren es nach vorläufigen Ergebnissen 1 065 379, d. h. 18,3 auf 1000 Einwohner.

Der Bevölkerungsaufbau der Bundesrepublik wird in den letzten Jahren zunehmend durch den Zustrom ausländischer Arbeiter beeinflußt. Nach Angaben der Bundesanstalt für Arbeitsvermittlung und Arbeitslosenversicherung waren am 30. Sept. 1965 = 1 216 804 nichtdeutsche Arbeitnehmer einschließlich der Grenzarbeiter im Bundesgebiet beschäftigt, darunter 283 464 Frauen. Das entspricht einem Anteil von rund 5,5 % an der Gesamtzahl der beschäftigten unselbständigen Erwerbspersonen. Schwerpunkte der Ausländerbeschäftigung sind die Landesarbeitsamtsbezirke Nordrhein-Westfalen, Baden-Württemberg, Hessen und Südbayern.

Zwei Drittel der männlichen und drei Viertel der weiblichen ausländischen Arbeitnehmer waren Ende August 1965 unter 35 Jahre alt. Nur 34,5 % der Männer und 25,0 % der Frauen waren 35 und älter (deutsche Arbeitnehmer über 35 Jahre: 52,1 % der Männer und 42,9 % der Frauen). Die stärkste ausländische Altersgruppe bildeten die 25- bis 34jährigen mit einem Anteil von 45,9 % bei den Männern und 39,2 % bei den Frauen (deutsche Arbeitnehmer gleichen Alters: 27,3 % bzw. 22,7 %). ANBA (Amtliche Nachrichten der Bundesanstalt für Arbeitsvermittlung und Arbeitslosenversicherung) 11, 1965, S. 532. Die Altersstruktur der deutschen Erwerbsbevölkerung ist demnach weniger günstig als die der nichtdeutschen Arbeitnehmer.

An der Gesamteinwohnerzahl der Bundesrepublik waren die ausländischen Arbeitnehmer Ende September 1965 nur mit 2,0 % beteiligt. Dieser Hundertsatz liegt nur wenig über dem Anteil der ausländischen Staatsangehörigen an der Bevölkerung des Deutschen Reiches (1. 12. 1900 = 1,4 %; 1. 12. 1905 = 1,7 %; 1. 12. 1910 = 1,9). Damals erstreckte sich die Beschäftigung nichtdeutscher Arbeitnehmer vorwiegend auf die Landwirtschaft im ostdeutschen Bereich.

Zusammenfassung
(Bevölkerungsverhältnisse)

Am 30. 6. 1965 hatte die Bundesrepublik Deutschland einschl. Berlin (West) 59 040 000 Einwohner, davon waren 28 059 000 männlichen und 30 981 000 weiblichen Geschlechts. Die Zuwachsrate im Jahre 1964 betrug 723 000 Personen oder 1,2 %; davon entfallen 58,3 % auf den Geburtenüberschuß, der seit Kriegsende seinen bisher höchsten Stand erreicht hat, und 41,7 % auf den Zuwanderungsüberschuß.

Die 1 216 804 am 30. 9. 1965 registrierten ausländischen Arbeitnehmer waren mit 5,5 % an der Gesamtzahl der beschäftigten unselbständigen Erwerbspersonen und mit rund 2 % an der Gesamteinwohnerzahl der Bundesrepublik beteiligt.

Summary: Population Statistics

On 30. 6. 1965 the German Federal Republic, including Berlin (West), had 59,040,000 inhabitants, of whom 28,059,000 were male and 30,981,000 female. The rate of increase was 723,000 persons or 1.2 % in 1964; 58.3 % of this were due to births, which have reached their highest ever since the end of the war, and 41.7 % were due to immigration.

On 30.9.65 1,216,804 foreign workers were registered, amounting to 5.5 % of the total number of employed persons or 2 % of the total number of inhabitants of the Federal Republic.

Résumé: Rapports de population

Au 30. 6. 1965 la République Fédérale Allemande, y compris Berlin Ouest, comptait 59 040 000 inhabitants, dont 28 059 000 hommes et 30 981 000 femmes. Le taux d'accroissement pour l'année 1964 était de 723 000 personnes, soit 1,2 %, dont 58,3 % viennent du surplus de naissances qui a atteint son niveau le plus élevé la fin de la guerre, et 41,7 % du surplus d'immigrants.

Les 1 216 804 travailleurs étrangers enregistrés au 30. 9. 1965 constituaient 5,5 % de la totalité des travailleurs employés non-indépendants, et environ 2 % de la population globale de la République Fédérale Allemande.

Resumen: Censos de población

La República federal alemana tenía el 30. 6. 1965 59.040.000 habitantes, incluyendo Berlín (Oeste); 28.059.000 de los cuales pertenecían al sexo masculino y 30.981.000 al femenino. La cuota del aumento en el año 1964 registró 723.000 personas, ó 1,2 %, 58,3 % de las cuales corresponden al aumento por nacimientos, que desde el final de la guerra ha alcanzado su punto culminante, y 41,7 % al aumento por inmigración.

Los 1.216.804 trabajadores extranjeros registrados el 30.9.1965 comprendían el 5,5 % del número total de personas aptas para ocupaciones asalariadas y el 2 % del número total de población de la República federal.

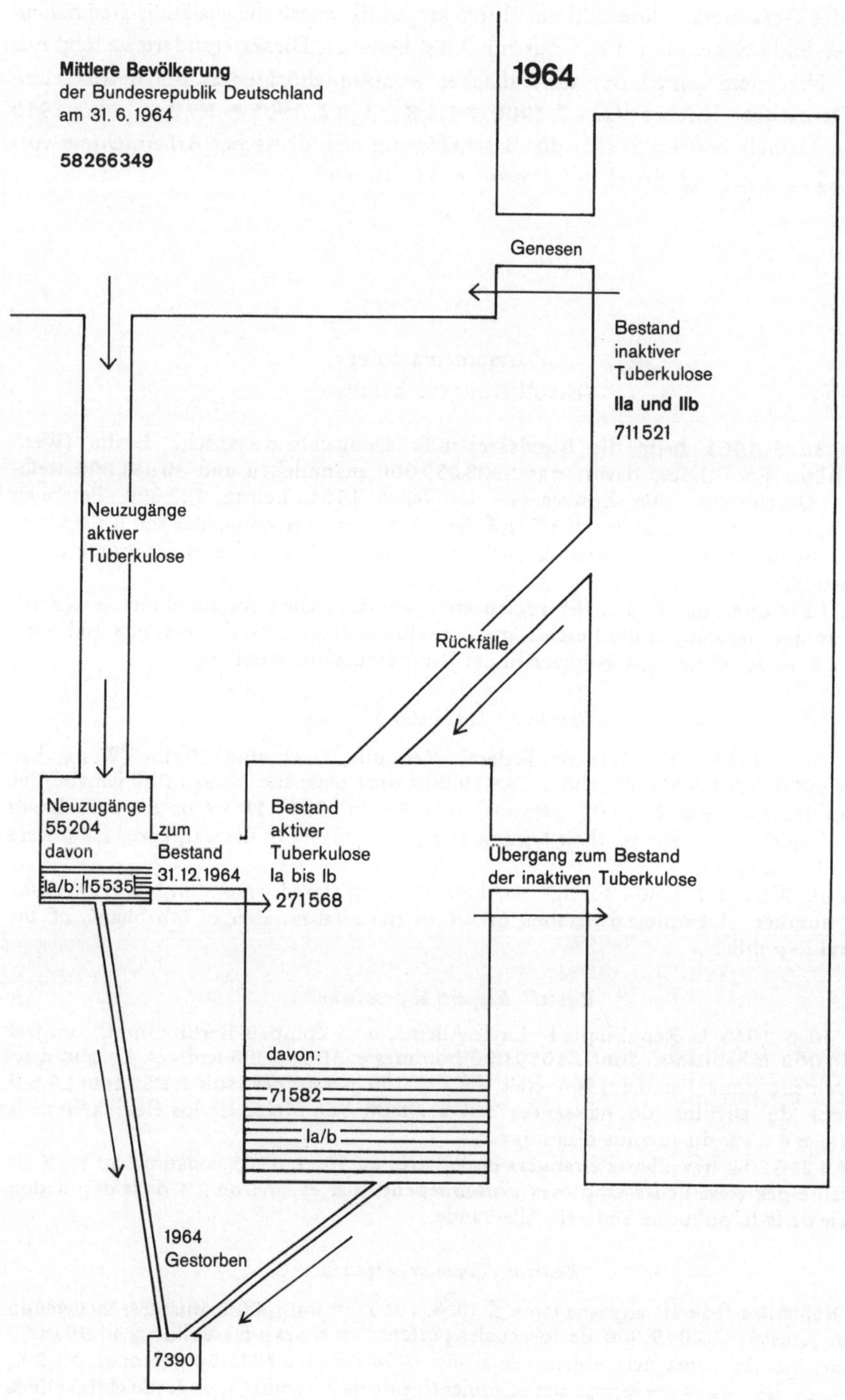

Abb. 3. (nach einem von der Weltgesundheitsorganisation für Dänemark gegebenen Schema)

2. Morbidität

Einleitung

Um die epidemiologischen Vorgänge bei der Tuberkulose auch dem nichtmedizinischen Leser des Buches leicht erklärbar zu machen, ist die folgende Abb. 3 vorgeschaltet. Sie ist nach einem Schema gezeichnet, das in ähnlicher Form für Dänemark in der Broschüre „International Work in Tuberculosis 1949–1964" 1965 durch die Weltgesundheitsorganisation veröffentlicht worden ist. Das Bild soll erläutern, wie aus der Gesamtbevölkerung innerhalb eines Kalenderjahres (1964) eine — im übrigen noch recht hohe — Zahl an Neuerkrankungen an Tuberkulose entsteht. Diese Neuerkrankungen sind durch Schraffierung wieder in ansteckende Formen (Ia/b) und die übrigen Formen aktiver Tuberkuloseerkrankungen getrennt. Mit Jahresschluß fließen die Neuzugänge in den Bestand über, soweit sie nicht durch Todesfälle im Berichtsjahr (1964) verringert worden sind. Auch der Bestand an aktiven Tuberkuloseerkrankungen erfährt eine Verringerung durch Todesfälle, deren Gesamtsumme im untersten Rechteck verzeichnet ist. Man könnte diese Zahl noch unterteilen in solche Fälle, die tatsächlich an Tuberkulose gestorben sind, und solche, die zwar in Überwachung gestanden haben, deren Todesursache aber eine andere Erkrankung bzw. ein Unfall gewesen ist. Aus dem Bestand der aktiven Tuberkuloseerkrankungen, die in der Praxis in ständiger Überwachung der Fürsorge stehen bzw. sich laufend in ärztlicher Behandlung befinden, fließt ein gewisser Teil in das große Sammelbecken der „Überwachungsbedürftigen inaktiven Tuberkulosen" (IIa/IIb) ab. Erst aus diesem Sammelbecken erfolgt dann der Rückfluß der tatsächlich Genesenen in die Gesamtbevölkerung. Es ist natürlich, daß es auch aus diesem großen Kontingent noch Sterbefälle gibt, aber keine Todesfälle an Tuberkulose mehr.

Die Rechtecke in der Abbildung sind möglichst maßgerecht gezeichnet, d. h. ihre Größe soll der Zahl der in ihnen zusammengefaßten Personen entsprechen.

a) Bestand der an aktiver Tuberkulose Erkrankten

Der Bestand an Tuberkulosekranken wird jeweils zum Jahresende aus den am 31. Dezember des Vorjahres erfaßt gewesenen Patienten, den Zugängen (Neuzugänge und Zugänge aus anderen Gruppen) und den Abgängen (Abgänge in andere Gruppen, Tod oder Wegzug) während des Berichtsjahres errechnet. Dadurch gestattet er nicht nur einen Überblick über die Verbreitung der Tuberkulose an einem bestimmten Stichtag, sondern auch über die Dynamik des Krankheitsgeschehens in der Bevölkerung innerhalb größerer Zeiträume. *Der Bevölkerungsaufbau und der Krankheitsbefall der verschiedenen Altersgruppen spielen bei der Beurteilung der Tuberkulosemorbidität eine Rolle.* Der Rückgang der Erkrankungsziffern wird nicht nur von der absoluten Bestandsverminderung beeinflußt, sondern auch von den Auswirkungen, die Geburtenzunahme und -abnahme, Kriegsverluste und steigende Lebenserwartung auf die Altersbesetzung bestimmter Jahrgänge verursachen. Diese Faktoren müssen berücksichtigt werden, wenn ein klares Bild von der Tuberkulosemorbidität entstehen soll.

Nach Angaben des Statistischen Bundesamtes waren am 31. 12. 1964 insgesamt 271 568 Personen mit einer aktiven Tuberkulose (Ia–Id) in den Fürsorgestellen des

Bundesgebietes einschließlich Berlin (West) bekannt. Etwa 463,5 von 100 000 Einwohnern sind demnach tuberkulosekrank.

Abb. 4 zeigt ein kontinuierliches Absinken des Bestandes seit 1955. In den letzten 10 Jahren hat der Bestand an aktiven Tuberkulosen insgesamt (Ia—Id-Fälle) um 47,5 % abgenommen, darunter die ansteckungsfähigen Lungentuberkulosen (Ia/b-Fälle) um 51 %, die aktiv-geschlossenen Lungentuberkulosen (Ic) um 46,7 % und die aktiven extrapulmonalen Tuberkulosen (Id) um 45 %.

Tab. 1 gibt einen Überblick über den Bestand in den 11 Bundesländern am 31. 12. 1964.

Tabelle 1. *Bestand der an aktiver Tuberkulose Erkrankten am 31. 12. 1964* (nach Angaben des Statistischen Bundesamtes)

| Land | Tuberkulose der Atmungsorgane | | | | | Tuberkulose anderer Organe | Tuberkulose aller Formen insgesamt |
| | ansteckend (offen) | | | nichtansteckend (aktiv geschlossen) | insgesamt | | |
	mit Bazillennachweis	ohne Bazillennachweis	insgesamt				
Grundzahlen							
Schleswig-Holstein	2 162	828	2 990	7 382	10 372	1 490	11 862
Hamburg	3 035	701	3 736	11 458	15 194	2 280	17 474
Niedersachsen	6 127	1 089	7 216	16 616	23 832	4 712	28 544
Bremen	803	73	876	2 043	2 919	714	3 633
Nordrhein-Westfalen	16 497	3 639	20 136	44 944	65 080	13 383	78 463
Hessen	3 507	642	4 149	9 907	14 056	3 106	17 162
Rheinland-Pfalz	3 480	1 313	4 793	9 534	14 327	2 908	17 235
Baden-Württemberg	7 470	1 142	8 612	18 946	27 558	5 012	32 570
Bayern	10 598	1 188	11 786	20 771	32 557	3 987	36 544
Saarland	1 269	334	1 603	2 773	4 376	689	5 065
Berlin (West)	5 643	42	5 685	15 593	21 278	1 738	23 016
Bundesgebiet einschl. Berlin (West)	60 591	10 991	71 582	159 967	231 549	40 019	271 568
Auf 100 000 Einwohner							
Schleswig-Holstein	89,9	34,4	124,3	306,9	431,2	61,9	493,1
Hamburg	163,4	37,7	201,1	616,9	818,0	122,8	940,8
Niedersachsen	89,4	15,9	105,3	242,4	347,7	68,7	416,4
Bremen	109,6	10,0	119,6	278,9	398,4	97,5	495,9
Nordrhein-Westfalen	99,7	22,0	121,6	271,5	393,1	80,8	474,0
Hessen	68,9	12,6	81,6	194,8	276,3	61,1	337,4
Rheinland-Pfalz	98,2	37,0	135,2	268,9	404,1	82,0	486,1
Baden-Württemberg	90,5	13,8	104,3	229,4	333,7	60,7	394,4
Bayern	106,2	11,9	118,1	208,2	326,3	40,0	366,3
Saarland	113,6	29,9	143,5	248,2	391,7	61,7	453,4
Berlin (West)	256,5	1,9	258,4	708,7	967,1	79,0	1 046,1
Bundesgebiet einschl. Berlin (West)	103,4	18,8	122,2	273,0	395,2	68,3	463,5

Die Gliederung des Bestandes nach *Altersgruppen* und *Geschlecht* wird an den bis 31. 12. 1964 gemeldeten Fällen gezeigt. In den Fürsorgestellen des Bundesgebietes einschließlich Berlin (West) waren 169135 Männer (609,2 : 100000) und 102433 Frauen (332,3 : 100000) mit *aktiver Tuberkulose aller Formen* registriert. Wie in den Vorjahren ist die Morbidität der Männer (bezogen auf 100000) erheblich höher, das Verhältnis zu der der Frauen beträgt 1,8 : 1. Das Zahlenverhältnis wird ausschließlich durch die Lungentbk. bedingt (2,1 Männer : 1,0 Frauen), bei der extrapulmonalen Tbk. beträgt es 0,94 Männer : 1,0 Frauen, hier besteht also kein signifikanter Unterschied in der Morbidität beider Geschlechter.

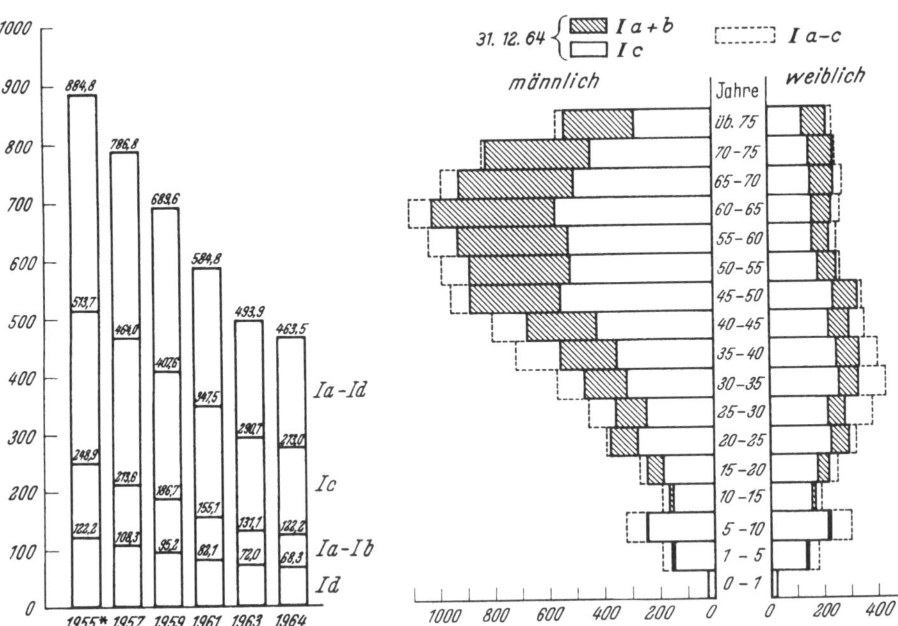

Abb. 4. Bestand an aktiven Tuberkulosen im Bundesgebiet einschl. Berlin (West) von 1955 bis 1964 auf 100000 Einwohner

Abb. 5. Bestand an aktiven Lungentuberkulosen im Bundesgebiet (ohne Berlin) Ende 1964 und 1962 nach Alter und Geschlecht auf je 100000 Einwohner derselben Altersgruppe

*ohne Saarland

α) Bestand an Kranken mit aktiver Lungentuberkulose (Ia—Ic)

Der Bestand an *aktiven Lungentuberkulosen* (Ia—Ic) im Bundesgebiet einschl. Berlin (West) hat sich 1964 auf 150804 Männer (543,1 : 100000) und 80745 Frauen (262,0 : 100000) belaufen. Die Kinder unter 15 Jahren sind an diesen insgesamt 231549 Fällen mit 22929 oder 9,9% beteiligt.

In Abb. 5 ist der Bestand an aktiver Lungentuberkulose nach Alter und Geschlecht gegliedert. Das Bild zeigt eindrucksvoll den starken Krankheitsbefall bei Männern im höheren Lebensalter.

Wie in früheren Jahren ist die Erkrankungshäufigkeit bis zum 20. Lebensjahr bei beiden Geschlechtern annähernd gleich; dann beginnt der Überhang an männlichen Kranken in Erscheinung zu treten. Bei den 45- bis 75jährigen ist er am stärksten ausgeprägt. Vom 50. Lebensjahr an stehen die ansteckungsfähigen (Ia/b) und die geschlossenen Lungentuberkulosen (Ic) in einem Verhältnis von 1 : 1,4 bis 1,1.

Bei den Frauen ist der Krankenbestand an aktiver Lungentuberkulose gleichmäßiger auf die einzelnen Altersklassen verteilt. Das Hauptkontingent stellen die 30- bis 50jährigen, dann sinkt die Krankenzahl leicht ab, um bis ins hohe Lebensalter verhältnismäßig konstant zu bleiben.

Vergleicht man den Bestand an aktiven Lungentuberkulosen von 1964 mit 1962 (Abb. 5, gestrichelte Linien), so zeigt sich, daß der Rückgang bereits bei den Kleinstkindern vom 1. Lebensjahr an einsetzt und alle Altersgruppen betrifft. Bei den Säuglingen macht er sich jedoch in der graphischen Darstellung infolge der absolut sehr kleinen Zahlen (1962: 298, 1964: 250) kaum bemerkbar. Der in den letzten Jahren auffällige erste Gipfel bei den 5- bis 10jährigen Kindern wurde 1964 um 20,7 % (männlich) bzw. 22,3 % (weiblich) abgebaut. Damit ist eine Berichtigung erfolgt, denn die Zahlen gerade in dieser Altersstufe sind bisher in der Bundesrepublik schon immer zu hoch angegeben worden (vgl. Jahrbücher 1961, 1962 und 1963).

Bei den Männern ist die Verminderung des Bestandes am ausgeprägtesten bei den 35- bis 45jährigen; mit steigendem Lebensalter verkleinert sich die Rückgangsquote. Bei den Frauen hat der Bestand in der Altersgruppe 25—35 am meisten abgenommen, vom 45. Lebensjahr an ist der Rückgang minimal und betrifft nur noch die nichtansteckungsfähige Lungentuberkulose. Die Verschiebung der „großen Zahl" der Erkrankungsfälle in höhere Altersstufen hat sich also fortgesetzt.

71582 Personen, d. h. 122 : 100 000 E., waren am 31. 12. 1964 mit Erkrankungen an *ansteckungsfähiger Lungentuberkulose* (Ia/b) registriert; die Anzahl der Ansteckendtuberkulösen hat sich gegenüber 1963 um 6 % verringert. 629 Fälle (4,8 : 100 000) betrafen Kinder unter 15 Jahren; bei 52813 Erkrankten (251,3 : 100 000) handelt es sich um Männer und bei 18 140 (74,3 : 100 000) um Frauen über 15 Jahre, d. h. es gab am 31. 12. 1964 *fast dreimal so viel ansteckende Lungentuberkulosen bei Männern als bei Frauen.*

Wie Abb. 6 zeigt, spielt die ansteckungsfähige Lungentuberkulose bei Kindern und Jugendlichen kaum noch eine Rolle; sie stellen nur 0,9 % des Bestandes. Im Gegensatz zum Erwachsenenalter überwiegt die Morbidität der Mädchen — wahrscheinlich eine Nebenerscheinung der früher eintretenden Pubertät — über die der Knaben mit 1,3 : 1, obwohl die männlichen Jugendlichen unter 15 Jahren den größeren Bevölkerungsanteil darstellen. Es handelt sich allerdings um sehr kleine Zahlen (346 : 283).

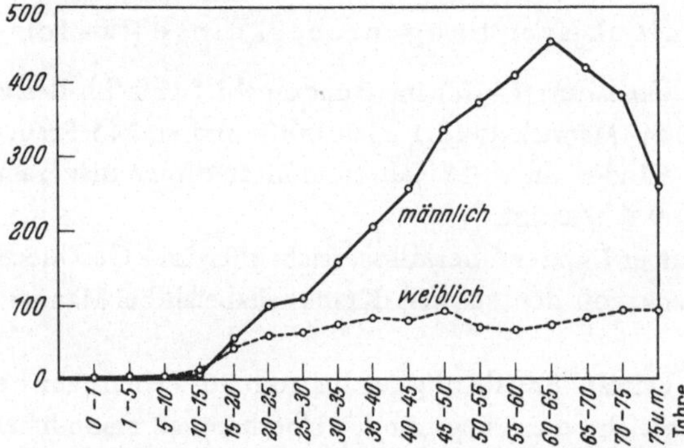

Abb. 6. Bestand an Personen mit ansteckungsfähiger Lungentuberkulose (Ia + Ib) am 31. 12. 1964 im Bundesgebiet (ohne Berlin) auf je 100 000 Männer und Frauen der betreffenden Altersgruppe

Etwa vom 15. Lebensjahr ab nimmt die Erkrankungshäufigkeit der männlichen Jugendlichen zu, vom 30. Jahr ab gehen die Morbiditätskurven beider Geschlechter stark auseinander. Die Kurve der Männer steigt gleichmäßig an, erreicht *in der Altersgruppe der 60- bis 65jährigen ihren Höhepunkt* und sinkt — wie bei der Gesamtzahl der Krankheitsfälle — mit zunehmendem Alter wieder ab.

Der Abfall der Kurve des Bestandes an Kranken mit einer ansteckungsfähigen Lungentuberkulose in den sehr hohen Altersstufen — dasselbe gilt für die Mortalitätskurve — dürfte nicht den tatsächlichen Verhältnissen entsprechen, sondern ist wahrscheinlich nur durch die unerkannten Tuberkulosen in den hohen Altersstufen bzw. im Greisenalter bedingt. Dafür sprechen folgende Beobachtungen:

1. Nach LARSON und LINELL, Malmö (Acta Tuberc. Scand. 39 (1960), 271) sowie nach der Auswertung der Ergebnisse von Sektionen in 18 pathologischen Instituten durch das DZK (KREUSER und KEUTZER, Dtsch. med. Wschr. 1963 S. 1522) konnte ein beachtlicher Prozentsatz der tatsächlich an Tuberkulose verstorbenen Personen erst durch die Sektion ermittelt werden, in besonderem Maße bei Kranken in höheren und hohen Altersstufen.

2. Insbesondere beim dritten Durchgang der RRU im Kreis Ludwigsburg in den Jahren 1960/61 fiel auf, daß zwar ein beachtlicher Prozentsatz von alten Personen (70 Jahre und darüber) mit kontrollbedürftigem Lungenbefund beanstandet wurde, daß aber infolge des hohen Alters oft keine Nachuntersuchung vorgenommen werden konnte bzw. möglich war. Der Schirmbildbefund konnte nicht abgeklärt werden. In anderen Fällen war die betagte Person nicht mehr in der Lage, an der RRU teilzunehmen.

Bei den Frauen verläuft die Erkrankungskurve vom 30. Lebensjahr ab fast gleichmäßig waagerecht. Der Höchstwert hat sich seit 1962 von den 30- bis 35jährigen auf die 45- bis 50jährigen verlagert; vom 70. Lebensjahr ab wird erneut ein Höhepunkt erreicht.

Während der Bestand an offentuberkulösen Kindern bis zu 15 Jahren (bezogen auf 100 000) seit 1957 um 54 % zurückgegangen ist, hat sich der Bestand bei den über 65jährigen nur um 21 % verringert. Die Bedeutung der *Tuberkulose älterer Personen* wird dadurch unterstrichen. *Ihre Erfassung* und *ihre Sanierung gehören zu den vordringlichsten Aufgaben der Tuberkulosebekämpfung*, weil die Gefahr besteht, daß durch die alten ansteckungsfähigen Lungentuberkulosen betagter, oft unachtsamer Menschen die Erkrankung auf Kinder und Jugendliche übertragen wird. Diese treten bei der augenblicklichen Epidemielage zu einem verhältnismäßig hohen Prozentsatz noch tuberkulinnegativ ins Erwerbsalter ein!

Der große Anteil der höheren Altersstufen im Bestand der ansteckenden Lungentuberkulosen dürfte mehrere Gründe haben: 1. Die Überalterung der Bevölkerung, 2. die damit verbundene Zunahme von lymphoglandulären Exacerbationen mit dem 5. Dezennium (OTT, „Internist" 1962, S. 41) durch das Nachlassen der Widerstandskraft, 3. die wesentlich bessere Erfassung der Alterstuberkulosen u. a. durch die RRU, 4. die geringere therapeutische Beeinflußbarkeit der Tuberkulosen in den mittleren und höheren Altersstufen durch die Chemotherapie, 5. zunehmende Verschiebung der tuberkulösen Erstinfektion von dem Kindesalter in spätere Altersstufen. Für das Überwiegen der Männer vermutet OTT eine „größere Expositionsfrequenz" und berufliche Belastungen der Männer. Andere schädigende Faktoren dürfen m. E. ebenfalls dafür herangezogen werden, wie der Alkoholabusus. Letzten Endes erscheint die Tatsache, daß die älteren und alten Männer wesentlich mehr von der ansteckenden Tuberkulose befallen sind, als die Frauen, nicht genügend geklärt.

Abb. 7 gibt einen Überblick über den Bestand der 60- bis 70jährigen mit ansteckungsfähiger Lungentuberkulose (Ia/b) seit 1957.

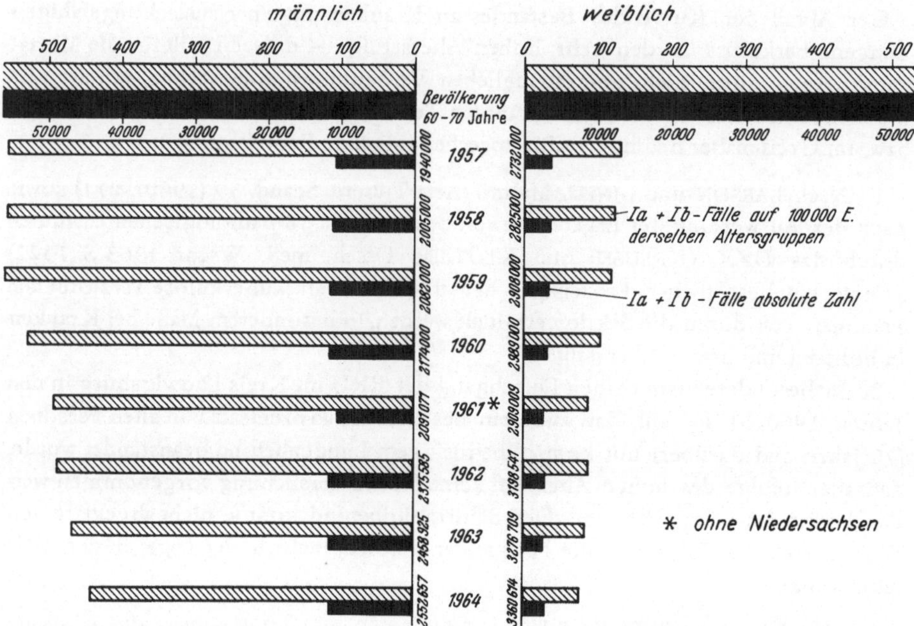

Abb. 7. Bestand an 60–70 jährigen Männern und Frauen mit ansteckungsfähiger Lungentuberkulose (Ia + Ib) im Bundesgebiet ohne Berlin (West) von 1957 bis 1964 (absolut und auf 100 000 derselben Altersgruppe)

Danach sind zwar die Erkrankungsziffern (bezogen auf 100 000 Einwohner derselben Altersklasse) seither bei den Männern um 21 % und bei den Frauen um 41 % gefallen. Diese Verminderung entspricht jedoch nur bei den Frauen einem echten Rückgang der ansteckungsfähigen Alterstuberkulose um 1031 Fälle. Bei den Männern kommt sie ausschließlich durch den Bevölkerungszuwachs dieser Altersklassen, d. h. durch die höhere Lebenserwartung zustande und nicht durch eine Abnahme der offentuberkulösen Kranken; die absoluten Bestandszahlen sind von 1957 (10 799) bis 1964 (11 198) sogar geringfügig angestiegen. *Die absolute Zahl der bekannten kontrollbedürftigen Bakterienstreuer im höheren Lebensalter hat demnach trotz des insgesamt erfolgreichen Rückgangs der Tuberkulose seit 1957 nicht ab- sondern eher zugenommen!*

Der Bestand an *nichtansteckenden Lungentuberkulosen* (Ic) hat am 31. 12. 1964 im Bundesgebiet einschließlich Berlin (West) 97 708 männliche (352 : 100 000) und 62 259 weibliche Kranke (202 : 100 000) umfaßt; er ist seit 1963 um 6,2 % zurückgegangen.

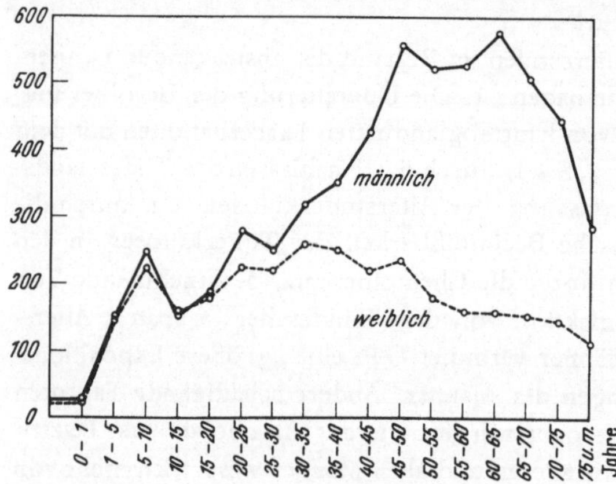

Abb. 8. Bestand an Personen mit nichtansteckender Lungentuberkulose (Ic) am 31. 12. 1964 im Bundesgebiet (ohne Berlin) auf je 100 000 Männer und Frauen der betreffenden Altersgruppe

Abb. 8 zeigt die Aufgliederung nach Alter und Geschlecht. Der Anteil der Kinder unter 15 Jahren an den Ic-Fällen hat mit 11 960 Jungen und 10 610 Mädchen 14 % betragen. Der Gipfel bei den 5- bis 10jährigen flacht sich langsam ab. Bei den Männern besteht ein Erkrankungsmaximum zwischen 45 und 65 Jahren, wogegen bei den Frauen ein — bedeutend niedrigerer — Häufigkeitsgipfel schon im Alter von 30- bis 35 Jahren erreicht wird.

β) Bestand an Kranken mit aktiver extrapulmonaler Tuberkulose (Id)

Am 31. 12. 1964 waren im Bundesgebiet einschließlich Berlin (West) 40 019 extrapulmonale Tuberkulosen (ETB), d. h. 68,3 : 100 000 Einwohner, bekannt. Damit verminderte sich der Bestand seit 1963 um 4,0 %. Nach Alter und Geschlecht aufgegliedert waren 3 321 Kinder bis zum Alter von 15 Jahren (25,2 : 100 000), 16 686 Männer (79,4 : 100 000) und 20 012 Frauen über 15 Jahre (82 : 100 000) bei den Tuberkulosefürsorgestellen gemeldet. Danach ist im Gegensatz zur Lungentuberkulose die ETB beim *weiblichen* Geschlecht etwas häufiger als beim männlichen; der Unterschied steht im Verhältnis von 1,2 : 1. Vergleiche mit den Zahlen von 1963 (siehe Tuberkulose-Jahrbuch 1963, S. 33) zeigen, daß der Rückgang des Bestandes bei den Jugendlichen 14,4 %, bei den Männern 3,3 und bei den Frauen 2,7 % beträgt.

Der Bestand an aktiver ETB ist in erhöhtem Maße mit *Unsicherheiten* behaftet. Neben Lücken in der Erfassung und Befolgung der Meldepflicht treten bei den verschiedenen extrapulmonalen Formen in vermehrtem Maße Schwierigkeiten in der Beurteilung, ob im vorliegenden Fall, z. B. bei einer Skelett-Tbk., der Prozeß noch aktiv oder schon inaktiv ist, hinzu.

Der Bundesdurchschnitt an aktiver ETB wird 1964 am höchsten in Hamburg überschritten; dort ist der Bestand an erkrankten Männern seit 1962 von 111,2 auf 119,6 : 100 000 und an erkrankten Frauen von 149,8 auf 154,3 : 100 000 gestiegen (siehe Abb. 9). Die Zunahme wird vor allem durch Urogenitaltuberkulosen bedingt, die bei den Männern um 35 Fälle und bei den Frauen um 22 Fälle angestiegen sind.

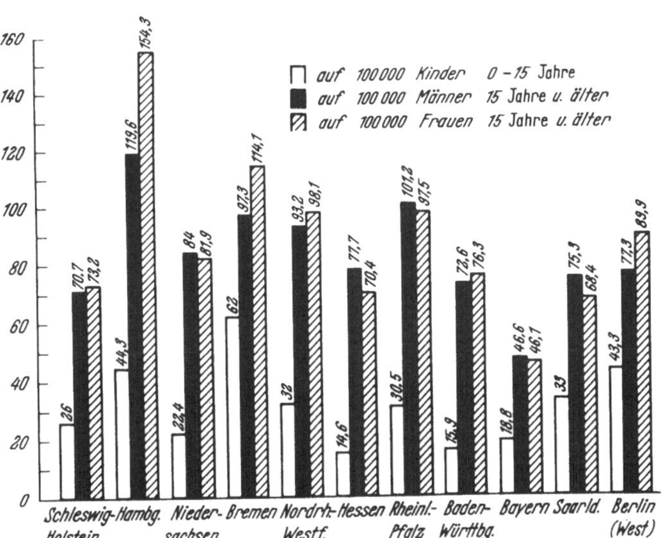

Abb. 9.
Bestand an aktiven extrapulmonalen Tuberkulosen nach Altersgruppen in den Bundesländern am 31. 12. 1964

Die Aufgliederung des Gesamtbestandes an ETB im Bundesgebiet nach 5-Jahres-Altersgruppen zeigt wie in den Vorjahren, daß der Häufigkeitsgipfel bei den meisten Lokalisationen in der Lebensmitte liegt. Die höchsten Erkrankungsziffern an *Knochen-* und *Gelenktuberkulose* haben die 35- bis 50jährigen Männer und die 45- bis 50jährigen Frauen. Die meisten *Lymphknotentuberkulosen* treten bei männlichen Jugendlichen von 10—20 und bei jungen Frauen von 20—30 Jahren auf.

Bei der *Hauttuberkulose* liegt der Morbiditätsgipfel bei Männern und Frauen jenseits des 50. Lebensjahres. In Nordbayern, das bereits Angaben über das Jahr 1965 gemacht hat, sank die Gesamtzahl der wegen Haut-, Schleimhaut- und Lymphknotentuberkulose betreuten Personen während des Jahres 1965 von 1 317 auf 1 157, d. h. um 12%. Unter insgesamt 151 Zugängen an aktiven Fällen im Jahre 1965 waren 43 Rezidive, zu denen es in den meisten Fällen durch Nichtbeachtung der ärztlichen Anweisungen gekommen war. Durch regelmäßige und ausreichend dosierte Therapie mit Isonikotinsäurehydrazid können Rückfälle im allgemeinen vermieden werden; die Beratung und Aufklärung der Kranken ist deshalb wichtig und erfolgversprechend (aus dem Jahresbericht des Beauftragten für die Bekämpfung der Hauttuberkulose in Nordbayern, Prof. RÖCKL).

Der Bestand an tuberkulösen *Meningitiden* betrug am 31. 12. 1964 im Bundesgebiet einschließlich Berlin (West) 1 040 Fälle. Vergleiche mit den Zahlen von 1963 zeigen einen deutlichen Rückgang der Erkrankungen bei Kindern und Jugendlichen und eine *Zunahme im mittleren Lebensalter.* Am ausgeprägtesten ist der Anstieg bei den 40- bis 50jährigen mit einem Bestand von 46 Männern (1963: 25) und 42 Frauen (1963: 28). Inwieweit dies mit der besseren Meldung zusammenhängt, muß dahingestellt bleiben.

Der Bestand an *Urogenitaltuberkulosen* hat Ende 1963 im Bundesgebiet einschließlich Berlin (West) 10 443 und am 31. 12. 1964 10 442 Fälle betragen. Durch diesen gleichbleibenden Stand bei Rückgang aller anderen extrapulmonalen Manifestationen sind die Urogenitaltuberkulosen mit einer Erkrankungsziffer von 18,0 : 100 000 Einwohner an die Spitze aller extrapulmonalen Tuberkulosen gerückt (vgl. Tab. 10 im Tuberkulosejahrbuch 1963, S. 35).

Vor 10 Jahren wurde für die Urogenitaltuberkulosen neben der besseren Diagnostik eine echte Zunahme infolge der ungeheueren Belastung durch die Kriegs- und Nachkriegsjahre angenommen; die Latenzzeit für die Nierentbk. kann bekanntlich viele Jahre betragen (vgl. Tuberkulose-Jahrbuch 1954/55, S. 9/10).

Ob dies auch jetzt noch zutrifft, oder ob nur eine scheinbare Zunahme sowohl der Urotuberkulose als auch der Genitaltuberkulose bei beiden Geschlechtern infolge einer besseren Erfassung und des Ausbaues der Diagnostik (z. B. Untersuchung des Menstrualblutes durch Kultur und Tierversuch auf Tuberkulosebakterien) vorliegt, soll offengelassen werden.

Bei den 20- bis 35jährigen sind mehr Frauen als Männer an Urogenitaltuberkulose erkrankt; mit fortschreitendem Lebensalter beginnt die Morbidität beim männlichen Geschlecht zu überwiegen. Die höchsten Erkrankungsziffern haben die Männer von 35—50 Jahren und die Frauen von 30—40 Jahren.

Die *sonstigen Organtuberkulosen,* zu denen vor allem die Darm-, Augen-, Ohren- und Nebennierenbefunde gehören, sind von 7 952 (1963) auf 7 616 (31. 12. 1964) zurückgegangen. Insgesamt ist die Erkrankungshäufigkeit der Frauen größer als die der Männer (vgl. wiederum Abb. 10 im Tuberkulose-Jahrbuch 1963).

b) Bestand an Personen mit inaktiver Tuberkulose

α) Inaktive Lungentuberkulose (IIa)

Am 31. 12. 1964 wurden 664728 Personen mit einer inaktiven Lungentuberkulose von den Fürsorgestellen des Bundesgebietes einschließlich Berlin (West) überwacht. Auf die Gesamtbevölkerung bezogen ergibt sich ein Durchschnitt von 1 134,6 auf 100000 Einwohner. Die Verhältniszahlen in den einzelnen Bundesländern weichen erheblich von diesem Mittelwert ab (siehe Tab. 2).

Ein Vergleich der IIa-Fälle in den einzelnen Fürsorgestellen des Bundesgebietes ist kaum möglich und zwar aus mehreren Gründen:

1. Da es außer dem Tuberkulosebakteriennachweis kein anderes absolut sicheres Kriterium für die Feststellung einer aktiven Lungentuberkulose gibt, wird in Grenzfällen die Beurteilung der Aktivität von der subjektiven Auffassung des untersuchenden Arztes bestimmt. In Fällen von fraglicher Aktivität neigt der eine Arzt mehr zur Annahme eines noch aktiven Prozesses (Ic), hingegen der andere Arzt zu der eines inaktiven Prozesses (IIa).
2. Auch bei der Beurteilung, ob ein nachgewiesener inaktiver Befund in Überwachung der Tuberkulosefürsorge genommen werden sollte, oder ob auf eine weitere Kontrolle verzichtet werden kann, spielen das Ermessen bzw. die Erfahrung des jeweiligen Arztes eine Rolle.
3. Eine RRU auf breitester Grundlage hat erfahrungsgemäß ein wesentliches Ansteigen auch bei den IIa-Fällen zur Folge.
4. Die Zahl der IIa-Fälle wird damit von der Länge der Überwachungsdauer bestimmt.

Epidemiologische Bedeutung erlangen die inaktiven Tuberkulosen durch die relativ hohe Rückfallquote, die Jahr für Jahr aus ihnen hervorgeht. Nach Tab. 4 sind 1964 10 497 Personen mit inaktiver Lungentuberkulose wieder an einem aktiven Prozeß erkrankt. Bezieht man ihre Anzahl auf die im Bundesgebiet (außer Hamburg) registrierten inaktiven Fälle, so haben sich davon 1 665 von 100 000 oder 1,67 % verschlechtert. Darin darf jedoch nur ein Annäherungswert gesehen werden, weil von Schleswig-Holstein und Rheinland-Pfalz keine vollständigen Angaben vorliegen. 30,6 % der verschlechterten inaktiven Lungentuberkulosen sind ansteckungsfähig (Ia/b) geworden, 66,2 % sind an einer nichtansteckungsfähigen Lungentuberkulose (Ic) erkrankt, und bei 3,2 % wurde eine aktive extrapulmonale Tuberkulose (Id) festgestellt. Vergleicht man die Rückfälle mit den Neuzugängen an aktiver Lungentuberkulose im Jahre 1964, so zeigt sich, daß das Risiko, an einer aktiven Lungentuberkulose zu erkranken, für einen IIa-Fall 20,9mal so hoch ist wie für einen bisher *nicht* an Tuberkulose erkrankten Einwohner. In den Jahren 1960 und 1961 war für einen Träger einer inaktiven Lungentuberkulose die Wahrscheinlichkeit, an einer aktiven Tuberkulose zu erkranken, 23mal so hoch und 1962 19,6mal so hoch wie für die bisher *nicht* an Tuberkulose erkrankten Einwohner (vgl. die Tuberkulose-Jahrbücher). Somit ist das noch *relativ hohe Erkrankungsrisiko* bei den inaktiven Lungentuberkulosen (IIa-Fälle) im Bundesgebiet seit Jahren ziemlich *konstant*.

Nach OTT („Blätter gegen die Tuberkulose", 1964, Nr. 9), der die Ergebnisse der Schirmbildaktionen 1957/59 und 1960/62 im Kanton Solothurn auswertete, betrug bei der einheimischen Bevölkerung mit einer normalen Lunge die Jahres-

Tabelle 2. *Bestand an inaktiven Lungentuberkulosen (IIa) im Bundesgebiet einschließlich Berlin (West) am 31. 12. 1964*
(nach Angaben der Statistischen Landesämter)

	unter 15 Jahre männlich		unter 15 Jahre weiblich		über 15 Jahre männlich		über 15 Jahre weiblich		insgesamt	
	absolut	auf 100 000	absolut	auf 100 000	absolut	auf 100 000	absolut	auf 100 000	absolut	auf 100 000
Schleswig-Holstein	–	–	–	–	–	–	–	–	24 854	1 033,2
Hamburg	1 913	1 201,2	1 575	1 035,0	17 516	2 496,3	13 549	1 604,7	34 553	1 860,3
Niedersachsen	–	–	–	–	–	–	–	–	70 107	1 022,8
Bremen	1 267	1 674,7	933	1 311,9	5 337	1 974,8	3 836	1 215,5	11 373	1 552,4
Nordrhein-Westfalen	–	–	–	–	–	–	–	–	135 743	820,0
Hessen	–	–	–	–	–	–	–	–	40 356	793,4
Rheinland-Pfalz	3 209	704,4	3 092	715,3	14 165	1 156,4	9 986	697	30 452	858,9
Baden-Württemberg	–	–	–	–	–	–	–	–	126 656	1 533,8
Bayern	11 448	971,5	10 783	959,2	67 392	1 918,4	53 462	1 284,9	143 085	1 434,3
Saarland	916	621,8	892	634,3	3 713	957,8	2 487	563,2	8 008	716,8
Berlin (West)	2 906	1 884,9	2 519	1 722,3	17 648	2 236,2	16 468	1 482,8	39 541	1 797,1
Bundesgebiet einschl. Berlin (West)									664 728	1 134,6

rate an Tuberkuloseerkrankungen 15 : 100 000, hingegen bei Personen mit „geheilten Läsionen" 98 : 100 000, also über das 6fache. Daher sollen nach der vom DZK überarbeiteten Neufassung der „Erläuterungen zur Tuberkulosestatistik der Gesundheitsämter" Erwachsene mit einer inaktiven Tuberkulose „je nach Ausgangsbefund, beruflicher Belastung usw. regelmäßig und *langfristig* — möglichst auch bakteriologisch — untersucht werden".

β) Inaktive extrapulmonale Tuberkulose (IIb)

In den Fürsorgestellen des Bundesgebietes einschließlich Berlin (West) waren am 31. 12. 1964 46 793 inaktive extrapulmonale Tuberkulosen, d. h. 79,9 : 100 000 Einwohner, registriert. Dieser Bestand entspricht etwa den errechneten Zahlen von 1962. Was die Zahlen an inaktiven extrapulmonalen Tuberkulosen betrifft, so gelten dieselben Einwände wie in dem vorhergehenden Kapitel über die inaktiven pulmonalen Tuberkulosen. 102 Personen mit einem inaktiven extrapulmonalen Prozeß sind 1964 an einer aktiven Lungentuberkulose erkrankt, 651 verschlechterten sich zu einem aktiven extrapulmonalen Befund. Unter Berücksichtigung der aufgezeigten Unsicherheiten, insbesondere bei der inaktiven extrapulmonalen Tuberkulose, erscheinen prozentuale Angaben über Verschlechterungstendenzen nicht aussagekräftig.

Akteninventur

Eine jeweils zum Jahresende durchgeführte Akteninventur hat sich in den Tuberkulosefürsorgestellen als unentbehrlich zur Herbeiführung einer *bereinigten* Bestandsstatistik erwiesen. Der „Aktensturz" ist aus 2 Gründen notwendig;

1. Obwohl eine Tuberkulosefürsorgestelle in nicht genügend geklärten Fällen aufgrund der Erstuntersuchung oder einer Erstmeldung von auswärts *laufend* durch sorgfältige Beobachtungen bzw. Rückfragen bei den Heilstätten und Krankenhäusern um die Klärung der Diagnose bemüht sein soll, stößt man bei Durchsicht aller Akten auf diagnostisch ungeklärte Fälle. Man sollte zum Jahresende jedem dieser Fälle nachgehen. Bis auf wenige Ausnahmen vermag man die Diagnose und damit die Statistik zu bereinigen.

2. Zum Ende eines jeden Jahres ist festzustellen, daß in einer Anzahl von Fällen die termingemäße Kontrolle unterblieben ist, teils versehentlich, besonders bei Wechsel der Fürsorgerin, teils durch Wegzug nach unbekanntem Aufenthalt (dies gilt insbesondere für die Gastarbeiter), teils durch den Versuch der Tuberkulösen, sich der Überwachung zu entziehen.

Zusammenfassung

(Bestand an Tuberkulosekranken, B)

Der Bestand an aktiven Tuberkulosen insgesamt (Ia—Id-Fälle) hat in den letzten 10 Jahren im Bundesgebiet um 47,5 % abgenommen. Nach dem Stand vom 31. Dez. 1964 waren im Bundesgebiet einschließlich Berlin (West) jedoch noch immer 271 568 Kranke mit einer aktiven Tuberkulose bekannt, darunter 71 582 Kranke mit einer ansteckungsfähigen Lungentuberkulose (Ia/b-Fälle).

Eindrucksvoll ist der Anstieg der aktiven Tuberkulose bei den Männern in den mittleren und höheren Altersstufen; in erhöhtem Maße gilt dies für die ansteckungsfähigen Lungentuberkulosen (Ia/b). Die absolute Zahl der bekannten Bakterienstreuer bei den Männern im höheren Lebensalter hat trotz des Rückgangs der Tuberkulose im allgemeinen nicht ab-, sondern eher zugenommen! Bei der aktiven nichtansteckenden Lungentuberkulose (Ic) beginnt zwar der erste Gipfel in der Altersstufe 5—10 Jahre sich abzuflachen, doch tritt er noch immer deutlich hervor (Notwendigkeit der Intensivierung der präventiven Tuberkulosebekämpfung!). Die extrapulmonale Tuberkulose ist im Gegensatz zur Lungentuberkulose beim weiblichen Geschlecht etwas mehr verbreitet als beim männlichen. An die Spitze aller extrapulmonalen Tuberkulosen sind die Urogenitaltuberkulosen gerückt. Bei den Erkrankungen an tuberkulöser Meningitis ist ein Rückgang bei den Kindern und Jugendlichen und eine Zunahme im mittleren Lebensalter zu verzeichnen. Am 31. Dezember 1964 waren 664728 Personen mit einer inaktiven Lungentuberkulose und 46793 Personen mit einer inaktiven extrapulmonalen Tuberkulose in den Tuberkulosefürsorgestellen registriert. Die epidemiologische Bedeutung der inaktiven Tuberkulosen liegt in der relativ hohen Rückfallquote.

Eine Akteninventur jeweils zum Jahresende hat sich zur Herbeiführung einer bereinigten Bestandsstatistik als unentbehrlich erwiesen.

Summary: Tuberculosis Morbidity

The total number of patients in the Federal Republic suffering from active tuberculosis (cases Ia—Id) has fallen by 47.5% during the last 10 years. Yet, there were still 271,568 known sufferers from active tuberculosis in the Federal Republic, including Berlin (West), on 31. 12. 1964, among them 71,582 patients with pulmonary tuberculosis (cases Ia/b), who were likely to be infectious.

There is an impressive rise in active tuberculosis of men in the middle and older age groups; this rise is even more pronounced for infective pulmonary tuberculosis (Ia/b). The known actual numbers of men of the older age groups had increased in spite of a general decrease in the incidence of tuberculosis! The first peak of the curve of incidence of active (non-infective) pulmonary tuberculosis (Ic), i. e. of the age group 5—10 years, has now become flatter, although it is still quite distinctive (indicating the need to intensify anti-tuberculosis prophylactic measures!). Extrapulmonary tuberculosis, as against pulmonary tuberculosis, is more common in females than in men. The incidence of urogenital tuberculosis now heads the list of incidences of all forms of extrapulmonary tuberculosis.

Nowadays, tuberculous meningitis is found less frequently in children and adolescents, but it has increased in the middle age groups. On 31st December, 1964, 664,728 persons with non-active pulmonary tuberculosis and 46,793 persons with non-active extrapulmonary tuberculosis were on the registers of Tuberculosis Welfare Clinics. Non-active tuberculosis is important from an epidemiological point of view on account of its comparatively high recurrence rate.

A search of the records at the end of each year has proved to be invaluable for the proper ascertainment of morbidity statistics.

Résumé: Nombre de malades tuberculeux

Le nombre global de tuberculoses actives (cas Ia—Id) dans la République Fédérale a diminué d'environ 47,5% les 10 dernières années. Au 31. 12. 1964 toutefois, encore 271568 malades, souffrant d'une tuberculose active, étaient enregistrés sur le territoire fédéral allemand, y compris Berlin Ouest, dont 71582 cas de tuberculose pulmonaire infectieuse (cas Ia/b).

L'accroissement du nombre de cas de tuberculose active chez les hommes d'âge moyen et supérieur est impressionnant; ceci est encore plus le cas pour la tuberculose pulmonaire infectieuse (Ia/b). Le nombre absolu des porteurs de microbes connus parmi les hommes âgés a même augmenté au lieu de diminué et ce en dépit de la régression de la tuberculose en général! Pour la tuberculose pulmonaire active mais non-infectieuse (Ic), la première pointe dans la courbe s'aplatit bien un peu pour le groupe d'âge 5—10 ans, mais reste toujours bien apparante (nécessité d'intensifier la lutte préventive contre la tuberculose!). La tuberculose extrapulmonaire, à l'opposé de la tuberculose pulmonaire, est un peu plus fréquente chez le sexe féminin que masculin. Parmi toutes les tuberculoses extrapulmonaires, les formes urogénitales sont venues prendre la première place. On note une régression de la méningite tuberculeuse chez les enfants et les adolescents mais une recrudescence dans le groupe d'âge moyen. Au 31 décembre 1964 664 728 personnes avec une tuberculose pulmonaire inactive et 46 793 personnes avec une forme extrapulmonaire inactive étaient enregistrés dans les dispensaires antituberculeux. L'importance épidémiologique des tuberculoses inactives réside dans le quotient de rechute relativement élevé.

Un inventaire annuel, pour mettre au point les statistiques de ces nombres, s'est montré indispensable.

Resumen: Relación numérica de enfermos tuberculosos

En los últimos 10 años, la contingencia de tuberculosis activas ha disminuído conjuntamente en la República federal en un 47,5 % (casos Ia—Id). Según el registro, el 31.12.1964 había todavía en el territorio federal, incluyendo Berlín (Oeste), 271.568 enfermos con una tuberculosis activa, 71.582 de los cuales padecían una tuberculosis pulmonar contagiosa (casos Ia/b).

Interesante es el aumento de la tuberculosis activa en hombres de edad media y avanzada; esto es aplicable de un modo especial a las tuberculosis pulmonares contagiantes (Ia/b).

En hombres de edad avanzada, el número absoluto de los eliminadores de bacterias no ha disminuído en general, a pesar del descenso de la tuberculosis, sino que más bien ha aumentado. Para la tuberculosis pulmonar activa no contagiante (Ic), empieza ciertamente a aplanarse un poco la primera cima en edades entre 5—10 años, haciéndose patente cada vez más claramente (necesidad de intensificar la lucha preventiva tuberculosa!). En contraposición con la tuberculosis pulmonar, en el sexo femenino está algo más difundida la tuberculosis extrapulmonar que en el sexo masculino. Las tuberculosis urogenitales se han colocado a la cabeza de todas las extrapulmonares. Respecto a las meningitis tuberculosas, es de resaltar un descenso en los niños y adolescentes, y un aumento en las edades medias. El 31 de diciembre de 1964 estaban registradas en los centros preventivos tuberculosos 664.728 personas con una tuberculosis pulmonar inactiva y 46.793 con una tuberculosis inactiva extrapulmonar. La importancia epidemiológica de las tuberculosis inactivas estriba en la cuota relativamente alta de descenso.

Para conseguir una clara estadística numérica, se ha mostrado indispensable un inventario documental a finales de año.

c) Neuzugänge der an aktiver Tuberkulose Erkrankten

Bisher unterschied man unter den Zugängen an Tuberkulose

1. die Neuzugänge und

2. die Übergänge aus anderen Gruppen.

Die bisherigen „Neuzugänge" wiesen Unsicherheitsfaktoren auf. „Bei den Neuzugängen handelt es sich bekanntlich um keine einheitliche Gruppe, vielmehr setzen sich diese aus den Neuerfaßten, Wiedererfaßten und Zuzügen aus anderen Kreisen zusammen. Diese Untergliederung der Sammelgruppe „Neuzugänge", die bereits vor Jahren vom DZK vorgeschlagen worden ist, wurde wegen der uneinheitlichen Auffassung in den Bundesländern in den letzten Jahren für die Tuberkulosefürsorgestellen nicht mehr bindend. Schuld daran hatte vor allem der unglücklich gewählte Begriff „Wiedererkrankte", der durchaus zu Meinungsverschiedenheiten führen konnte. Unter „Wiedererkrankte" wollte die Zugangs-Statistik wieder bekannt gewordene (man hatte auch von Anfang an zu Recht von „Wiedererfaßten" gesprochen) Tuberkulosen verstanden wissen, nicht aber Wiedererkrankte klinisch gesehen im Sinne von „Rückfällen" (BREU, Öff. Gesundh.-Dienst 28, 1966).

Der Begriff „*Neuzugänge*" wurde fallen gelassen, es wird nur noch von „*Zugängen*" gesprochen. Die einzelnen Untergruppen der „Zugänge" sind in der Neufassung der „Erläuterungen" aufgeführt.

1. Alle erstmals bekannt gewordenen Tuberkulösen einschließlich der aus den Gruppen IIc, IId, III und V übergehenden.
2. Alle Tuberkulösen, die in früheren Jahren aus der Tuberkulosefürsorge ausgeschieden waren und im Berichtsjahr neu in Überwachung genommen werden (darunter sind die „Wiedererkrankten", besser gesagt die „wieder bekannt gewordenen" Tuberkulösen zu verstehen).
3. Alle Tuberkulösen, die aus den Gruppen IIa und IIb in die Gruppe I übergehen.
4. Alle Tuberkulösen, die nach Umzug von einem in einen anderen Fürsorgebezirk dort registriert werden.

Da nunmehr die Tuberkulosestatistik Auskunft über *alle* bekannt gewordenen Zugänge an ansteckender Lungentuberkulose gibt, ist sie jetzt nicht nur hauptsächlich eine Leistungsstatistik, sondern auch eine Seuchenstatistik; damit ist dem sicher berechtigten Einwand von MEIER (Bundesgesundheitsblatt 7, 289 und 308, 1964) Rechnung getragen.

Ab 1. Januar 1966 werden für die Erstellung des Tuberkulose-(Viertel-)Jahresberichtes in den einzelnen Bundesländern neue Vordrucke verwendet. Bis zum Jahresende 1966 unterteilt man in der Statistik die Gesamtzugänge noch in Neuzugänge und Zugänge aus anderen Gruppen.

Auf die einzelnen Unsicherheitsfaktoren, welche den Bestand an aktiven Tuberkulosen beeinflussen, wurde bereits nachdrücklich hingewiesen. In erhöhtem Maße sind die Neuzugänge von dem Grad der Erfassung, der Beurteilung der Aktivität und von der statistisch-technischen Einordnung abhängig.

Die *richtige Diagnose* ist die Voraussetzung für die richtige statistische Einordnung der Neuzugänge. In vielen Tuberkulosefürsorgestellen ist bei der Erstuntersuchung in der freien Praxis oder in allgemeinen Krankenhäusern die Stellung einer sicheren Diagnose hinsichtlich Spezifität, Aktivität oder Infektiosität nicht möglich, erst die Beobachtung führt zur Klärung. In diesen Fällen kann deshalb anfänglich eine endgültige statistische Einstufung nicht vorgenommen werden. In allen diagnostisch nicht genügend geklärten Fällen, auch bei Meldungen von „fakultativ offener" Lungentuberkulose oder „Kavernenverdacht" muß von den Tuberkulosefürsorgestellen kurzfristig (2—4 Wochen) eine Anfrage an die zuständigen Stellen ergehen, ob inzwischen bei den betreffenden Patienten Tuberkulosebakterien oder eine eindeutige Kaverne nachgewiesen werden konnten oder ob eine nichttuberkulöse Erkrankung vorliegt. Nicht nur aus Gründen der Statistik, sondern auch wegen der Einleitung der notwendigen fürsorgerischen Maßnahmen hat sich dieses Vorgehen bei der Tuberkulosefürsorgestelle Ludwigsburg bestens bewährt.

Nicht jedes gefundene bzw. gemeldete säurefeste Stäbchen im Auswurf oder im Magenspülwasser ist mit dem Vorliegen einer ansteckungsfähigen Lungentuberkulose identisch, wenn das gesamte klinische Bild (Anamnese, röntgenologischer und bronchoskopischer Befund) dazu im Widerspruch steht und insbesondere, wenn mehrere Kulturen und Tierversuche negativ ausgefallen sind. An das Vorkommen von Saprophyten bei Bronchiektasen, aber auch bei anderen nichttuberkulösen Lungenerkrankungen, sei erinnert. Mitunter kommt es zu Täuschungen im Labor. Schließlich ist auch an atypische Mycobakterien zu denken. Es ist zuzugeben, daß bei einem einmaligen bakterioskopischen Nachweis von säurefesten Stäbchen bei Fehlen sonstiger sicherer Hinweise für eine ansteckende Lungentuberkulose die Entscheidung für den Fürsorgearzt im Hinblick auf die statistische Einordnung und natürlich auch wegen fürsorgerischer Maßnahmen schwierig werden kann.

Nach einer Korrekturberechnung für die Neuzugänge der Tuberkulosefürsorgestelle Stuttgart im Jahre 1964 lagen die endgültig berichtigten Werte 28—57% unter den vorher geführten Zahlen (NEUMANN, Beitr. Klin. Tuberk. 131, 230, 1965).

Es ist indessen in Deutschland notwendig, daß entsprechend dem Vorgehen in einer Reihe außerdeutscher Länder bei uns die bakteriologische Diagnostik intensiviert wird. Bei uns hat man den Eindruck, daß verschiedentlich der Röntgenbefund überbewertet wird zuungunsten der bakteriologischen Diagnostik!

Leider ist auch heute noch von den erstmalig gemeldeten Lungentuberkulosen in einem größeren Prozentsatz die Erkrankung schon ausgedehnt und fortgeschritten. In einem Teil der Fälle suchte der Patient den Arzt zu spät auf. Jedoch in einer Reihe von Fällen stand im Bereich der Tuberkulosefürsorgestelle Ludwigsburg der Kranke schon in ärztlicher Behandlung, bis eine röntgenologische Untersuchung der Lunge veranlaßt wurde. Die Beobachtungen sprechen dafür, daß infolge des Rückgangs der Tuberkulose und wegen kritikloser Artikel in der Tagespresse bei Auftreten von tuberkuloseverdächtigen Beschwerden an das Vorliegen einer Tuberkulose in nicht wenigen Fällen überhaupt nicht mehr bzw. nicht rechtzeitig gedacht wird. Für die Diagnose ,,Tuberkulose" wäre daher schon viel gewonnen, wenn bei unklaren Beschwerden auch heute noch die Tuberkulose in die differentialdiagnostischen Erwägungen gezogen würde!

α) Bestätigte Neuzugänge an aktiver Lungentuberkulose (Ia—Ic)

Auch die Kurve über die Entwicklung der Neuzugänge an aktiver Lungentuberkulose (Ia—Ic) in den letzten 15 Jahren in der Bundesrepublik auf je 100 000 Einwohner (Abb. 10) ist langsam abfallend.

Aber 1964 (Tab. 3) wurden im Bundesgebiet einschließlich Berlin (West) noch 55 204 (1963 57 305) Neuzugänge an aktiver Tuberkulose aller Formen gemeldet, darunter 15 535 Fälle mit ansteckungsfähiger Lungentuberkulose (Ia/b).

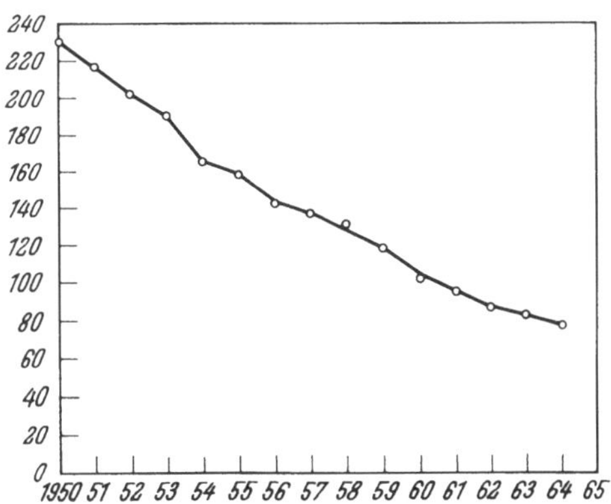

Abb. 10. Neuzugänge an aktiver Lungentuberkulose (Ia—Ic) in der Bundesrepublik (ohne Berlin) 1950 bis 1964 auf je 100 000 Einwohner

Tabelle 3. *Neuzugänge der an aktiver Tuberkulose Erkrankten im Jahre 1964*
(nach Angaben des Statistischen Bundesamtes)

| Land | Tuberkulose der Atmungsorgane*) | | | | | Tuberkulose anderer Organe | Tuberkulose aller Formen insgesamt |
| | ansteckungsfähig (offen) | | | nichtansteckend (aktiv geschlossen) | insgesamt | | |
	mit Bakteriennachweis	ohne	insgesamt				
			Grundzahlen				
Schleswig-Holstein	562	245	807	1 578	2 385	438	2 823
Hamburg	446	137	583	1 274	1 857	294	2 151
Niedersachsen	1 114	347	1 461	3 209	4 670	945	5 615
Bremen	–	–	156	360	516	146	662
Nordrhein-Westfalen	3 767	655	4 422	7 254	11 676	2 351	14 027
Hessen	912	301	1 213	2 298	3 511	806	4 317
Rheinland-Pfalz	800	308	1 108	1 781	2 889	648	3 537
Baden-Württemberg	1 595	354	1 949	5 223	7 172	1 471	8 643
Bayern	2 093	422	2 515	5 305	7 820	1 107	8 927
Saarland	287	39	326	629	955	171	1 126
Berlin (West)	963	32	995	2 063	3 058	318	3 376
Bundesgebiet einschl. Berlin (West)	12 539**)	2 840**)	15 535	30 974	46 509	8 695	55 204
			Auf 100 000 Einwohner				
Schleswig-Holstein	23,4	10,2	33,6	65,8	99,4	18,3	117,7
Hamburg	23,9	7,4	31,3	68,4	99,7	15,8	115,6
Niedersachsen	16,3	5,1	21,3	46,9	68,2	13,8	82,1
Bremen	–	–	21,3	49,3	70,6	19,9	90,6
Nordrhein-Westfalen	22,8	4,0	26,8	44,0	70,7	14,3	85,0
Hessen	18,1	6,0	23,9	45,4	69,3	16,0	85,3
Rheinland-Pfalz	22,6	8,7	31,3	50,4	81,7	18,4	99,9
Baden-Württemberg	19,4	4,3	23,7	63,5	87,3	17,9	105,2
Bayern	21,0	4,3	25,3	53,4	78,6	11,2	89,8
Saarland	25,7	3,5	29,2	56,3	85,7	15,4	100,9
Berlin (West)	43,8	1,5	45,3	93,8	139,1	14,5	153,6
Bundesgebiet einschl. Berlin (West)	21,7**)	4,9**)	26,6	53,1	79,6	14,9	94,4

*) Nur Neuzugänge, keine Zugänge aus anderen Gruppen
**) ohne Bremen

Die Neuzugänge an ansteckungsfähiger Lungentuberkulose im Bundesgebiet einschließlich Berlin (West) haben zwar bis vor wenigen Jahren laufend abgenommen, aber seit 1962 kann von einem weiteren deutlichen Rückgang *nicht mehr* gesprochen werden! Auf je 100 000 Einwohner betrugen diese

1959	38	1962	28
1960	34	1963	28
1961	31	1964	27

Dem relativ geringen Rückgang der Ia/b-Fälle im Bundesgebiet stehen in einigen Bundesländern sogar *vermehrte* Neuzugänge an ansteckungsfähiger Lungentuberkulose gegenüber, dies trifft 1963 für Baden-Württemberg mit 12,8 % (siehe Aufstellung), Rheinland-Pfalz mit 8,4 % und Berlin mit 8,3 % der Fälle zu.

Neuzugänge der an ansteckungsfähiger Lungentuberkulose Erkrankten in

Baden-Württemberg

(Ia/b-Fälle)

auf je 10 000 Einwohner

1953	4,8	1960	2,6
1954	4,1	1961	2,4
1955	3,9	1962	2,2
1956	3,5	1963	2,4
1957	3,1	1964	2,4
1958	3,3	1965	2,3
1959	2,9		

Für den Anstieg der Neuzugänge an Ia/b bzw. für die Unterbrechung des Rückganges der Neuzugänge in Baden-Württemberg werden zum einen die große Zahl der Ausländertuberkulosen (Baden-Württemberg hat den höchsten Anteil von ausländischen Arbeitnehmern, gemessen an der Gesamtzahl der Beschäftigten) und zum anderen die große Zahl von Röntgenreihenuntersuchungen und die dadurch ermittelten Tuberkulosekranken vermutet.

In Abb. 11 sind die Neuzugänge der Länder (ohne Bayern, Hessen und Nordrhein-Westfalen) mit *alters-* und *geschlechtsgegliederter* Statistik für das Jahr 1964 zusammengefaßt. Danach ist in Übereinstimmung mit den Bestandszahlen die Erkrankungshäufigkeit an aktiver Lungentuberkulose (Ia–Ic) bei den *Männern* gegenüber den Frauen in allen Altersklassen *erhöht*, wobei das männliche Geschlecht mit zunehmendem Alter stärker befallen wird.

Bei den Neuzugängen an *aktiver nichtansteckender Lungentuberkulose (Ic)*, Abb. 12, findet sich der bekannte *erste* Gipfel bei den 5- bis 10jährigen bei beiden Geschlechtern. Die Neuzugänge bei den Kindern unter 15 Jahren sind mit 67 : 100 000 immer noch verhältnismäßig hoch. Wenn es sich dabei auch nur um

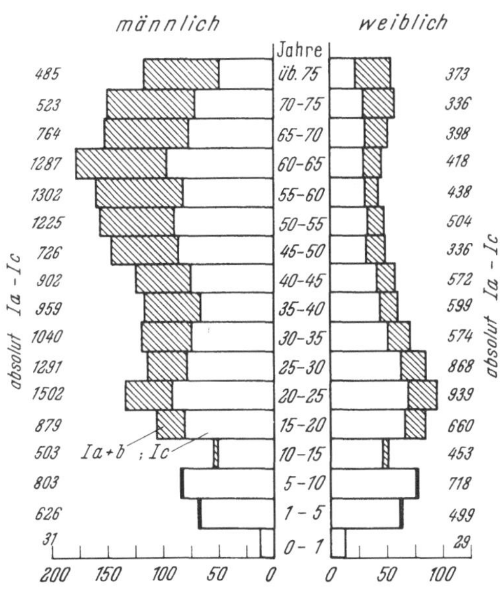

Abb. 11. Bestätigte Neuzugänge an aktiver Lungentuberkulose (Ia–Ic) im Bundesgebiet (ohne Hessen, Bayern und Nordrhein-Westfalen) nach Alter und Geschlecht im Jahre 1964 auf je 100 000 Männer bzw. Frauen

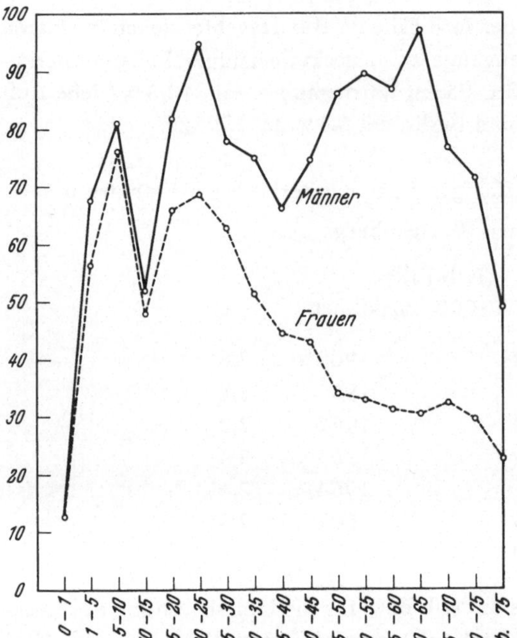

Abb. 12. Bestätigte Zugänge an Personen mit nicht-ansteckender Lungentuberkulose (Ic) im Jahre 1964 auf je 100 000 Männer bzw. Frauen in den Ländern Schleswig-Holstein, Hamburg, Niedersachsen, Bremen, Rheinland-Pfalz, Baden-Württemberg, Saarland und Berlin

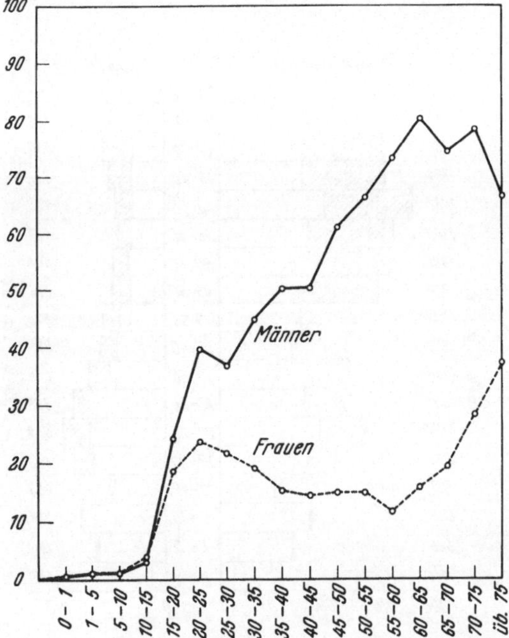

Abb. 13. Bestätigte Zugänge an Personen mit ansteckungsfähiger Lungentuberkulose (Ia—Ib) im Jahre 1964 der Länder Schleswig-Holstein, Hamburg, Niedersachsen, Bremen, Rheinland-Pfalz, Baden-Württemberg, Saarland und Berlin auf je 100 000 Männer bzw. Frauen

Zahlen aus 8 Bundesländern handelt, so dürften diese Zahlen als repräsentativ für das Bundesgebiet angesehen werden. Wir müssen uns dabei vor Augen halten, daß es sich bei den aktiven Tuberkulosen bis zu 15 Jahren größtenteils um die Folge der tuberkulösen Erstinfektion handelt! Dieser Gipfel bei den Kindern mit Ic muß mit der nötigen Kritik aufgenommen werden, da erfahrungsgemäß bei der endothorakalen Tuberkulose im Kindesalter diagnostische Schwierigkeiten auftreten können und die Abweichungen in den einzelnen Fürsorgestellen teils sehr beachtlich sind.

Bei beiden Geschlechtern kommt es bei den etwa *25 Jahre* alten Personen zu dem ebenfalls bekannten *2. Gipfel*. Von hier ab unterscheiden sich seit Jahren bei beiden Geschlechtern die Kurven, bei der Frau fällt die Kurve mit zunehmenden Jahren ab, beim Mann hingegen wird dieser Abfall vermißt, vielmehr kommt es zu einem Ansteigen der Kurve mit zunehmendem Lebensalter mit Gipfel bei etwa 60 Jahren.

Die Kurve über die Neuzugänge an *ansteckungsfähiger Lungentuberkulose* (Ia/b) im Jahre 1964 in 8 Bundesländern (Abb. 13) zeigt — wie beim Bestand — *den steilen Anstieg bei den Männern* mit zunehmenden Jahren und mit dem *Gipfel bei etwa 60 Jahren*, bei der Frau ist dieser Altersgipfel zwar nicht so ausgeprägt, aber doch eindeutig. Zu dem Abfall der Kurve bei den Männern mit einer Ia/b Erkrankung ab 60 bis 70 Jahre gilt dasselbe wie für den Bestand: Der Abfall dürfte nur dadurch zustande kommen, daß sich im hohen Alter nicht wenige ansteckungsfähige Lungentuberkulosen der Erfassung entziehen.

β) Bestätigte Neuzugänge an aktiver extrapulmonaler Tuberkulose (Id)

Im Jahre 1964 wurden im Bundesgebiet einschließlich Berlin (West) noch insgesamt 8 695 Erkrankungen an Tuberkulose anderer Organe = 14,9 auf 100 000 Einwohner (zum Vergleich: 1955 im Bundesgebiet 13 847 aktive extrapulmonale Tuberkulosen = 28 : 100 000, 1961 im Bundesgebiet einschließlich Berlin (West) 9 785 Fälle = 17,4 : 100 000) gemeldet. Danach sind auch die Neuzugänge an aktiver extrapulmonaler Tuberkulose (ETB) in den letzten 10 Jahren im Bundesgebiet zurückgegangen.

Die Statistik der ETB weist nach immer wieder gemachten fürsorgerischen Beobachtungen im besonderen Maße *Unsicherheiten* auf:

1. Bei weitem wird nicht jede ETB intra vitam diagnostiziert, vor allem nicht rechtzeitig. Je gründlicher eine Untersuchung von einem in der Tuberkulosediagnostik erfahrenen Arzt vorgenommen wird und je intensiver das Exzisionsmaterial histologisch sowie auch bakteriologisch untersucht wird, umso häufiger wird man eine Tuberkulose außerhalb des Brustkorbes feststellen.

2. Nicht jede ETB wird dem Gesundheitsamt rechtzeitig bzw. überhaupt gemeldet. Die behandelnden Ärzte sind bei Unterlassung der Meldung in geeigneter Weise auf die Einhaltung der Meldepflicht nach § 3 Abs. 1 Ziff. 18 des Bundesseuchengesetzes hinzuweisen.

Daher kann es sich bei den gemeldeten Neuzugängen an ETB nur um *Mindestzahlen* handeln.

Auch bei der Gliederung der Neuzugänge an aktiver ETB im Jahre 1962 nach *Alter* und *Geschlecht* waren zwischen dem 15. und 35. Lebensjahr die *Frauen mehr befallen* als die Männer (Abb. 14).

Bei Einbeziehung der verschiedenen Organtuberkulosen fällt in der anschaulichen Abb. 15 im Tuberkulose-Jahrbuch 1963 wieder die Häufigkeit der *Urogenitaltuberkulosen* auf, worauf bereits unter dem Abschnitt „Bestand an aktiver ETB" eingegangen wurde. Die *Meningitis tuberculosa* konnte 1962 in einer Reihe von Fällen auch im Erwachsenenalter beobachtet werden.

Eine der Ursachen des Rückgangs der ETB dürfte in der erfolgreichen Tilgung der Rindertuberkulose zu suchen sein.

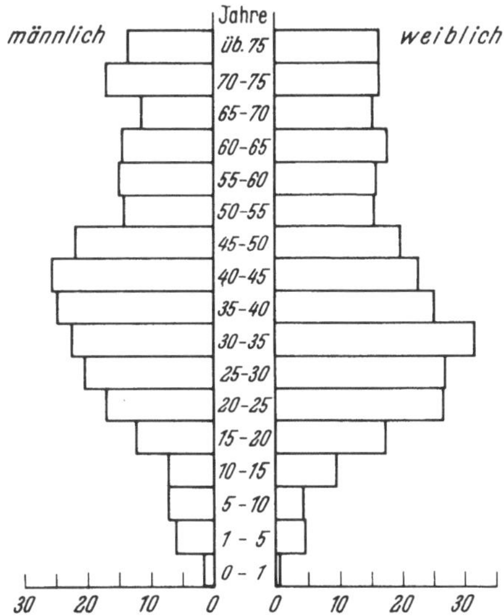

Abb. 14. Bestätigte Neuzugänge an aktiver extrapulmonaler Tuberkulose (Id) im Bundesgebiet einschl. Berlin (ohne Hessen, Bayern und Nordrhein-Westfalen) nach Alter und Geschlecht im Jahre 1962 auf je 100 000 Männer und Frauen derselben Altersgruppe

Zusammenfassung
(Neuzugänge an aktiver Tuberkulose, B)

Die Kurve über die Entwicklung der Neuzugänge an aktiven Tuberkulosen insgesamt (Ia—Id-Fälle) in den letzten 10—15 Jahren im Bundesgebiet ist langsam, gleichmäßig abfallend. Bis 1962 sind auch die Neuzugänge an ansteckungsfähiger Lungentuberkulose (Ia/b-Fälle) kontinuierlich zurückgegangen, doch in den letzten Jahren kann von einem weiteren *wesentlichen* Rückgang der Ia/b-Fälle in den einzelnen Bundesländern *nicht mehr* gesprochen werden. 1964 wurden im Bundesgebiet einschließlich Berlin (West) in den Tuberkulosefürsorgestellen noch immer 55 204 Neuzugänge an aktiver Tuberkulose aller Formen registriert, darunter 15 535 Fälle an ansteckungsfähiger Lungentuberkulose. In Übereinstimmung mit den Bestandszahlen ist die Erkrankungshäufigkeit an aktiver Lungentuberkulose bei den Männern gegenüber den Frauen in allen Altersklassen, im besonderen Maße in den mittleren und höheren Altersstufen, erhöht. Die Zahl der Neuzugänge an aktiver Tuberkulose ist in erhöhtem Maße von dem Grad der Erfassung und der Diagnostik im Einzelfall abhängig. Bei Auftreten von verdächtigen Beschwerden sollte verschiedentlich der praktische Arzt wieder *mehr* an eine Tuberkulose denken!

Summary: *New registrations of cases of active tuberculosis*

During the last 10—15 years the curve showing the course of new registrations of active tuberculosis in the Federal Republic has slowly and steadily descended. Until 1962 new registrations of infective pulmonary tuberculosis (Ia/b cases) have also decreased steadily, but during the last few years there has been no marked decrease in Ia/b cases in the various Federal States. In 1964 in the Federal Republic, including Berlin (West), as many as 55,204 new patients with active tuberculosis of all kinds were registered in the Tuberculosis Welfare Clinics, among them 15,535 cases of infective pulmonary tuberculosis. The notifications show that morbidity from active pulmonary tuberculosis is higher in men than in women of all age groups, particularly so in the middle and older age groups. The number of new registrations for active tuberculosis depends to a great deal on the extent to which the disease is recognised and on diagnosis in the individual case. Whenever the general practitioner notices suspicious symptoms he should always think first of the possibility of tuberculosis!

Résumé: *Nouveaux cas de tuberculose active*

La courbe qui donne les nouveaux cas de tuberculose active (tous les cas Ia—Id) dans la République Fédérale Allemande durant les 10—15 dernières années, est lentement et régulièrement descendante. Jusqu'en 1962, les nouveaux cas de tuberculose pulmonaire infectieuse (cas Ia/b) sont aussi devenus continuellement moins nombreux, mais au cours des dernières années il n'est plus possible de parler encore d'une réduction réelle des cas Ia/b dans les divers pays fédéraux. En 1964 on a enregistré dans les dispensaires anti-tuberculeux de tout le territoire fédéral, y compris Berlin-Ouest, 55 204 nouveaux cas de toute forme de tuberculose active, dont 15 535 cas de tuberculose pulmonaire infectieuse. Concordant avec les nombres effectifs, la fréquence morbide de la tuberculose pulmonaire active est plus élevée chez l'homme que chez la femme, dans tous les groupes d'âge et particulièrement dans le groupe d'âge moyen et supérieur. Le nombre de nouveaux cas de tuberculose active dépend sur une large échelle du dépistage et du diagnostique des cas individuels. Lorsqu'il est confronté avec des troubles suspects, le médecin praticien devrait de nouveau considérer plus vite la possibilité d'une tuberculose!

Resumen: *Nuevos casos de tuberculosis activa*

En los últimos 10—15 años, en territorio federal alemán, la curva acerca del desarrollo de los ingresos nuevos por tuberculosis activas en conjunto (casos Ia—Id) es uniforme y lentamente descendente. Hasta el año 1962, los nuevos casos de tuberculosis pulmonar contagiante (casos Ia/b) han decrecido también contínuamente, si bien en los últimos años para las distintas privincias por separado, yd no se puede hablar propiamente de un descenso continuo de los casos Ia/b. En los centros preventivos antituberculosos del territorio federal, incluyendo Berlín (Oeste), se registraron en 1964 todavía 55.204 nuevos casos de tuberculosis activa de todos los tipos, 15.535 de los cuales fueron tuberculosis pulmonar contagiante. De acuerdo con las cifras existentes, la frecuencia de tuberculosis pulmonar activa en los hombres, especialmente en edades medias y avanzadas, es elevada en contraposición con la de las mujeres de todas las edades. El número de casos nuevos de tuberculosis activa depende en gran manera de la intensidad de dedicación y del diagnóstico en cada caso por separado. En presencia de molestias sospechosas, el médico práctico debería pensar en muchas ocasiones y cada vez más en una tuberculosis.

d) Übergangsfälle aus anderen statistischen Gruppen (transitive Fälle)

Wollte man sich auf die „Neuzugänge" an Tuberkulose beschränken, würde sowohl für den klinisch wie sozialhygienisch tätigen Arzt und darüber hinaus für die Verwaltungsstellen und die Kostenträger ein falsches Bild zustande kommen; denn die *Gesamtzugänge* an Tuberkulose bestehen aus den „Neuzugängen" und „Zugängen aus anderen Gruppen".

Die Änderungen im Tuberkulosegeschehen bei denselben Personen, sei es eine Verschlechterung, sei es eine Verbesserung, wurden bisher nach dem von BLITTERSDORF angegebenen Schema der Diagnosenübergänge errechnet. Dieses Schema hat sich in denjenigen Tuberkulosefürsorgestellen, die es anzuwenden verstanden, sehr bewährt. Wenn *richtig* danach gearbeitet wurde, konnte eine Reihe wichtiger epidemiologischer Fragestellungen in Bezug auf die Tuberkulose-Dynamik beantwortet werden. Aber ohne Zweifel setzt das Schema der Diagnosenübergänge eine richtige Handhabung voraus — wie dies für die Führung der Tuberkulosestatistik überhaupt gilt —, andernfalls kommt es zu Fehlern und damit zu falscher Auswertung des Schemas der Diagnosenübergänge und zu falschen Schlußfolgerungen. Zur leichteren Auswertbarkeit der Diagnosenübergänge wird im neuen Vordruck für den Tuberkulose-(Viertel-)Jahresbericht auf die Ausfüllung des Blittersdorf'schen Schemas verzichtet. Dafür hat der neue Statistikbogen 3 Rubriken für Übergänge aus
a) Krankheitsgruppen von I
b) den Gruppen IIa, IIb
c) IIc, IId, III, V (Morbus Boeck).

In Tab. 4 sind die Diagnosenübergänge nach dem Schema von BLITTERSDORF zusammengestellt. An der Aufstellung sind nicht beteiligt Hamburg, aus den Ländern Schleswig-Holstein und Rheinland-Pfalz fehlen die Angaben für einige Kreise.

Danach ist es aus den Gruppen Ic—IIb zu 9557 *Verschlechterungen* nach der Gruppe der *ansteckungsfähigen* Lungentuberkulose (Ia/b) gekommen. Die Verschlechterungsquote für die Übergänge von Ic—IIb nach der Gruppe Ia/b beträgt 1964 0,9 %. Der größte Teil der Übergänge stammt aus der Gruppe Ic; insgesamt 3,9 % (1961 4 %, 1962 4,1 %) des Bestandes an aktiven geschlossenen Lungentuberkulosen sind 1964 ansteckungsfähig geworden. Die Verschlechterungsquote von IIa nach Ia/b (3218 Verschlechterungen bei dem Gesamtbestand von 664728 IIa-Fällen) beträgt 1964 0,48 % (1960 0,7 %, 1962 0,5 %).

Tabelle 4. *Blittersdorfsches Schema der Diagnosenübergänge in der Tuberkulosestatistik (nur fakultativ)*

nach \ von		Ia	Ib	Ic	Id	IIa	IIb	IIc	IId	III	Summe
Ia	Bakt. off. Tb der Atmungsorgane		1 287	4 836	69	2 482	21	132	111	102	9 040
Ib	Klin. off. Tb der Atmungsorgane	641		1 392	10	736	11	47	46	18	2 901
Ic	Aktiv geschl. Tb der Atmungsorgane	13 461	3 381		129	6 942	70	1 206	573	283	26 045
Id	Aktive Tb anderer Organe	4	–	5→ 165		337	651	79	53	20	1 314
IIa	Inaktive Tb der Atmungsorgane	27	36	41 541	12		19	97	968	61	42 761
IIb	Inaktive Tb anderer Organe	–	–	1	6 992	3		–	27	1	7 024
IIc	Exponierte	2	1	8	–	138	7		131	87	374
IId	Unentschiedene Diagnosen	13	8	49	2	71	1	62		43	249
III	Beobachtungsf. (nicht-tbk. Erkr. der Atmungsorgane usw.)	56	44	463	43	242	10	82	728		1 668
	Summe	14 204	4 757	48 455	7 262	10 951	790	1 705	2 637	615	91 376

Verbesserung   Verschlechterung   Unentschieden   gesperrt

An der Aufstellung sind nicht beteiligt:

Hamburg

Aus Schleswig-Holstein fehlen die Kreise Norderdithmarschen und Heinburg

Aus Rheinland-Pfalz fehlen die Angaben von 9 kreisfreien Städten und 19 Landkreisen

456 Übergänge sind aus den Gruppen IIc—III nach Ia/b zu verzeichnen. Bei den Übergängen aus IIc—III nach Ia/b handelt es sich um Neuerkrankungen, da man unter IIc Exponierte und exponiert gewesene Personen, unter IId „unentschiedene Diagnosen" und unter III nichttuberkulöse Lungenerkrankungen versteht. Es kamen also im Jahre 1964 zu den 15 535 Neuzugängen an Ia/b noch 10 013 Übergänge aus anderen Gruppen nach Ia/b hinzu. Da aus einigen Teilen des Bundesgebietes keine Angaben über die Übergänge gemacht worden sind, liegt die *tatsächliche Zahl für die Übergänge höher.* So waren in Baden-Württemberg 1965 insgesamt 4 223 Zugänge an ansteckungsfähiger Lungentuberkulose registriert, davon 2 258 Fälle von Verschlechterungen = 54 % (!) der Gesamtzugänge.

7 141 Id—IIb-Fälle haben sich zu einer *aktiven nichtansteckenden* Lungentuberkulose (Ic) verschlechtert.

Die Verschlechterungsquote für diese Übergänge von Id—IIb nach der Gruppe Ic beträgt insgesamt 0,8 %. Den größten Anteil an diesen Verschlechterungen stellen dabei die inaktiven Lungentuberkulosen (IIa-Fälle): 6 948 Personen aus dem Bestand an IIa-Fällen im Laufe des Jahres 1964 = rund 1 % (1962 1,1 %) sind an einer aktiven geschlossenen Lungentuberkulose erkrankt.

Bei 2 062 exponierten und exponiert gewesenen Personen, „unentschiedenen Diagnosen" und nichttuberkulösen Erkrankungen der Atmungsorgane wurde eine aktive geschlossene Lungentuberkulose nachgewiesen. Demgegenüber sind 16 842 Diagnosenübergänge im Sinne einer Besserung von Ia/b nach Ic erfolgt.

337 IIa- und 651 IIb-Fälle haben sich 1964 zu einer *aktiven extrapulmonalen* Tuberkulose (Id) verschlechtert; außerdem sind 152 IIc—III-Fälle an einer extrapulmonalen Tuberkulose erkrankt.

Zusammenfassung

(Übergangsfälle aus anderen statistischen Gruppen, B)

Der Anteil der Verschlechterungen an den Gesamtzugängen zu den einzelnen Diagnosengruppen hat sich in den letzten Jahren nur wenig geändert. Bei den ansteckungsfähigen Lungentuberkulosen betragen die Verschlechterungen im Bundesgebiet seit Jahren um 50 % von den Gesamtzugängen.

Summary: Transfers from other statistical groups

During the last few years the ratio of patients whose condition has deteriorated to total notifications has changed only very little in the various diagnostic groups. For years 50 % of total notifications in the Federal Republic have been cases of infective pulmonary tuberculosis whose condition has deteriorated.

Resume: Cas de transition d'autres groupes statistiques

La part des détériorations parmi les additions globales aux divers groupes statistiques n'a changé que très peu au cours des dernières années. Parmi les tuberculoses pulmonaires infectieuses dans la République Fédérale Allemande, les détériorations ont constitué depuis des années environ 50 % des additions globales.

Resumen: Casos transitorios procedentes de otros grupos estadísticos

La proporción de empeoramientos en la casuística general, con relación a los grupos diagnósticos por separado, ha cambiado poco en los últimos años. Para las tuberculosis pulmonares contagiantes, desde hace anos en el territorio federal, los empeoramientos comprenden el 50 % de los casos totales.

e) Exponierte und exponiert gewesene Personen (IIc)

Im Bundesgebiet einschließlich Berlin (West) wurden 1964, wie Tab. 5 zeigt, 534 142 Exponierte und exponiert gewesene Personen = 911,7 auf 100 000 statistisch geführt. Nach den Angaben der statistischen Landesämter liegen über dem

Durchschnitt Berlin (West) und Hamburg, unter dem Durchschnitt Hessen, Saarland und Schleswig-Holstein. Ein Blick auf die Tabelle über den Bestand an ansteckungsfähigen Lungentuberkulosen läßt erkennen, daß auch diese in Berlin und Hamburg weit über dem Durchschnitt liegen. In Hessen ist der niedrigste Bestand an Ia/b-Fällen registriert, hingegen liegen die Bestandszahlen an Ia/b in Schleswig-Holstein und im Saarland beim Bundesdurchschnitt bzw. sie sind sogar erhöht.

Bei den Umgebungsuntersuchungen handelt es sich zum einen um die Untersuchungen gefährdeter Personen in der Umgebung von Ansteckendtuberkulösen und zum anderen um die Rückwärtssuche zur Infektionsquelle bei Vorliegen einer frischen auch geschlossenen Tuberkuloseerkrankung oder auch schon bei erstmaliger positiver Tuberkulinprobe bei Kindern bis zu 6 Jahren (soweit diese nicht BCG-schutzgeimpft sind).

Nach dem Blittersdorf'schen Schema sind 1964 1 464 Exponierte und exponiert Gewesene, d. h. 274,1 : 100 000 IIc-Fälle, an einer aktiven Tuberkulose irgendeiner Form erkrankt. Im gleichen Zeitraum wurden 55 204 (d. h. 94,4 : 100 000 E.) Neuzugänge an aktiver Tuberkulose gemeldet, so daß sich für die IIc-Fälle eine 2,9mal höhere Erkrankungshäufigkeit ergibt als für die Gesamtbevölkerung. Wenn man jedoch berücksichtigt, daß es sich aufgrund der Angaben von mehreren Bundesländern nur bei rund 82 % der Neuzugänge um erstmalig festgestellte Erkrankungen gehandelt hat, dann ist das Erkrankungsrisiko der Umgebungsgefährdeten sogar noch höher; dieses lag im Jahre 1962 3,3mal so hoch, wie das der Allgemeinheit (vgl. Tuberkulose-Jahrbuch 1963).

Nach den fürsorgerischen Erfahrungen sind nicht BCG-geimpfte, noch Tuberkulin-negativ reagierende Kinder und Jugendliche im Falle eines Kontaktes mit einem Ansteckendtuberkulösen erheblich mehr gefährdet als Erwachsene.

Zusammenfassung
(Exponierte und exponiert gewesene Personen (IIc), B)

Für 1964 wird mit einer Erkrankungshäufigkeit von 274,1 auf 100 000 IIc-Fälle (Exponierte und exponiert gewesene Personen) eine 2,9mal höhere Erkrankungshäufigkeit für diesen Personenkreis als für die Gesamtbevölkerung verzeichnet.

Summary: Exposed persons (IIc)

In 1964 the morbidity of IIc cases (exposed persons) was 274.1 in 100,000; this was 2.9 times the morbidity of the total population.

Résumé: Personnes exposées et ayant été exposées (IIc)

En 1964 on a noté une fréquence de morbidité de 274,1 sur 100000 cas IIc, (personnes exposées et ayant été exposées) soit une fréquence 2,9 fois plus élevée que celle de la population globale.

Resumen: Personas expuestas y que estuvieron expuestas (IIc)

En el año 1964 se aprecia una frecuencia de enfermedad de 274,1 por 100.000 casos IIc (personas expuestas y que estuvieron-expuestas), es decir, una frecuencia de enfermedad 2,9 veces mayor para este círculo de personas que para la población general.

Tabelle 5. *Exponierte und exponiert gewesene Personen (IIc) im Bundesgebiet einschließlich Berlin (West) am 31. 12. 1964*
(nach Angaben der Statistischen Landesämter)

	0–15 Jahre männlich		0–15 Jahre weiblich		ab 15 Jahre männlich		ab 15 Jahre weiblich		insgesamt	
	absolut	auf 100 000	absolut	auf 100 000	absolut	auf 100 000	absolut	auf 100 000	absolut	auf 100 000
Schleswig-Holstein	–	–	–	–	–	–	–	–	14 467	601,4
Hamburg	3 132	1 966,6	3 024	1 987,3	11 370	1 620,4	14 073	1 666,8	31 649	1 703,9
Niedersachsen	–	–	–	–	–	–	–	–	70 064	1 022,2
Bremen	1 422	1 879,6	1 151	1 618,5	2 838	1 050,1	2 661	843,2	8 072	1 101,8
Nordrhein-Westfalen	–	–	–	–	–	–	–	–	135 673	819,6
Hessen	–	–	–	–	–	–	–	–	22 927	450,7
Rheinland-Pfalz	5 767	1 265,9	5 602	1 296,0	7 939	648,1	11 787	822,7	31 095	877,0
Baden-Württemberg	–	–	–	–	–	–	–	–	75 150	910,0
Bayern	17 779	1 508,7	17 254	1 534,8	26 551	755,8	38 416	923,3	100 000	1 002,4
Saarland	1 008	684,2	1 002	712,5	1 759	453,7	2 822	639,0	6 591	589,9
Berlin (West)	4 049	2 626,3	4 121	2 817,6	12 221	1 548,5	18 063	1 626,4	38 454	1 747,7
Bundesgebiet einschl. Berlin (West)									534 142	911,7

3. Tuberkulose-Mortalität

Die Tuberkulose-Sterblichkeitskurve (Abb. 15), die im Deutschen Reich schon seit Ende des vorigen Jahrhunderts einen stetig langsamen Abfall mit Anstieg im ersten und zweiten Weltkrieg aufweist, läßt in ihrem Verlauf zweimal ein größeres Gefälle erkennen. Einmal zeigt diese ab 1925—1932 ein stärkeres Absinken gegenüber der allgemeinen Sterblichkeit; wir dürfen berechtigt annehmen, daß dies nicht nur der Verbesserung der allgemeinen Lebensbedingungen und Hygiene zu verdanken war, sondern auch dem Umstand, daß in diesen Jahren eine klinische sowie soziale Bekämpfung der Volksseuche Tuberkulose einsetzte. Zum anderen ist in den Jahren 1951/1952 in allen Kulturländern der Erde ein außergewöhnlich starker Rückgang der Tuberkulose-Sterblichkeit zu verzeichnen. Betrug diese im Deutschen

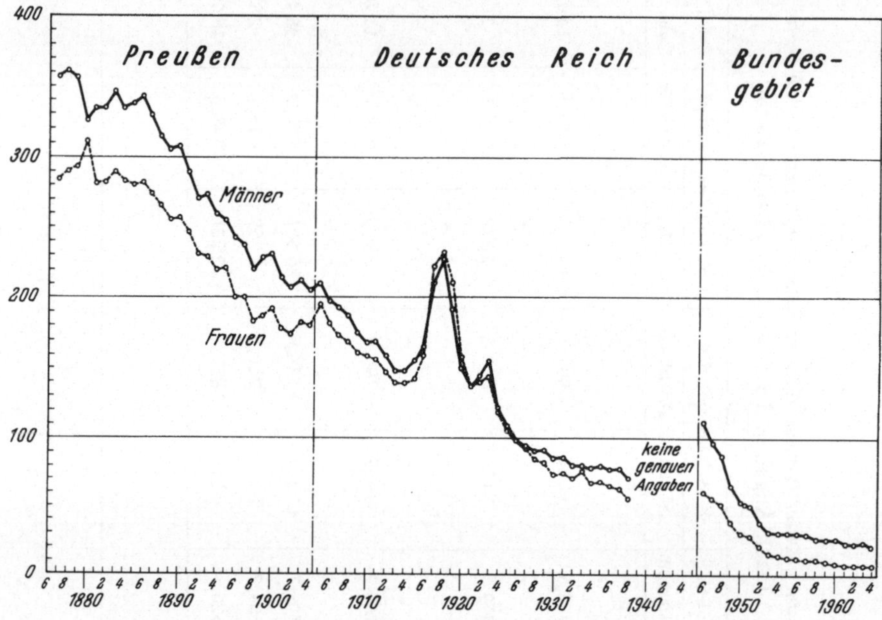

Abb. 15. Tuberkulosesterblichkeit in Deutschland auf 100 000 Einwohner

Reich 1938 noch 62 auf je 100 000 der Bevölkerung, so war sie für die Bundesrepublik 1954 auf 20 : 100 000 abgesunken. Ursache dafür war neben der Verbesserung der Lebensbedingungen, der Intensivierung der Erfassung in erster Linie die moderne Chemotherapie der Tuberkulose in Verbindung mit dem Ausbau der Lungenchirurgie. Ab 1953 zeigt die Kurve nur noch einen langsamen Rückgang der Mortalität, für das Jahr 1964 beträgt sie 12,7 : 100 000. Absolut gesehen waren es noch 7 390 Kranke, die 1964 im Bundesgebiet einschließlich Berlin (West) an Tuberkulose starben. Bei den Sterbefällen im Jahr 1964 handelte es sich in 93 % um Tuberkulose der Atmungsorgane.

Abb. 16 zeigt den Rückgang der Tuberkulose-Mortalität im Bundesgebiet ohne West-Berlin von 1953—1964 auf je 100 000 Einwohner, gegliedert nach Männern und Frauen. Während 1953 die Tuberkulose-Mortalität insgesamt 21,6 : 100 000

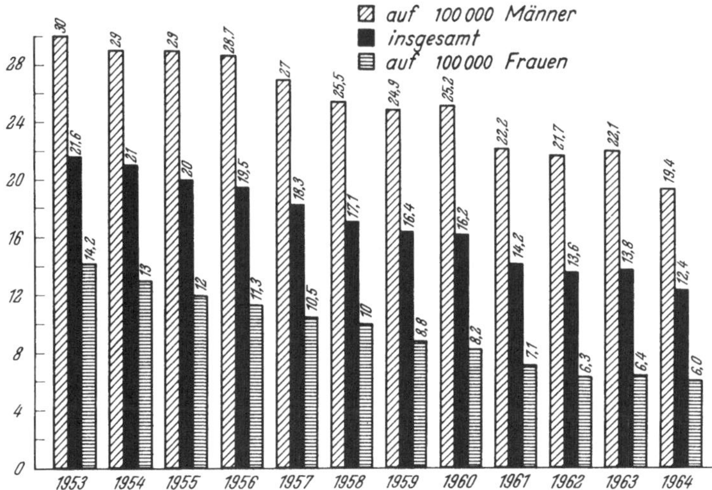

Abb. 16. Sterblichkeit an Tuberkulose im Bundesgebiet ohne West-Berlin von 1953 bis 1964 auf je 100000 (nach Angaben des Statistischen Bundesamtes)

betragen hat, fiel sie 1964 auf 12,4 : 100000. Im Jahre 1963 war es mit 14,3 : 100000 erstmalig nach dem zweiten Weltkrieg zu einer geringfügigen Sterblichkeits-zunahme gekommen. Somit ist seit 1953, d. h. seitdem wir eine wirksame Chemo-therapie gegen die Tuberkulose haben, die Tuberkulose-Sterblichkeitskurve um 42,6% abgefallen. Wie aus dem Schaubild hervorgeht, ist der *Rückgang der Sterbefälle bei den Frauen in weit höherem Maße* als bei den Männern eingetreten. Im übrigen liegen seit Jahren die Tuberkulose-Sterbefälle bei den Männern wesentlich höher als bei den Frauen.

1964 betragen die Tuberkulose-Todesfälle bei den Männern 19,4, hingegen bei den Frauen nur 6,0 auf je 100 000 Einwohner.

Abb. 17 zeigt den seit Jahren bekannten *Anstieg* der Tuberkulose-Todes-fälle *im höheren Lebensalter* sowohl bei den Männern als auch bei den Frauen. Eindrucksvoll ist die *Höhersterblichkeit bei den Männern in den höheren und hohen Altersstufen* — ein Phänomen, über das aus allen Ländern der Erde berichtet wird. Die Kurven über die Sterblichkeit der an Lungentuberkulose Erkrankten nach Alter

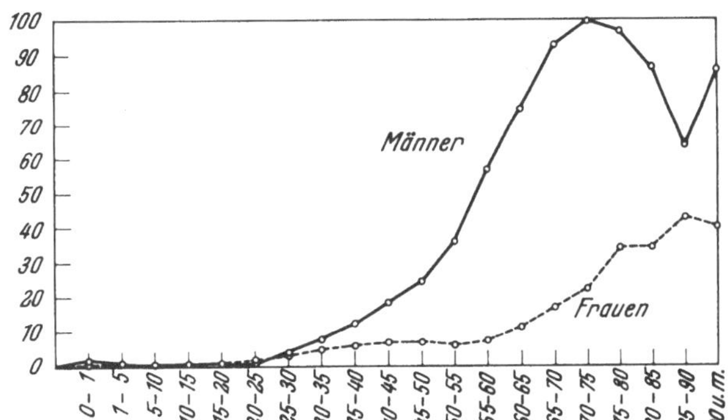

Abb. 17. Tuberkulosesterblichkeit im Bundesgebiet einschl. West-Berlin im Jahre 1963 nach Alter und Geschlecht (auf je 100000 der gleichen Altersgruppe) (nach Angaben des Statistischen Bundesamtes)

in Dänemark von 1925–1945 (OTT, „Internist", 1962, S. 41) veranschaulichen, wie der früher bestandene Jugendgipfel der Lungentuberkulose sukzessive abgetragen und die „Pseudocarcinomkurve" geformt wurde.

Zum leichten Abfall der Sterblichkeitskurve ab 70 Jahre gelten die Einwände, die unter den Abschnitten „Bestand" und „Neuzugänge" vorgebracht wurden. Wenn *alle* Tuberkulose-Todesfälle, auch im hohen Alter, bekannt würden, würde die Sterblichkeitskurve in den hohen Altersstufen anders verlaufen, d. h. die Kurve würde vermutlich auch über das 70. Lebensjahr hinaus weiter ansteigen.

Es kann sich bei den registrierten Tuberkulose-Todesfällen nur um die bekannt gewordenen handeln, die *tatsächlichen Tuberkulose-Todesfälle liegen höher.*

Die Tuberkulose-Mortalitätszahlen weisen weitere *Unsicherheiten* auf, die nach unseren Erfahrungen in der Tuberkulosefürsorge seit Jahren zunehmen. Während noch vor etwa 15—20 Jahren die Ursache des Todes bei den Offentuberkulösen fast immer die Lungentuberkulose war, lag bereits 1956 im Bundesgebiet bei etwa 35 % der verstorbenen Tuberkulösen eine andere Todesursache vor; dieser Satz dürfte weiter angestiegen sein. Aus dieser Erfahrung heraus empfiehlt es sich für die Tuberkulose-fürsorgestellen der Gesundheitsämter, anhand der von den Standesämtern zuge-leiteten Sterbekarten die Kartei durchzusehen, ob nicht Tuberkulöse darunter sind. Gleichzeitig sollten die Meldungen der Standesämter und der Tuberkulosefürsorge-stellen über Tuberkulosetodesfälle miteinander verglichen werden, um eine weit-gehende Übereinstimmung zu erreichen.

Zusammenfassung

(Tuberkulose-Mortalität, B)

Die Tuberkulose-Mortalität insgesamt beträgt für das Jahr 1964 12,7 auf je 100 000 der Bevölkerung. In absoluten Zahlen ausgedrückt waren es noch 7 390 Kranke, die 1964 im Bundesgebiet einschließlich Berlin (West) an Tuberkulose starben. Beim Ver-gleich der Jahre 1953—1964 ist ein stärkerer Rückgang der Todesfälle bei den Frauen gegenüber den Männern eingetreten. Eindrucksvoll ist die seit Jahren bekannte Höher-sterblichkeit bei den Männern in den höheren und hohen Altersstufen.

Für die tatsächlichen Tuberkulose-Todesfälle müssen insbesondere nach den Ergeb-nissen von Sektionen höhere Werte gegenüber den gemeldeten Zahlen angenommen werden; dies gilt im besonderen Maße für die hohen Altersstufen.

Summary: Tuberculosis Mortality

The total tuberculosis mortality for the year 1964 amounted to 12.7 per 100,000 population. In 1964 in the Federal Republic, including Berlin (West), 7,390 patients died of tuberculosis. Compared with the figures for 1953—64, the number of deaths of women has decreased more than that of men. The greater mortality of men in the older age groups is quite impressive.

The true figures for tuberculosis deaths, taking into account results of post-mortem examinations, is certainly higher than the number of notifications: this is especially so in the case of the older age groups.

Résumé: Mortalité de la tuberculose

Pour l'année 1964 la mortalité globale de la tuberculose est de l'ordre de 12,7/popu-lation de 100000. En chiffres absolus, ceci signifie que dans la République Fédérale Allemande, y compris Berlin Ouest, encore 7 390 malades sont décédés en 1964 par suite de tuberculose. En comparaison avec la période 1953—1964, il y a une régression plus prononcée de la mortalité chez les femmes que chez les hommes. Impressionnante, et connue depuis des années est la mortalité plus grande chez les hommes du groupe d'âge supérieur et élevé.

Il faut admettre, surtout en se basant sur les résultats d'autopsie, un nombre plus grand de cas mortels réels, que celui cité; ceci est valable surtout pour les groupes d'âge élevé.

Resumen: Mortalidad por tuberculosis

La mortalidad total por tuberculosis comprendió en el año 1964 12,7 por cada 100.000 habitantes. Expresado en número absoluto, en territorio federal alemán incluyendo Berlín (Oeste), murieron por tuberculosis 7.390 enfermos. Comparando los años 1953—1964, se ha notado un descenso de muertes más acentuado para las mujeres que para los hombres. Llama la atención la gran mortalidad entre hombres de edad madura y avanzada, hecho conocido desde hace años.

Para juzgar exactamente las muertes por tuberculosis, deben tomarse especialmente los datos resultantes de las autopsias, más elevado que el número de los publicados; esto se aplica de un modo especial para las edades avanzadas.

4. Tiertuberkulose

Der Wunsch, der im Jahrbuch 1963 ausgesprochen worden ist, daß ein zentraler Nachweis über den Stand der Verseuchung der Rinderbestände in der Bundesrepublik geführt werden kann, ist durch eine Mitteilung des Bundesministeriums für Ernährung, Landwirtschaft und Forsten (RVR. Dr. ROJAHN) in Erfüllung gegangen. Die Zusammenstellung berichtet über die Beobachtungszeiträume vom 1. 7. 1960 bis 30. 6. 1961, vom 1. 7. 1961 bis 30. 6. 1962, also der Zeit kurz vor der Tilgung der Rindertuberkulose und für den Zeitraum vom 1. 7. 1964 bis 30. 6. 1965.

Das Ministerium schreibt dazu, daß aus der letzten Zusammenstellung hervorgeht, daß die Gesamtzahl der Tuberkulinreagenten in den Rinderbeständen gegenüber dem vorausgehenden Bericht von 8,07 % auf 9,36 % und die Zahl der bovinen Infektion von 9,81 % auf 10,87 % angestiegen ist. Dieser wenn auch leichte Anstieg ist immerhin eine Warnung und rechtfertigt die gesetzliche Bestimmung, daß die Durchtuberkulinisierung der Rinderbestände alle 2 Jahre zu wiederholen ist. Seitens der Veterinärärzte ist sogar eine jährliche Überprüfung vorgeschlagen worden. Das Gros der positiven Tuberkulinreaktionen entfällt auf eine Infektion mit dem Mykobakterium avium, während die Wiederansteckung mit dem Mykobakterium bovis seit 1960/61 beträchtlich abgesunken ist. Die Ansteckung der Rinder durch Menschen (Mycobakterium tuberkulosis) betrifft zwar noch über 1 000 Tiere in 238 Beständen, sie ist aber seit 1960 ebenfalls erheblich rückläufig, was auf eine gute Zusammenarbeit der Human- und Veterinärmediziner schließen läßt.

Ob durch die Wiederansteckung der Rinderbestände durch den Erreger der Geflügeltuberkulose in wesentlichem Umfang auch Erkrankungen bei den Rindern beobachtet werden, soll die laufende Überwachung zeigen. Da die Reagenten sofort nach Feststellung der positiven Reaktionen ausgemerzt wurden, ist dieser Nachweis sicher meist nicht ganz einfach zu führen. Das Ministerium betont in seinem Bericht, daß die entsprechenden Eintragungen über die Infektion durch Menschen oder Geflügel in die Tabelle nur erfolgt sind, wenn durch Typendifferenzierung die Erreger der menschlichen bzw. der Geflügeltuberkulose nachgewiesen worden sind.

Im übrigen gelten die im Jahrbuch 1963 getroffenen Feststellungen auch für den Bericht über 1964/65, daß eine Gefährdung der Menschen durch die Milch und ihre Produkte seit der systematischen Bekämpfung der Rindertuberkulose ausgeschlossen

Tabelle 6. *Zusammenstellung der in amtlich anerkannten tuberkulosefreien Rinderbeständen ermittelten Tuberkulinreaktionen*

Land	Anzahl amtlich anerkannter tuberkulosefreier		Tuberkulinreagenten				Aufschlüsselung der Reagenten (Spalte 4) nach Reaktionsursachen											
							bovine Infektion				humane Infektion				aviäre Infektion			
	Tiere	Be-stände	Anzahl	% von 2	in Be-ständen	% von 3	Anzahl	% von 3	in Be-ständen	% von 3	Anzahl	% von 2	in Be-ständen	% von 3	Anzahl	% von 2	in Be-ständen	% von 3
1	2	3	4	5	6	7	8	9	10	11	12	13	14	15	16	17	18	19
Bundesgebiet Berichtszeit:																		
1.7.1960–30.6.1961	12685809	1223697	192307	1,52	112213	9,17	32078	0,25	20265	1,66	2109	0,02	682	0,05	28442	0,22	16501	1,35
1.7.1961–30.6.1962	13212385	1205139	188270	1,42	103490	8,59	20043	0,15	12692	1,05	1745	0,01	572	0,05	32331	0,25	18661	1,55
1.7.1962–30.6.1963	13285300	1169094	182175		99101	8,48	18449		10789	0,92	1472		370	0,03	37781		20793	1,78
1.7.1963–30.6.1964	13001516	1125094	115521		65458	8,07	11332		6996	0,86	1190		280	0,03	31097		16453	2,03
1.7.1964–30.6.1965**)	12972438*)	1092490*)	100788	1,42	56877	9,36	10957	10,87 (Sp.6)	6014	10,57 (Sp.7)	1039	1,03 (Sp.6)	238	0,42 (Sp.7)	26451	26,24 (Sp.6)	14743	25,92 (Sp.7)

Für das Jahr 1.7.64 – 30.6.65 ist vom Bundesministerium für Ernährung, Landwirtschaft und Forsten eine andere Berechnung eingeführt worden.

* Anm.: Spalte 6 der Aufstellung von 1964/65 Anzahl der Tuberkulinreagenten, Spalte 7 der wieder infizierten Tierbestände

*) nach dem Stand vom 30.6.1965

**) ohne Saarland

ist. Man wird beim Zentralkomitee bemüht sein, interessante Einzelbeobachtungen auf diesem Gebiet, etwa auch über die Ausscheidung des Mycobakterium tuberkulosis in der Milch ohne nachweisbare Veränderungen am Euter der Tiere, zu sammeln.

Eine gewisse Rolle spielt die Tuberkulose der fleischfressenden Haustiere, die bei Katzen in 3%, bei Hunden in 1% der sezierten Tiere ermittelt worden ist. Der zuständige Arbeitsausschuß für Beziehungen zwischen Tier- und Menschentuberkulose wünscht daher eine Einbeziehung dieser Haustiere in die Bestimmungen des Tierseuchengesetzes. Nach Heft 2 der Zeitschrift „Fleischwirtschaft" vom März 1966 sind im Kalenderjahr 1964 bei folgenden Schlachttieren tuberkulöse Krankheitsbefunde erhoben worden:

Tabelle 7. *Tuberkulose bei Schlachttieren*

Schlachtungen von Tieren inländischer Herkunft (Bundesgebiet*)	1964	%
1. Rinder insgesamt (Ochsen, Bullen, Kühe, weibl. Rinder 3 Monate und älter bis zum ersten Kalb)		
geschlachtet	3 630 415	
davon mit Tb behaftet	6 361	0,2
Nach Geschlecht und Altersklassen aufgeschlüsselt		
a) Ochsen		
geschlachtet	116 995	
davon mit Tb behaftet	85	0,1
b) Bullen		
geschlachtet	1 405 469	
davon mit Tb behaftet	1 850	0,1
c) Kühe		
geschlachtet	1 241 378	
davon mit Tb behaftet	3 194	0,3
d) weibl. Rinder		
3 Monate und älter bis zum ersten Kalb		
geschlachtet	866 573	
davon mit Tb behaftet	1 232	0,1
2. Kälber (bis zu 3 Monaten)		
geschlachtet	1 891 435	
davon mit Tb behaftet	112	0,01
3. Schweine		
geschlachtet	24 005 978	
davon mit Tb behaftet	75 185	0,3
4. Schafe		
geschlachtet	514 380	
davon mit Tb behaftet	45	0,01
5. Ziegen		
geschlachtet	26 936	
davon mit Tb behaftet	47	0,2
6. Pferde		
geschlachtet	42 935	
davon mit Tb behaftet	30	0,1

*) einschl. Berlin (West)

Die Aufstellung zeigt, daß beim Rindvieh nur in geringer Anzahl Befunde von Tuberkulosen erhoben worden sind (0,01 bis 0,3 %), wogegen die absolute Zahl der tuberkulös befundenen Schweine mit 75 185 hoch ist, aber im Verhältnis zur Gesamtzahl der geschlachteten Tiere ebenfalls nur 0,3 % ausmacht. Daß beim Schwein oft das Mykobakterium avium gefunden wird, wurde schon 1963 erwähnt.

Besonders niedrig lag der Befund einer Tuberkulose bei geschlachteten Schafen (0,01 %), während bei den ziemlich niedrigen Zahlen der geschlachteten Ziegen immerhin bei 0,2 % Tuberkulose festgestellt worden ist, bei Pferden in 0,1 %. Mit der Möglichkeit einer Ansteckungsverbreitung durch Ziegen und Pferde kann gelegentlich immerhin gerechnet werden, zumal die Ziege auch infolge einer Infektion mit menschlichen Tuberkulosebakterien erkranken soll.

Über den Organsitz der tuberkulösen Veränderungen unterrichtet Tab. 8.

Tabelle 8. *Fleischbeschaurechtliche Beanstandungen wegen Tuberkulose*

1964	Gesamtzahl der mit Tuberkulose behafteten Schlachttiere (Bundesgebiet*))	als bedingt tauglich beanstandete ganze Tierkörper (§ 36 II, 1 AB,A)	Zahl der Tiere, von denen Teile beanstandet wurden (§ 34, 4 AB,A)					
			Köpfe	Zungen	Lungen	Lebern	Därme	Sonstige Organe
1	2	3	4	5	6	7	8	9
Rinder	6 361	6 295	92	20	3 347	465	3 177	569
Kälber	112	107	1	2	50	17	34	9
Schweine	75 185	75 006	1 700	598	19 738	9 148	48 593	10 042
Schafe	45	45	–	2	17	7	29	3
Ziegen	47	38	–	–	16	5	20	4
Pferde	30	24	–	–	20	4	3	4

*) einschl. Berlin (West)

Dabei kommen in erster Linie die Lungen und die Därme in Betracht. Bei beiden Organsystemen ist die Möglichkeit einer reichlichen Bakterienausscheidung in die Außenwelt gegeben. Beim Schwein fällt außerdem eine gewisse Häufigkeit des Befalls von Kopf und Zunge auf.

Zusammenfassung
(Tiertuberkulose)

Der Erfolg der systematischen Bekämpfung der Rindertuberkulose hat in der Bundesrepublik angehalten, wenn auch im letzten Berichtsraum (1. 7. 1964 bis 30. 6. 1965) ein leichter Anstieg der Infektionen mit dem Erreger der Rindertuberkulose beobachtet worden ist. Künftig soll auch auf die Bekämpfung der Tuberkulose bei fleischfressenden Haustieren (Hunde und Katzen) besonders geachtet werden.

Tuberkulöse Krankheitsbefunde sind in 0,3 % bei geschlachteten Rindern und Schweinen gefunden worden.

Summary: Animal tuberculosis

The level of success of organised control of bovine tuberculosis has remained steady in the Federal Republic, although the latest reports (1/7/64 to 30/6/65) mention a slight increase of infections with the bacillus of bovine tuberculosis. In future special attention will be paid to the anti-tuberculosis measures for carnivorous domestic animals (dogs and cats).

Signs of tuberculosis have been found in 0.3 % of slaughtered cattle and pigs.

Résumé: Tuberculose animale

Les résultats obtenus par la lutte systématique contre la tuberculose bovine dans la République Fédérale sont stables, en dépit de l'observation d'une légère augmentation des infections de tuberculose bovine durant la dernière période de cette communication (1.7.64 au 30.6.65). A l'avenir, la lutte antituberculeuse devrait être activée également parmi les animaux domestiques carnivores (chiens et chats).

Des symptômes d'infection tuberculeuse ont été observés chez 0,3 % des bovidés et porcs abattus.

Resumen: Tuberculosis animal

En la República federal alemana se ha mantenido el éxito de la lucha sistemática contra la tuberculosis bovina, si bien se ha observado en el último informe (1.7.64 hasta 30.6.65) un ligero aumento de las infecciones por el bacilo de la tuberculosis bovina. En el futuro debe atenderse también especialmente a la lucha antituberculosa en los animales domésticos carnívoros (perros y gatos).

Se han hallado lesiones tuberculosas en el 0,3 % de las vacas y cerdos sacrificados.

5. Die Tuberkulose in Mitteldeutschland

Die *Neuzugänge* überhaupt (s. Tab. 10) sind von 1963 auf 1964 um 2,5 % (Bundesrepublik: 5,8 %) zurückgegangen, bei den ansteckenden Formen jedoch um 10,4 % (Bundesrepublik: 5,2 %). Der Rückgang betrifft nicht alle Lebensalter gleichmäßig: einer Abnahme um 18,1 % im Kindesalter steht, im wesentlichen bei Männern wie bei Frauen, eine Stagnation ab 45. und, ab 50. Lebensjahr, sogar z. T. eine leichte Zunahme gegenüber. Bei der ansteckungsfähigen Tuberkulose der Atmungsorgane nahmen nur Frauen von 50 und mehr Jahren nicht an dem allgemeinen Rückgang teil. Die Gesamtzugangsrate liegt immer noch beträchtlich höher als in der Bundesrepublik (111,3 gegen 79,6 / 100 000), in der wichtigsten Gruppe, der ansteckungsfähigen Lungentuberkulose, jedoch niedriger (22,4 gegen 26,6). Dabei ist die außerordentlich intensive bakteriologische Diagnostik der Kreisstellen für Tuberkulose und Lungenkranke zu berücksichtigen (s. Tab. 14). 1964 wurden pro aktiven Fall des Bestandes 3,2 bakteriologische Untersuchungen, und davon 88,7 % mittels Kulturverfahren, ausgeführt.

Tabelle 9. *Bestand an aktiver Tuberkulose insgesamt, darunter an aktiver Tbk der Atemwege insgesamt und an ansteckender Tbk der Atemwege, nach Geschlecht und Altersgruppen in den Jahren 1963 und 1964 in der Deutschen Demokratischen Republik*

Altersgruppen	Aktive Tuberkulose insgesamt				darunter aktive Tbk der Atemwege insg.				darunter ansteckende Tbk der Atemwege			
	1963		1964		1963		1964		1963		1964	
	männl.	weibl.	männl.	weibl.	männl.	weibl.	männl.	weibl.	männl.	weibl.	männl.	weibl.
a) absolute Zahlen												
unter 1 J.	7	4	2	4	7	1	2	3	—	—	—	—
1 bis „ 5 „	284	200	204	165	222	157	158	134	7	5	6	5
5 „ „ 15 „	1 920	1 732	1 526	1 341	1 253	1 101	982	844	45	55	45	43
unter 15 J.	4 147		3 242		2 741		2 123		112		99	
15 bis unter 20 J.	1 492	1 582	1 179	1 262	1 145	1 171	931	941	197	171	151	144
20 „ „ 25 „	4 779	4 303	4 021	3 642	4 281	3 692	3 595	3 099	806	508	552	445
25 „ „ 30 „	6 221	5 906	5 826	5 269	5 726	5 139	5 339	4 521	1 055	719	894	612
30 „ „ 40 „	12 978	10 543	12 281	9 599	12 016	9 227	11 348	8 336	2 611	1 543	2 333	1 312
40 „ „ 45 „	6 400	4 961	6 155	4 707	5 923	4 279	5 691	4 024	1 429	790	1 261	702
45 „ „ 50 „	5 506	3 305	4 672	2 883	5 209	2 920	4 398	2 508	1 436	556	1 034	452
50 „ „ 60 „	22 950	8 847	21 290	8 334	21 942	7 461	20 365	7 027	6 577	1 605	5 614	1 444
60 „ „ 65 „	13 457	4 384	13 067	4 232	12 901	3 715	12 559	3 542	4 166	909	3 698	800
65 J. und darüber	19 233	10 232	19 229	9 943	18 473	8 950	18 478	8 712	6 830	2 812	6 454	2 658
zusammen	95 227	56 076	89 452	51 381	89 098	47 813	83 846	43 691	25 159	9 673	22 042	8 617
	151 306		140 833		136 911		127 537		34 832		30 759	
b) auf 100 000 Lebende jeder Altersgruppe												
unter 1 J.	4,6	2,8	1,4	2,9	4,6	0,7	1,4	2,2	—	—	—	—
1 bis „ 5 „	48,8	36,1	34,6	29,3	38,1	28,4	26,8	23,8	1,2	0,9	1,0	0,9
5 „ „ 15 „	146,1	138,4	114,2	105,5	95,3	88,0	73,5	66,4	3,4	4,4	3,4	3,4
unter 15 J.	103,8		80,2		68,6		52,5		2,8		2,4	
15 bis unter 20 J.	326,5	354,2	263,7	292,6	250,5	262,2	208,2	218,2	43,1	38,3	33,8	33,4
20 „ „ 25 „	710,0	650,3	644,3	590,4	636,0	558,0	576,1	502,4	119,7	76,8	88,5	72,1
25 „ „ 30 „	941,3	918,1	888,4	815,7	866,4	798,9	814,1	699,9	159,6	111,8	136,3	94,7
30 „ „ 40 „	1 446,6	975,6	1 264,6	902,5	1 339,3	853,8	1 168,5	783,7	291,0	142,8	240,2	123,4
40 „ „ 45 „	1 777,0	840,4	1 701,1	807,3	1 644,6	724,9	1 572,9	690,2	396,8	133,8	348,5	120,4
45 „ „ 50 „	2 179,5	809,1	2 029,1	766,1	2 062,0	698,0	1 910,1	666,4	568,4	132,9	449,1	120,1
50 „ „ 60 „	2 343,3	620,1	2 281,9	600,8	2 240,4	523,0	2 182,8	506,6	671,5	112,5	601,7	104,1
60 „ „ 65 „	2 669,7	657,7	2 566,0	637,7	2 559,4	557,3	2 466,3	533,7	826,5	136,4	726,2	120,5
65 J. und darüber	2 018,6	675,8	2 028,2	654,1	1 938,9	591,1	1 948,9	573,1	716,8	185,7	680,7	174,8
zusammen	1 223,3	596,8	1 153,9	554,9	1 144,6	508,8	1 081,6	471,8	323,2	102,9	284,3	93,1
	880,7		827,8		796,9		749,7		202,7		180,2	

Bestand an aktiver Tuberkulose Ende des Jahres 1965

	männlich	weiblich	zusammen
absolute Zahlen	81 192	46 025	127 217
auf 100 000 Einw.	1 043,2	496,8	746,2

Tabelle 10. *Neuzugänge an aktiver Tuberkulose insgesamt, darunter an aktiver Tbk der Atemwege insgesamt und an ansteckender Tbk der Atemwege, nach Geschlecht und Altersgruppen in den Jahren 1963 und 1964 in der Deutschen Demokratischen Republik*

Altersgruppen	Aktive Tuberkulose insgesamt				darunter							
					aktive Tbk der Atemwege insg.				darunter ansteckende Tbk der Atemwege			
	1963		1964		1963		1964		1963		1964	
	männl.	weibl.	männl.	weibl.	männl.	weibl.	männl.	weibl.	männl.	weibl.	männl.	weibl.
a) absolute Zahlen												
unter 1 J.	8	10	7	3	6	6	5	3	—	1	1	—
1 bis „ 5 „	161	109	113	89	126	85	87	70	3	2	2	2
5 „ „ 10 „	231	171	192	144	170	116	138	101	4	6	4	2
10 „ „ 15 „	208	214	195	193	129	139	141	142	7	22	12	17
unter 15 J.	1 112		936		777		687		45		40	
15 bis unter 20 J.	413	373	364	305	351	277	315	242	74	60	59	47
20 „ „ 25 „	967	738	719	672	841	588	624	534	201	119	137	113
25 „ „ 30 „	926	766	926	721	815	607	814	547	225	133	167	104
30 „ „ 40 „	1 521	1 015	1 528	1 047	1 309	765	1 364	813	336	128	336	122
40 „ „ 45 „	698	481	646	556	616	366	576	437	172	46	121	77
45 „ „ 50 „	624	398	520	322	568	313	474	259	158	47	93	29
50 „ „ 60 „	2 451	1 110	2 432	1 139	2 308	879	2 264	891	662	164	593	153
60 „ „ 65 „	1 472	648	1 529	579	1 399	535	1 448	468	403	113	373	112
65 J. und darüber	2 306	1 547	2 292	1 698	2 164	1 303	2 149	1 434	759	438	686	456
zusammen	11 986	7 580	11 463	7 468	10 802	5 979	10 399	5 941	3 004	1 279	2 584	1 234
	19 566		18 931		16 781		16 340		4 283		3 818	
b) auf 100 000 Lebende jeder Altersgruppe												
unter 1 J.	5,3	7,0	4,8	2,2	4,0	4,2	3,4	2,2	—	0,7	0,7	—
1 bis „ 5 „	28,1	20,0	19,2	15,8	22,0	15,6	14,8	12,4	0,5	0,4	0,3	0,4
5 „ „ 10 „	34,6	27,0	28,6	22,6	25,5	18,3	20,6	15,8	0,6	0,9	0,6	0,3
10 „ „ 15 „	33,0	35,5	29,3	30,5	20,5	23,1	21,2	22,4	1,1	3,7	1,8	2,7
unter 15 J.	28,2		23,1		19,7		17,0		1,1		1,0	
15 bis unter 20 J.	88,1	81,4	81,4	70,7	74,9	60,5	70,4	56,1	15,8	13,1	13,2	10,9
20 „ „ 25 „	141,7	110,0	115,2	108,9	123,3	87,7	100,0	86,6	29,5	17,7	22,0	18,3
25 „ „ 30 „	143,7	122,4	141,2	111,6	126,5	97,0	124,1	84,7	34,9	21,2	25,5	16,1
30 „ „ 40 „	173,1	93,6	157,3	98,4	149,0	70,5	140,5	76,4	38,2	11,8	34,6	11,5
40 „ „ 45 „	200,8	84,6	178,5	95,4	177,3	64,4	159,2	74,9	49,5	8,1	33,4	13,2
45 „ „ 50 „	226,2	87,4	225,8	85,6	205,9	68,8	205,9	68,8	57,3	10,3	40,4	7,7
50 „ „ 60 „	246,3	77,5	260,7	82,1	231,9	61,4	242,7	64,2	66,5	11,4	63,6	11,0
60 „ „ 65 „	293,7	96,9	300,3	87,2	279,1	80,0	284,3	70,5	80,4	16,9	73,2	16,9
65 J. und darüber	243,2	102,9	241,7	111,7	228,2	86,7	226,7	94,3	80,0	29,1	72,4	30,0
zusammen	154,4	80,7	147,9	80,6	139,2	63,7	134,1	64,2	38,7	13,6	33,3	13,3
	114,1		111,3		97,8		96,1		25,0		22,4	

Neuzugänge an aktiver Tuberkulose im Jahre 1965

	männl.	weibl.	zusammen
absolute Zahlen	9 542	6 391	15 933
auf 100 000 Einw.	122,9	69,0	93,6

Tabelle 11. *Sterblichkeit an Tuberkulose nach Geschlecht und Altersgruppen in den Jahren 1963 und 1964 in der Deutschen Demokratischen Republik*

| Altersgruppen | absolute Zahlen | | | | auf 100 000 Lebende jeder Altersgruppe | | | |
| | 1963 | | 1964 | | 1963 | | 1964 | |
	männl.	weibl.	männl.	weibl.	männl.	weibl.	männl.	weibl.
unter 1 J.	–	–	1	–	–	–	0,69	–
1 bis ,, 5 ,,	3	1	–	–	0,52	0,18	–	–
5 ,, ,, 10 ,,	2	–	–	–	0,30	–	–	–
10 ,, ,, 15 ,,	–	1	–	–	–	0,17	–	–
unter 15 J.	7		1		0,18		0,02	
15 bis unter 20 J.	–	1	–	2	–	0,22	–	0,46
20 ,, ,, 25 ,,	7	5	3	3	1,0	0,75	0,48	0,49
25 ,, ,, 30 ,,	13	24	12	9	2,0	3,8	1,8	1,4
30 ,, ,, 35 ,,	20	26	23	20	4,0	4,8	4,3	3,8
35 ,, ,, 40 ,,	36	22	30	19	9,4	4,0	6,8	3,5
40 ,, ,, 45 ,,	46	24	45	20	13,2	4,2	12,4	3,4
45 ,, ,, 50 ,,	44	20	35	12	16,0	4,4	15,2	3,2
50 ,, ,, 55 ,,	110	50	97	36	23,7	7,0	22,8	5,4
55 ,, ,, 60 ,,	193	34	162	32	36,3	4,7	31,9	4,5
60 ,, ,, 65 ,,	277	49	264	52	55,3	7,3	51,8	7,8
65 ,, ,, 70 ,,	252	84	223	55	69,3	14,8	59,5	9,7
70 ,, ,, 75 ,,	199	89	197	82	73,8	20,4	75,8	18,7
75 ,, ,, 80 ,,	186	90	145	68	101,2	31,1	80,3	22,9
80 ,, ,, 85 ,,	96	45	92	56	104,3	31,2	100,3	37,6
85 J. und darüber	44	9	39	17	113,2	13,6	95,1	24,9
insgesamt	1 528	574	1 368	483	19,7	6,1	17,6	5,2
	2 102		1 851		12,3		10,9	

Sterblichkeit an Tuberkulose im Jahre 1965

	männl.	weibl.	zus.
absolute Zahlen	1 229	447	1 676
auf 100 000 Einw.	15,8	4,8	9,8

Quellenangabe: Tuberkulose-Jahresberichte der Kreisstellen für Tuberkulose und Lungenkrankheiten

Beim *Bestand* (s. Tab. 9) ist der Rückgang ausgeprägter als bei den Neuzugängen. Im Kindesalter weist Mitteldeutschland in allen Kategorien wesentlich niedrigere Werte auf als die Bundesrepublik, bei den Gesamtzahlen immer noch Westdeutschland.

Die außerordentlich günstige Tuberkulosesituation im Kindesalter findet sichtbaren Ausdruck bei der *Mortalität* (s. Tab. 11): mit nur einem einzigen Sterbefall an Tuberkulose in einem ganzen Jahr, d. h. 0,02 auf 100 000, ist ein bemerkenswerter Erfolg erreicht. Mit einer Gesamtmortalität von 10,9/100 000 ist der Wert der Bundesrepublik (12,7) nicht unbeträchtlich unterschritten, und 1965 wurde zum ersten Mal die 10,0/100 000 Grenze nicht mehr erreicht. Bis zum 40. Lebensjahr ist die Sterblichkeit bei beiden Geschlechtern nur noch gering; das Maximum wird unverändert in den höchsten Altersklassen erreicht.

Tabelle 12. *„Letalität"*
Die Zahl der Sterbefälle an Tbk der Atemwege in vH des Endbestandes an ansteckender Tbk der Atemwege plus Sterbefälle an Tbk der Atemwege nach Geschlecht und Altersgruppen in der Deutschen Demokratischen Republik

Jahr	insgesamt	darunter			
		15 bis unter 25 J.	25 bis unter 45 J.	45 bis unter 65. J.	65 Jahre und darüber
			männlich		
1963	5,52	0,50	1,96	4,78	9,89
1964	5,63	0,28	2,14	4,91	9,52
			weiblich		
1963	4,96	0,73	2,83	4,33	8,82
1964	4,78	0,51	2,27	4,19	8,63

Die *Letalität*, d. h. die Relation zwischen Sterbefällen und Bestand, ist bis zum 45. Lebensjahr bei Frauen etwas höher als bei Männern. Danach kehren sich, bei stark ansteigenden Zahlen, die Werte um. Bei Männern über 65 ist die Letalität 34mal so hoch wie bei denen im Alter von 15 bis 24 Jahren (s. Tab. 12).

Tabelle 13. *Ergebnis der Allergie-Testung mit 2 TE im Jahre 1965 bei Personen im Alter von 30 und mehr Jahren in 15 Kreisen der Deutschen Demokratischen Republik*

a) Erfaßter Personenkreis			
	Männer	Frauen	zusammen
Getestet und abgelesen insg.	116 384	160 482	276 866
davon abgelesen:			
am 2. Tag nach der Testung	67 476	96 161	163 637
am 3. Tag nach der Testung	48 908	64 321	113 229

b) Testungsergebnisse bei Männern und Frauen nach dem Alter

Altersgruppen	Reaktionen von			
	5 und mehr mm		6 und mehr mm	
	wurden abgelesen bei ... % der			
	Männer	Frauen	Männer	Frauen
bei der Ablesung am 2. Tag nach der Testung:				
30 bis 49 Jahre	62,1	45,6	51,4	35,7
50 ,, 69 Jahre	51,0	33,2	40,2	25,0
70 und mehr Jahre	33,0	25,0	24,8	18,5
zusammen	53,2	37,2	42,8	28,5
bei der Ablesung am 3. Tag nach der Testung:				
30 bis 49 Jahre	66,4	49,9	54,3	37,7
50 ,, 69 Jahre	53,3	37,5	41,4	27,9
70 und mehr Jahre	35,3	30,2	25,8	21,7
zusammen	56,5	41,8	44,8	31,3

Bei Erwachsenen von 30 und mehr Jahren wurde eine umfassende *Tuberkulintestungs-aktion* (mit 2 TE) durchgeführt (s. Tab. 13). Je nachdem, ob die Grenze des Durchmessers der Induration für eine positive Bewertung bei 5 oder bei 6 mm festgesetzt oder am 2. oder 3. Tag abgelesen wurde, sind 37,2—56,5 % bzw. 28,5—44,8 % als tuberkuloseinfiziert anzusehen, bei Aufgliederung nach Altersklassen und Geschlechtern 25,0—66,4 % bzw. 18,5 (Frauen von 70 und mehr Jahren) — 54,3 % (Männer von 30 bis 49). Bei Männern ist der Grad der Durchseuchung höher als bei Frauen; das Maximum liegt zwischen 30 und 49 Jahren, danach nimmt die Zahl der positiven Reaktionen (unter den gewählten Bedingungen) deutlich ab.

Tabelle 14. *Auf Tuberkulose-Bakterien untersuchte Materialien für bei den Kreisstellen für Tbk und Lungenkrankheiten der DDR in ambulanter Überwachung stehende Personen nach der Auswertungsmethode in den Jahren 1960 bis 1965*

Jahr	Auf Tuberkulose-Bakterien untersuchte Materialien unsgesamt	davon ausgewertet					
		nur mikroskopisch		mikroskopisch und kulturell		nur kulturell	
		abs.	in %	abs.	in %	abs.	in %
1960	370 336	287 388	77,6	52 065	14,1	30 883	8,3
1961	358 954	220 501	61,4	85 662	23,9	52 791	14,7
1962	368 651	167 762	45,5	106 853	29,0	94 036	25,5
1963	412 197	119 414	29,0	93 449	22,7	199 334	48,3
1964	475 019	53 603	11,3	68 978	14,5	352 438	74,2
1965*)	635 293	16 435	2,6	55 395	8,7	563 463	88,7

*) vorläufiges Ergebnis

Im Jahre 1965 wurden mehr als die Hälfte der kulturell untersuchten Materialien durch Tracheal-spülungen gewonnen.

Die Zahl der BCG-Impfungen ist mit 425 540 (1964) gegenüber 1963 (458 463) leicht rückläufig. Die Impfung von 288 200 Neugeborenen (1964) bedeutet, daß 99,2% der noch lebenden Neugeborenen vakziniert werden konnten.

Im Rahmen der Röntgenreihenuntersuchung wurden 1963 10 730 900, 1964 11 276 477, 1965 11 029 197 Schirmbilder angefertigt. Neuerdings ist außer den bekannten aktiven Tuberkulösen auch derjenige von der Teilnahme an der RRU befreit, der innerhalb der letzten 6 (1963 und 1964: 3) Monate eine Röntgenaufnahme der Thoraxorgane anfertigen ließ.

Zusammenfassung
(Die Tuberkulose in Mitteldeutschland, N)

1964 wurden 111,3/100 000 Neuzugänge an Tuberkulose aller Art registriert, davon 22,4/100 000 an ansteckender Tuberkulose der Atmungsorgane, bei einem Bestand von 827,8 bzw. 180,2 und einer Mortalität von 10,9/100 000. Besonders stark abgenommen hat die Tuberkulose im Kindesalter. Positiver Ausfall der Tuberkulinreaktion ist bei Männern häufiger als bei Frauen, wird bei beiden Geschlechtern nach dem 49. Lebensjahr zunehmend seltener. Praktisch alle Lebendgeborenen wurden BCG-geimpft. Pro Jahr werden rd. 11 Mill. Schirmbilder im Rahmen der RRU angefertigt.

Summary: Tuberculosis in Central Germany

In 1964 registrations of new cases of all forms of tuberculosis amounted to 111.3 per 100,000; of these 22.4 per 100,000 suffered from infective tuberculosis of the respiratory tract, the number of total registrations being 827.8 and 180.2 per 100,000 respectively, with a mortality of 10.9 per 100,000. There is much less tuberculosis in children. Positive reactions for tuberculosis are now more common in men than women; they become increasingly rare in both sexes after 49 years of age. Practically all new-born children have been inoculated with BCG. Approximately 11 million fluoroscopic examinations were carried out annually within the framework of the RRU.

Résumé: La tuberculose en Allemagne Centrale

En 1964 on a enregistré 111,3/100 000 nouveaux cas de tuberculose diverse, dont 22,4/100 000 cas de tuberculose pulmonaire infectieuses, s'ajoutant à un total de resp. 827,8/100 000 et 180,2/100 000 et une mortalité de 10,9/100 000. La fréquence de la tuberculose chez les enfants a fortement diminué. Une réaction positive à la tuberculine est plus fréquente chez l'homme que chez la femme, mais devient progressivement plus rare après l age de 49 ans chez les deux sexes. Presque tous les nouveaux-nés ont été vaccinés au BCG. Par an environ 11 millions de radiographies sont faites dans le cadre du RRU.

Resumen: La tuberculosis en la Alemania central

En 1964 se registraron 111,3/100.000 ingresos nuevos de tuberculosis de todos los tipos, 22,4/100.000 de los cuales padecían una tuberculosis contagiante de los órganos respiratorios, con una relación numérica de 827,8 ó 180,2 y una mortalidad de 10,9/100.000. La tuberculosis infantil ha disminuído de un modo especial. La reacción positiva de la prueba tuberculínica es más frecuente en hombres que en mujeres, llegando a ser progresivamente más rara en los dos sexos a partir del año 49 de la vida. Prácticamente todos los recién nacidos vivos fueron vacunados con BCG. En forma de exploración radiológica sistemática (RRU), se realizan cada año unos 11 millones de fotorradiografías.

B. Stand der Abwehrmaßnahmen

1. Öffentliche Tuberkulosefürsorge

a) Tätigkeit der Tuberkulosefürsorgestellen

Tab. 15 zeigt die Zahl der Tuberkulosefürsorgestellen und ihr Personal im Bundesgebiet einschließlich Berlin (West) im Jahr 1964 (nach Angaben der Statistischen Landesämter).

Tabelle 15. *Zahl der Fürsorgestellen und ihr Personal im Jahre 1964*
(nach Angaben der Statistischen Landesämter)

Land	Fürsorgestellen			Tuberkulose-Fürsorge-ärzte	1 Tbk.-Fürsorge-arzt auf .... Einwohner	Zahl der Fürsorgerinnen			1 Fürsorgerin auf .... Einwohner
	Haupt-stellen	Außen-stellen	Neben-stellen			All-gemein	Tuber-kulose-Fürsorge	zu-sammen	
Schleswig-Holstein	20	13	16	50	47 839	128	16	144	16 611
Hamburg	18	–	2	23	80 719	1	62	63	29 469
Niedersachsen	77	38	11	147	46 423	528	29	557	12 251
Bremen	3	–	–	7	104 117	95	12	107	6 811
Nordrhein-Westfalen	94	84	215	270	60 975	1 576	28	1 604	10 376
Hessen	45	–	19	53	95 299	199	25	224	22 548
Rheinland-Pfalz	39	11	10	36	98 044	188	1	189	18 675
Baden-Württemberg	66	32	15	64	128 056	325	29	354	23 151
Bayern	138	15	48	64	155 009	683	26	709	13 992
Saarland	8	4	5	11	101 125	61	3	64	17 381
Berlin (West)	12	–	–	34	64 487	–	112	112	19 576
Bundesgebiet einschl. Berlin (West)	520	197	341	759	76 767	3 784	343	4 127	14 118

Tab. 16 gibt eine Übersicht über die in der Tuberkulosefürsorge tätigen Ärzte im Bundesgebiet einschließlich Berlin (West) im Jahre 1964. Von den insgesamt 759 in der Tuberkulosefürsorge tätigen Ärzte sind nur 220 Lungenfachärzte und 24 Nichtlungenfachärzte = rund 31 % *ausschließlich* als Tuberkulosefürsorgeärzte tätig. Also rund 69 % der in der Tuberkulosefürsorge beschäftigten Ärzte widmen sich nicht ausschließlich der Tuberkulosefürsorge, sondern sind entweder auch auf den übrigen Gebieten des Gesundheitsamtes eingesetzt oder freipraktizierende Ärzte, meist freipraktizierende Lungenfachärzte.

„Die Leitung der Tuberkulosefürsorgestelle sollte in den Händen eines sowohl klinisch als auch sozialhygienisch auf dem Gebiet der Tuberkulosebekämpfung genügend erfahrenen Arztes liegen. Die Tuberkulosefürsorge von heute erfordert mehr denn je einen klinisch und insbesondere auch in der Röntgendiagnostik geschulten Arzt; denn infolge der Auswirkung der tuberkulostatischen Behandlung läßt uns öfter das Kriterium des Bakteriennachweises im Stich, obgleich nach dem Röntgen-

Tabelle 16. *Ärzte in den Fürsorgestellen 1964*

Land	Gesamtzahl der in den Fürsorgestellen tätigen Lungen u. Nichtlungenfachärzte	Lungenfachärzte							Nichtlungenfachärzte						Nichtlungenfachärzte insgesamt Spalten 11 u. 14
		Hauptamtlich als Ärzte des öffentl. Gesundheitsdienstes tätig			Nebenamtlich als Tuberkulose-Fürsorgeärzte tätig			Lungenfachärzte insgesamt Spalten 4 und 7	Hauptamtlich als Ärzte des öffentl. Gesundheitsdienstes tätig			Nebenamtlich als Tuberkulose-Fürsorgeärzte tätig			
		ausschl. als Tbk.-Fürsorgeärzte	Nicht ausschl. als Tbk.-Fürsorgeärzte	zusammen Spalten 2 und 3	hauptberufl. in freier Praxis	hauptberufl. in Heilst. und Krankenhäusern	zusammen Spalten 5 und 6		ausschl. als Tbk.-Fürsorgeärzte	Nicht ausschl. als Tbk.-Fürsorgeärzte	zusammen Spalten 9 und 10	hauptberufl. in freier Praxis	hauptberufl. in Heilst. und Krankenhäusern	zusammen Spalten 12 u. 13	
	1	2	3	4	5	6	7	8	9	10	11	12	13	14	15
Schleswig-Holstein	50	8	4	12	1	7	8	20	2	27	29	–	1	1	30
Hamburg	23	19	–	19	–	–	–	19	–	1	1	–	3	3	4
Niedersachsen	147	8	7	15	28	38	66	81	1	57	58	6	2	8	66
Bremen	7	6	1	7	–	–	–	7	–	–	–	–	–	–	–
Nordrhein-Westfalen	270	32	30	62	14	15	29	91	4	170	174	2	3	5	179
Hessen	53	12	5	17	10	15	25	42	2	8	10	–	1	1	11
Rheinland-Pfalz	36	17	–	17	1	7	8	25	–	10	10	–	1	1	11
Baden-Württemberg	64	52	5	57	2	2	4	61	1	–	1	1	1	2	3
Bayem	64	46	2	48	6	8	14	62	1	–	1	–	1	1	2
Saarland	11	4	3	7	1	–	1	8	–	2	2	1	–	1	3
Bundesgebiet	725	204	57	261	63	92	155	416	11	275	286	10	13	23	309
Berlin (West)	34*)	16	–	16	4	–	5	21	13	–	13	–	–	–	13
Bundesgebiet einschl. Berlin (West)	759	220	57	277	67	92	160	437	24	275	299	10	13	23	322

*) außerdem 3 Ärzte in den Schirmbildstellen

bild, insbesondere nach dem Befund auf den Schichtaufnahmen unter Berücksichtigung des bisherigen Verlaufes noch der Verdacht auf eine ansteckungsfähige Tuberkulose gegeben ist. Der Fürsorgearzt muß sich im Laufe der Jahre auch einen Blick für sozial- und seuchenhygienische Belange aneignen, auch in Fragen der Begutachtung genügend erfahren sein und letzten Endes menschliche Qualitäten besitzen; denn die Grundlage einer erfolgreichen Tuberkulosefürsorge ist ein gutes Vertrauensverhältnis zwischen dem Tuberkulosekranken und seiner Familie einerseits und dem Tuberkulosefürsorgearzt und darüber hinaus mit der ganzen Tuberkulosefürsorgestelle andererseits" (BREU, Beitr. Klin. Tuberk. 127, 112, 1963).

Den in ihrer Tätigkeit bewährten Tuberkulosefürsorgeärzten ist nach dem Runderlaß des ehemaligen RMdI vom 31. Januar 1944 „zur Hebung ihrer Arbeits- und Verantwortungsfreudigkeit eine weitgehende Selbständigkeit einzuräumen. Sie sind bei allen von dem Gesundheitsamt zu treffenden Maßnahmen und Entscheidungen, die die Tuberkulosebekämpfung berühren, zu beteiligen."

Allerdings ist die Anerkennung als Facharzt für Lungenkrankheiten, die im Rahmen der Facharztausbildung eine einjährige internistische Tätigkeit vorschreibt, ein Vorteil nicht nur im Bezug auf die Diagnose und Differentialdiagnose, sondern auch im Hinblick auf die Beurteilung der Folgezustände einer Lungentuberkulose (Bronchitis, Emphysem, Cor pulmonale). In dieser Richtung wurden Vorschläge für die künftige Ausbildung zum Facharzt für Lungenkrankheiten von dem Berufsverband der Lungenfachärzte Deutschlands und der Deutschen Gesellschaft für Tuberkulose und Lungenkrankheiten ausgearbeitet. Beide Gremien setzen sich für die Beibehaltung des selbständigen Facharztes für Lungenkrankheiten ein.

Für Tuberkulosefürsorgestellen, die eine gewisse Größe überschreiten, sind *hauptamtliche* Tuberkulosefürsorgeärzte notwendig. Bewußt wird keine Größe genannt, da es auf die örtlichen Gegebenheiten ankommt, u. a., ob ein Schirmbildgerät im Mittelformat zur Verfügung steht. Zweifelsohne ist es ein Gewinn, wenn die Tuberkulosefürsorge von einem hauptamtlich tätigen Arzt versehen wird. Dadurch wird in einem höheren Maß gewährleistet, daß nicht nur die dringlichen Fälle erledigt werden, sondern systematisch auch die termingemäße Überwachung der Tuberkulosefälle einschließlich der inaktiven Formen und der Umgebungsuntersuchungen durchgeführt werden kann.

Aus den beiden Tabellen 17 und 18 gehen die *Laboratoriumsuntersuchungen* der Tuberkulosefürsorgestellen in den Jahren 1963 und 1964 hervor.

Das *Sputum* soll auch in der Tuberkulosefürsorge so oft wie möglich untersucht werden und nicht nur bei Einschmelzungsverdacht (Bronchustuberkulose!), erforderlichenfalls unter Heranziehung des Kehlkopfabstriches oder des Magennüchternsekretes. Da unter den Auswirkungen der tuberkulostatischen Mittel das Wachstum der Tuberkulosebakterien so geschädigt sein kann, daß ihr bakterioskopischer Nachweis erschwert ist, haben das *Kulturverfahren und der Tierversuch* an Bedeutung gewonnen; in diesem Zusammenhang wird auf die „Schröder'schen Leitsätze betr. Notwendigkeit des Kulturverfahrens für den Nachweis von Tuberkulosebakterien" hingewiesen. Nach HERMANN ist bei bakterioskopischen Untersuchungen unter Verwendung des Anreicherungsverfahrens mit einer Befundausbeute von 50 %, bei dem Kulturverfahren mit einer solchen von 77 % und beim Tierversuch mit 90 % zu rechnen.

Tabelle 17. *Laboratoriumsuntersuchungen der Tuberkulosefürsorgestellen 1963*
(nach den Länderstatistiken 1963)

Land	Direkte Sputumuntersuchung	Kehlkopfabstriche	Magensaftuntersuchungen	Kulturen	Tierversuche	Sputumuntersuchungen bezogen auf			Blutsenkungen	Blutbilder	Tuberkulinproben i.d. Fürs.stellen	Urinuntersuchungen auf Tb
						Ia + Ib Bestand	Ia − Ic Bestand	Ia − Ic Neuzugänge				
Schleswig-Holstein	9 114	433	16	539	163	2,7	0,8	3,5	15 483	—	36 864	38
Hamburg	3 704	3 409	17	1 707	58	0,9	0,2	1,8	12 515	590	57 594	642
Niedersachsen	25 672	588	322	1 693	542	3,4	1,0	4,7	34 083	9 486	76 892	88
Bremen	4 920	323	7	1 317	47	5,2	1,5	9,0	3 739	2 983	6 786	8
Nordrhein-Westfalen	55 495	4 518	175	3 403	334	2,6	0,8	4,1	99 760	23 558	482 638	84 685
Hessen	7 781	906	26	499	60	1,7	0,5	2,2	9 546	504	8 857	211
Rheinland-Pfalz	13 157	24	22	5 354	300	2,6	0,9	4,2	21 568	2 208	111 522	3 882
Baden-Württemberg	15 627	2 098	129	4 968	485	1,8	0,6	2,2	19 999	1 683	167 888	3 615
Bayern	36 405	731	85	10 170	658	2,9	1,1	4,7	26 201	2 123	183 896	—
Saarland	2 507	1	1	32	28	1,5	0,6	2,3	1 334	41	30 246	40
Bundesgebiet o.B.	174 382	13 031	800	29 682	2 675	2,5	0,8	3,7	244 228	43 176	1 163 183	93 209
West-Berlin	17 039	8 690	64	9 957	16	2,8	0,8	5,3	9 524	275	3 331	69

Tabelle 18. *Laboratoriumsuntersuchungen der Tuberkulosefürsorgestellen 1964*
(nach den Länderstatistiken 1964)

Land	Direkte Sputum-unter-suchung	Kehl-kopf-abstriche	Magen-saft-unter-suchungen	Kulturen	Tier-versuche	Sputumuntersuchungen bezogen auf			Blut-senkungen	Blut-bilder	Tuber-kulin-proben i.d. Fürs.-stellen	Urin-unter-suchungen auf Tb
						Ia + Ib Bestand	Ia − Ic Bestand	Ia − Ic Neu-zugänge				
Schleswig-Holstein	9 084	405	8	728	130	3,0	0,9	3,8	14 611	1 601	15 170	48
Hamburg	3 419	3 497	20	1 826	122	0,9	0,2	1,8	14 105	788	62 919	881
Niedersachsen	27 684	595	414	2 040	872	3,8	1,2	5,9	33 546	4 248	45 949	159
Bremen	4 127	313	7	1 397	19	4,7	1,4	8,0	2 670	2 083	563	622
Nordrhein-Westfalen	55 748	3 765	445	4 116	473	2,8	0,9	4,2	90 298	19 256	532 766	84 951
Hessen	7 528	778	15	775	88	1,8	0,5	2,1	8 333	601	11 740	536
Rheinland-Pfalz	12 051	211	16	6 277	185	2,5	0,8	4,2	18 146	1 254	40 856	734
Baden-Württemberg	15 971	2 459	193	5 964	644	1,9	0,6	2,2	19 613	1 176	74 283	3 041
Bayern	33 332	751	127	7 616	1 120	2,8	1,0	4,3	24 388	2 351	62 765	364
Saarland	2 696	47	25	77	80	1,7	0,6	2,8	1 762	220	33 536	38
Bundesgebiet o.B.	171 640	12 821	1 270	30 816	3 733	2,6	0,8	3,8	227 472	33 578	880 547	91 374
West-Berlin	15 714	7 597	13	13 178	9	2,8	0,7	5,1	8 844	189	4 901	87

Tabelle 19. *Röntgenleistungen der Tuberkulosefürsorgestellen 1963 und 1964*
(nach den Länderstatistiken)

Land	Sprechstunden-durchleuchtungen (Erst- u. Kontroll-untersuchungen)		Großaufnahmen		Schirmbild-aufnahmen im Mittelformat im Rahmen der Tbk.-Fürs.-St.		gezielte RRU mit Schirmbild-aufn. außerh. v. Röntgenkataster		Durchleuchtungen pro Aufnahme		Reihen-durchleuchtungen außerhalb der Sprechtage		Schichtaufnahmen	
	1963	1964	1963	1964	1963	1964	1963	1964	1963	1964	1963	1964	1963	1964
Schleswig-Holstein	57 942	44 544	18 581	19 444	49 812	64 011	26 615	58 755	3,1	2,3	12 095	10 332	6 439	5 304
Hamburg	36 632	38 036	26 701	27 477	67 139	62 304	9 564	24 756	1,4	1,4	87 755	–	9 689	11 459
Niedersachsen	98 523	85 007	36 954	34 207	119 423	146 162	94 073	99 803	2,7	2,5	13 351	7 544	6 169	7 905
Bremen	37 974	26 728	9 185	7 068	24 377	19 377	55 513	9 585	4,1	3,8	–	133	2 218	3 154
Nordrhein-Westfalen	229 554	198 098	126 777	127 618	265 848	298 542	175 038	180 977	1,8	1,6	35 950	44 799	19 372	24 083
Hessen	74 267	60 065	17 272	16 782	46 012	55 989	7 433	11 002	4,3	3,6	–	–	880	–
Rheinland-Pfalz	113 721	85 082	18 106	17 045	42 165	40 502	26 658	61 690	6,3	5,0	17 962	14 624	2 334	2 446
Baden-Württemberg	234 151	200 776	68 663	54 339	156 720	150 833	154 486	184 855	3,4	3,7	25 380	–	–	15 066
Bayern	355 179	284 269*	41 631	40 625	91 980	236 307	114 380	–	8,5	7,0	65 638	–	–	6 655
Saarland	19 614	14 564	2 253	2 839	19 983	21 125	5 171	10 548	8,7	5,1	2 673	3 935	223	658
Bundesgebiet	1 257 557	1 037 169	366 123	347 444	883 459	1 095 152	668 931	641 971	3,4	3,0	260 804	81 367	47 324	76 730
West-Berlin	36 975	19 175	25 128	21 687	50 022	65 396	76 424	96 882	1,5	0,9	1 408	–	10 205	10 391
Bundesgebiet einschl. Berlin (West)	1 294 532	1 056 344	391 251	369 131	933 481	1 160 548	745 355	738 853	3,3	2,9	262 212	81 367	57 529	87 121

*) einschließlich sonstige Durchleuchtungen

Bereits vor Jahren hat das DZK gefordert, daß in den verschiedenen Bundesländern Sputumuntersuchungen auf Tuberkulosebakterien im Kulturverfahren bei negativer Ausstrichuntersuchung in allen Medizinaluntersuchungsämtern kostenlos durchgeführt werden. Immerhin werden jetzt offenbar durch die Tuberkulosefürsorgestellen *mehr* Kulturen veranlaßt, als dies in früheren Jahren der Fall war. Während 1960 im Bundesgebiet im Bereich der Tuberkulosefürsorgestellen 23 714 Kulturen und Tierversuche 225 223 direkten Sputumuntersuchungen bei einem Verhältnis von etwa 1 : 10 gegenüberstanden, beträgt dieses Verhältnis für das Jahr 1964 bei 34 549 Kulturen und Tierversuchen gegenüber 171 640 direkten Auswurfuntersuchungen 1 : 5. Bei den angegebenen Zahlen für Sputumuntersuchungen ist zu berücksichtigen, daß seit mehreren Jahren das Gros der Kranken mit einer Ia—Ic-Lungentuberkulose, soweit diese noch als behandlungsbedürftig angesehen werden muß, im Anschluß an die Heilstättenbehandlung wegen der notwendigen chemotherapeutischen Nachbehandlung bei den freipraktizierenden Ärzten in Behandlung steht.

Die Zahlen über die durchgeführten *Tuberkulintests* gehen in den einzelnen Bundesländern sehr auseinander. Es liegt die Annahme nahe, daß in einigen Bundesländern nur die in den Tuberkulosefürsorgestellen durchgeführten Tuberkulinprüfungen enthalten sind, hingegen in anderen Bundesländern auch die in Schulen und Kindergärten vorgenommenen Tuberkulintests.

Diese sind nach der jetzt geltenden Regelung in den von den Gesundheitsämtern zu erstellenden Jahresbericht aufzunehmen.

Tab. 19 zeigt die *Röntgenleistungen* der Tuberkulose-Fürsorgestellen im Bundesgebiet einschl. Berlin (West) in den Jahren 1963 und 1964.

b) Ausbau der Tuberkulosefürsorgestellen

Das DZK richtete im Oktober 1965 an die einzelnen Länderregierungen eine Umfrage betr. Wiederaufbau und Ausbau der Tuberkulosefürsorgestellen seit Kriegsende. Auf diese Umfrage haben nicht alle Länder detailliert geantwortet. Soweit die einzelnen Fragen beantwortet wurden, ergibt sich daraus folgendes Bild: Seit Ende des letzten Krieges sind in den Ländern Schleswig-Holstein, Hamburg, Bremen, Rheinland-Pfalz und Saarland neue Tuberkulosefürsorgestellen (Hauptstellen) errichtet worden; teilweise wurden sie durch die Zerstörung der alten Einrichtungen notwendig. Keine differenzierten Angaben liegen aus den Ländern Bayern, Niedersachsen und Nordrhein-Westfalen vor. In Bayern bestanden 1946 183 Tuberkulosefürsorgestellen. Zahlenmäßige Angaben über die Errichtung von Außen- bzw. Nebenstellen seit dem letzten Krieg liegen lediglich von Hessen (18 Nebenstellen) vor. Baden-Württemberg berichtet, daß Röntgenuntersuchungseinrichtungen in einzelnen Außenstellen der Gesundheitsämter geschaffen worden sind. Es ist anzunehmen, daß zumindest ein Teil der Außen- und Neben-Tuberkulosefürsorgestellen in den einzelnen Ländern (s. Tab. 15) erst seit 1945 eingerichtet worden ist.

Mehrere Bundesländer berichteten, daß in ihrem Bereich seit Kriegsende eine größere Zahl von Fürsorgestellen *ausgebaut worden ist.* Soweit die einzelnen Länder dazu Angaben machten, sind in Berlin (West), Hamburg, Hessen, Rheinland-Pfalz und Saarland bei einem Teil der Tuberkulosefürsorgestellen getrennte Einrichtun-

Tabelle 20. *Anzahl der Röntgenapparate in den Tuberkulosefürsorgestellen 1964*

Land	Röntgenapparate in Tbk.-Fürsorgestellen				Tbk.-Fürsorgestellen ohne eigenen Apparat				Schichtgeräte in Tbk.-Fürsorgestellen	Schirmbildgeräte in Gesundheitsämtern und sonstigen Stellen
	Haupt-stellen	Außen-stellen	Neben-stellen	ins-gesamt	Haupt-stellen	Außen-stellen	Neben-stellen	ins-gesamt		
Schleswig-Holstein	29	16	14	59	—	6	1	7	13	41
Hamburg	27	—	—	27	—	—	—	—	13	27
Niedersachsen	89	29	7	125	2	17	—	19	5	84
Bremen	7	—	—	7	—	—	—	—	2	4
Nordrhein-Westfalen	142	66	115	323	2	19	112	133	48	144
Hessen	49	—	20	69	2	—	1	3	13	53
Rheinland-Pfalz	42	8	7	57	—	7	2	9	6	42
Baden-Württemberg	79	22	14	115	—	22	7	29	16	76
Bayern	keine Angaben				keine Angaben				—	2
Saarland	6	2	4	14	—	—	—	—	1	11
Berlin (West)	20	—	—	20	—	—	—	—	9	22
Bundesgebiet einschl. Berlin (West)	490	143	181	816	6	71	123	200	126	506

gen für Erwachsene und Kinder vorhanden. Nach dem Bericht von Bayern werden bei Neu- oder Umbauten von Gesundheitsämtern getrennte Räume für Erwachsene und Kinder geschaffen. Dies trifft auch für Baden-Württemberg bei Neubauten zu.

Soweit aus den einzelnen Ländern Angaben vorliegen, verfügt in den Ländern Schleswig-Holstein, Hamburg, Niedersachsen, Bremen, Rheinland-Pfalz und Berlin (West) ein Teil der Tuberkulosefürsorgestellen über getrennte Untersuchungs-räume für Rö.-Durchleuchtungen und Rö.-Aufnahmen bzw. Schirmbildaufnahmen. Auch in Baden-Württemberg ist dies zumindest bei den größeren Tuberkulose-fürsorgestellen der Fall.

Die Zahl der *Schirmbildgeräte* und *Schichtgeräte* in den einzelnen Bundesländern geht aus der Tab. 20 hervor.

In den meisten Bundesländern — aber nicht in allen — verfügen fast alle Haupt-fürsorgestellen über ein Schirmbildgerät im Mittelformat, Odelca 70 x 70 oder 100 x 100 mm.

Nur durch die Anwendung der Schirmbildtechnik ist die Bewältigung der *Mehr-belastung,* wie sie die jährliche Röntgenuntersuchung der Lehrer, Kindergärtnerinnen und des übrigen einschlägigen Personenkreises nach §§ 47 und 48 des Bundes-seuchengesetzes, die Röntgenuntersuchung der Beschäftigten in den Lebensmittel-betrieben nach §§ 17 und 18 des Bundesseuchengesetzes und der ausländischen Arbeitnehmer mit sich bringen, möglich, ohne daß die in § 61 der Dritten Durch-führungsverordnung zum Gesetz über die Vereinheitlichung des Gesundheits-wesens bzw. im Bundesseuchengesetz enthaltenen gesetzlichen Pflichtaufgaben ver-nachlässigt werden müssen. Im Jahre 1965 wurden in der Tuberkulosefürsorge-stelle Ludwigsburg allein 5 768 ausländische Arbeitnehmer zur Erlangung der Aufenthaltserlaubnis geröntgt. Jährlich werden in Ludwigsburg überdies über 2 000 Lehrer, Kindergärtnerinnen usw. geschirmbildet. Die Zahl des Personenkreises nach § 17 BSeuchG betrug 1965 754 (in den Vorjahren lag diese Zahl höher). Gleichzeitig ermöglicht der systematische Einbau des Mittelformates, insbesondere des Formates 100 x 100 mm, in die Überwachung der IIa-Fälle für die Mehrzahl der Gesundheitsämter die Anfertigung von Aufnahmen in einem *breiteren* Rahmen, als dies bisher möglich war und zudem die termingemäße Durchführung der Kontroll-untersuchungen. Das Schirmbild im Mittelformat wird seit Jahren in wachsendem Umfange in der Tuberkulosefürsorge verwendet: Die Zahl von Schirmbild-aufnahmen im Rahmen der Tuberkulosefürsorge ist von 5 23 254 im Jahre 1959 auf 1 160 548 im Jahre 1964 angestiegen. Das Verhältnis von Durchleuchtungen pro Aufnahme (einschl. Schirmbildaufnahme im Mittelformat) im Rahmen der Tuberku-losefürsorge beträgt für das Bundesgebiet einschl. Berlin (West) jetzt nur noch im Durchschnitt 2,9.

Die Verschiebung des Verhältnisses von Durchleuchtung zur Aufnahme zugunsten der Aufnahmetechnik in der Tuberkulosefürsorgestelle Ludwigsburg im Jahre 1963 gegenüber 1953 geht aus folgender Aufstellung hervor:

	1953	1963
Gesamtzahl der Rö.-Untersuchungen (ohne Schichtaufn.)	17 349	14 080
Durchleuchtungen	13 244	2 453
Großaufnahmen	1 554	916
Mittelformate	2 551	10 711

Das *Röntgenschichtverfahren* der Lunge hat erheblich die Diagnostik der Kaverne, d. h. der Streuquellen, verbessert; daher ist auch für die Tuberkulosefürsorge das Schichtverfahren in indizierten Fällen unerläßlich, wenn sie ihrer gesetzlichen Aufgabe, nämlich der Auffindung der Infektionsquellen und Verhütung der Weiterverbreitung der Infektion, gerecht werden soll. Auch für die Beurteilung der Aktivität ist die Tomografie bedeutungsvoll; immer wieder lassen Schichtaufnahmen einen ausgedehnteren Befund erkennen als die Durchleuchtung und die Übersichtsaufnahme vermuten ließen.

„Dem Fürsorgearzt muß es ermöglicht werden, in jedem Falle, der zur Klärung des Krankheitsprozesses Schichtaufnahmen benötigt, solche anfertigen zu lassen. Größere Fürsorgestellen sollten als Zentralstellen für Schichtaufnahmen, derer sich die umliegenden kleineren Gesundheitsämter bedienen können, eingerichtet werden" (Tbk.-Jb. 1950/51, S. 18).

Ein weiterer Fortschritt auch für die Diagnostik in den Tuberkulosefürsorgestellen ist der *Bildverstärker mit Fernsehdurchleuchtung*. Die Vorteile gegenüber der herkömmlichen Durchleuchtung sind folgende:

a) Die genetische und somatische *Strahlenbelastung* läßt sich nach SCHÖN (Vortrag auf der Fortbildungstagung der Tuberkulosefürsorgeärzte von Baden-Württemberg in Stuttgart am 24. Oktober 1963) mit dem Bildverstärker mit Fernsehdurchleuchtung um 10 bis 50 % der Belastung bei konventioneller Durchleuchtung reduzieren. Auch nach *Fendel* (Prax. Pneumol. 19, 310, 1965) ist bei der Bildverstärker-Fernseh-Kette eine Einsparung der Flächendosis und auch an Gonadendosis um mindestens 50 % möglich.

b) Insbesondere ein Gewinn für die Röntgendurchleuchtung der Kleinkinder (soweit bei diesen überhaupt eine Durchleuchtung aus ärztlichen Gründen notwendig erscheint). Während nicht wenige von den Kleinkindern bei der Durchleuchtung in abgedunkelten Röntgenraum unruhig waren und somit eine sorgfältige Durchleuchtung erschwert war, verhalten sich die Kinder bei der Durchleuchtung mittels Bildverstärker im allgemeinen wesentlich ruhiger.

c) Wegfall der Dunkel-Adaptation und damit auch Herabsetzung der physischen Belastung des Fürsorgearztes. (Vgl. auch GEBAUER, LISSNER und SCHOTT „Das Röntgenfernsehen und NEUMANN, Prax. Pneumol. 20, 61, 1966).

Unser Ziel muß die schnellere Überwindung der Tuberkulose sein!
Dazu ist verschiedentlich im Rahmen der gesamten Tuberkulosebekämpfung auch eine *Intensivierung der Tuberkulosefürsorge* erforderlich. Die einzelnen Maßnahmen für eine erfolgreiche Tuberkulosebekämpfung sind zwar im grundsätzlichen bekannt, aber man kann sich des Eindrucks nicht erwehren, daß von verschiedenen Seiten ein *konsequenter*, d.h. nach allen Seiten hin gleichmäßiger Einsatz der *Mittel* und *Möglichkeiten* vermißt wird. Bei der Planung der weiteren Maßnahmen muß der veränderten Tuberkulosesituation von heute Rechnung getragen werden, dabei müssen internationale Erfahrungen berücksichtigt werden. Dem Thema „Welche Maßnahmen müssen zur schnelleren Beseitigung der Tuberkulose weiterhin geplant werden?" war ein Kolloquium im Rahmen der gemeinsamen Tagung der Süddeutschen Gesellschaft für Tuberkulose und Lungenkrankheiten und der Österreichischen Tuberkulose-Gesellschaft im Juni 1963 in Salzburg gewidmet (Kongreßbericht, Georg Thieme Verlag, Stuttgart, 1964).

Nach umfangreichen jahrelangen klinischen Erfahrungen sprechen die Lungentuberkulosen um so besser auf die Tuberkulostatika an, je frischer die Formen sind, und umgekehrt reagieren die älteren produktiv-cirrhotisch-kavernösen Tuberkulosen weit schlechter darauf. Nach einer Umfrage des DZK wurden 1963 von 6 Tuberkulosefürsorgestellen im Durchschnitt 40,9 % (Tbk.-Jb. 1963, S. 77) von den Offentuberkulösen als *Chronisch-Kranke* angegeben, in Ludwigsburg waren es 37,2 %. Überträgt man diese Schnittzahl von 40,9 % auf den Gesamtbestand an Ia-Fällen im Bundesgebiet und klammert die nur statistischen Ia-Fälle nach den „Erläuterungen" des DZK aus, dann kann die Zahl der Chronisch-Ansteckend-Tuberkulösen im Bundesgebiet grob auf etwa 20 000 — 25 000 geschätzt werden! Bei der Diskussion über die chronische Tuberkulose auf der XVIII. Internationalen Tuberkulosekonferenz in München im Oktober 1965 wurde betont, daß es neben den von Anfang an chronischen Formen eine sekundäre chronische Tuberkulose gäbe; diese sei die Folge unsachgemäßer Behandlung (zit. nach KREUSER und SCHUSTER, Ärztebl. f. Baden-Württembg. 21, 52, 1966).

Eine Verbesserung der Heilerfolge erfordert eine *Intensivierung der Erfassung* und eine *Intensivierung der Behandlung*. Auch die Tuberkulosefürsorgestellen haben verschiedentlich durch Verbesserung ihrer planvollen Maßnahmen in der Erfassungsfürsorge überhaupt und ihrer diagnostischen Arbeit im einzelnen die Früherfassung der Tuberkulose anzustreben, um damit zu besseren Heilerfolgen beizutragen.

Der *nachgehenden* Fürsorge kommt bei dem Anstieg der überlebenden bzw. gebesserten Tuberkulösen sowie für die Förderung und Sicherung des Heilerfolgs, auch zur Verhütung von Rezidiven, größte Bedeutung zu. In Fragen der Arbeitsfürsorge einschl. *Rehabilitation* soll sich auch der Tuberkulosefürsorgearzt über die früher oft rein diagnostische Arbeit hinaus *aktiv*, d. h. von sich aus beratend, einschalten.

3 epidemiologische Tatsachen erfordern eine *Verstärkung der Maßnahmen der präventiven Tuberkulosebekämpfung:*
1. Die Zunahme der Chronisch-Tuberkulösen,
2. die *verlängerte* Dauer der Infektiosität bei den Ansteckendtuberkulösen unter der Auswirkung der tuberkulostatischen Behandlung,
3. der Rückgang der Tuberkulose-Durchseuchung bei den Kontaktpersonen.

Im Vordergrund muß die *rechtzeitige Erfassung* und *Verstopfung* bzw. *Abriegelung der Ansteckungsquellen* stehen!

Man muß sagen, daß zwar diese Forderung selbstverständlich erscheint, daß wir aber für die Verwirklichung dieses Grundsatzes jeglicher Seuchenbekämpfung bei der Tuberkulose unsere Anstrengungen verstärken müssen. Allerdings ist LYDTIN zuzustimmen, wenn er sagt, daß der berechtigten Forderung nach rechtzeitiger Erfassung und rascher Ausschaltung der Ansteckungsquelle beim Menschen Grenzen gesetzt sind.

Nach der systematischen Quellensuche von LIEBKNECHT (Beitr. Klin. Tuberk. 117, 82, 1957) bei einer frischen endothorakalen Tuberkulose im Kindesalter war im Falle einer aufgefundenen *extradomiziliären* Quelle die Zahl der *bekannten* Infektionsquellen, die trotz fürsorgerischer Überwachung und sog. „häuslicher Absonderung" Neuerkrankungen bei Kindern verursacht haben, doppelt so groß wie die Zahl der unbekannten und durch Quellensuche erstmals entdeckten Tuberkulosen. Damit stimmt das Ergebnis einer Erhebung im Bereich der Tuberkulosefürsorgestelle

Ludwigsburg auf Veranlassung des DZK im Jahr 1962 überein. Diese Ergebnisse bestätigen die große Bedeutung der extradomizilären Infektionsquellen, worauf seit Jahren KLEINSCHMITT immer wieder hinwies.

Es besteht kein Zweifel darüber, daß ein Teil der bekannten Ansteckendtuberkulösen zu Hause *unzureichend* untergebracht ist und daß daher bei dem Begriff „ausreichende häusliche Absonderung" vielfach ein strengerer Maßstab angelegt werden sollte, wenn wir eine Tuberkuloseinfektion und -erkrankung vermeiden wollen!

Auf das Problem der *Tuberkulose bei den ausländischen Arbeitnehmern* (a. A.) wurde bereits in dem Bericht über den Arbeitsausschuß für Tuberkulosefürsorge eingegangen. An dieser Stelle sollen einige Zahlen aus dem Bereich der Tuberkulosefürsorgestelle Ludwigsburg gebracht werden. Es wird darauf hingewiesen, daß ein exakter Vergleich der Tuberkulose-Morbidität der a. A. mit der bei der einheimischen Bevölkerung wegen der verschiedenen Zusammensetzung nach Alter, Geschlecht und Beruf schwierig ist. In Ludwigsburg wurden die Zugänge an ansteckender Lungentuberkulose bei beiden etwa gleichaltrigen Gruppen, also zwischen 15 und 60 Jahren, für die Erkrankungsjahre 1963, 1964 und 1965 verglichen. Für 1963 ergab sich keine überzeugende Erhöhung. Anders verhält es sich mit den Zugängen in den Jahren 1964 und 1965. Am 30. 9. 1964 betrug der Anteil der a. A. im Arbeitsamtsbezirk Ludwigsburg an der Gesamtzahl der beschäftigten Arbeitnehmer 11,6 %; damit lag Ludwigsburg hinter Stuttgart an der Spitze innerhalb des ganzen Bundesgebietes. Die Zugänge an ansteckender Lungentbk. bei den a. A. betrug 1964, berechnet auf die Gesamtzugänge, 13,1 %. Da es sich bei den Zugängen an Ia/b-Fällen bei den a. A. fast durchweg um Neuzugänge handelte, dürfen sie in Relation zu der Gesamtzahl der Neuzugänge gesetzt werden, dabei machen die Tuberkulosen bei den Ausländern 23,1 %. Im Jahre 1965 waren insgesamt 84 Neuzugänge an ansteckungsfähiger Lungentbk. (Ia/b-Fälle) registriert, davon einheimische Kranke 58 und a. A. 26. Von diesen 26 a. A. mit ansteckender Lungentbk. wurde diese bereits in 5 Fällen bei der Untersuchung zur Erteilung der Aufenthaltserlaubnis ermittelt, in einem Fall handelte es sich um ein Kind, somit verbleiben 20 a. A., bei denen die Erkrankung während der Beschäftigung in Deutschland festgestellt wurde. Von den 84 Neuzugängen an ansteckender Lungentbk. (erkrankt in Deutschland) im Jahre 1965 waren zwischen 15 und 60 Jahre alt: 67 Personen.

Einheimische		*Ausländer*	
männlich	weiblich	männlich	weiblich
34	13	19	1

Somit machen von den Neuzugängen an ansteckungsfähiger Lungentbk. jeweils zwischen 15 und 60 Jahren im Jahr 1965 die Ausländer 29,9 % aus. Im Jahre 1965 betrug der Anteil der a. A. an der Gesamtzahl der Beschäftigten im Arbeitsamtsbezirk Ludwigsburg 14,6 %.

Zum Zeitpunkt des Auftretens der offenen Lungentbk.: Von 34 offenen Lungentuberkulosen in den Jahren 1962—1964 war die Mehrzahl zwischen 1—2 Jahre nach der Einreise in das Bundesgebiet festgestellt worden, ein kleiner Prozentsatz weniger als ein Jahr, ein Teil aber erst später als zwei Jahre nach der Einreise.

Erfolgreiche Tuberkulosebekämpfung erfordert eine *Gemeinschaftsarbeit,* d. h. engste Zusammenarbeit aller an der Tuberkulosebekämpfung beteiligten Ärzte, nämlich der Heilstättenärzte, der Tuberkulosefürsorgeärzte, der freipraktizierenden Ärzte, aber darüber hinaus auch der Rentenversicherungsträger, der Landeswohlfahrtsverbände und der örtlichen Sozialämter sowie auch der Wohnungs- und Arbeitsämter. Dabei sind Aktivität und Unterstützung von Seiten der verantwortlichen Regierung des Landes von wesentlicher Bedeutung. Ein Partner darf dabei nicht vergessen werden, nämlich der Tuberkulosekranke selbst! Alle unsere Bemühungen führen nicht zu dem gewünschten Erfolg, wenn der Kranke nicht selbst aktiv mitmacht und Gesundungswillen zeigt. Deshalb muß in unser Tuberkuloseprogramm die *Gesundheitserziehung* aufgenommen werden, mit der schon in den Heilstätten begonnen werden muß.

BREU zeigte 1962 in Düsseldorf die für eine erfolgreiche Tuberkulosefürsorge erforderlichen *Voraussetzungen* in organisatorischer, arbeitsmethodischer, medizinisch-technischer, räumlicher und personeller Hinsicht auf (Beitr. Klin. Tuberk. 127, 112, 1963).

Leider stehen wir einem Personalmangel bei den Gesundheitsämtern gegenüber. Schon manche freigewordene Tuberkulosefürsorgestelle kann ärztlich nicht mehr voll besetzt werden.

Für die Tuberkulosefürsorgeärzte, die eine verantwortungsvolle und ärztlich selbständige Tätigkeit ausüben, muß eine Aufstiegs- und Beförderungsmöglichkeit gegeben sein. Dies machen schon die Nachwuchsschwierigkeiten im öffentlichen Gesundheitsdienst erforderlich. Erheblich ist ferner der Personalmangel bei den Gesundheitsämtern, was das nichtärztliche Personal (Fürsorgerinnen, medizinisch-technische Assistentinnen, Schreibkräfte) betrifft. Teilweise liegt das an der wirtschaftlichen Stellung: Sie werden bei einer anderen Stelle höher eingestuft und haben dort noch bessere Bedingungen, so daß wir uns nicht wundern dürfen, wenn sie beim Gesundheitsamt kündigen, bzw. wenn Planstellen unbesetzt werden.

Zusammenfassung
(Tätigkeit der Tuberkulosefürsorgestellen, B)

1. Die Notwendigkeit der Tuberkulosefürsorgestelle ergibt sich a) aus den bisherigen Leistungen und Erfolgen in der Bekämpfung der Tuberkulose als Volksseuche, b) aus dem epidemiologischen Stand der Tuberkulose von heute und c) aus den noch zu bewältigenden Aufgaben der Tuberkulosebekämpfung.

2. Im Bundesgebiet ist seit Kriegsende zumindest ein Teil der Tuberkulosefürsorgestellen räumlich und medizinisch-technisch ausgebaut worden. Die überwiegende Mehrzahl der Gesundheitsämter verfügt über ein Schirmbildgerät, Odelca, Format 70 x 70 oder 100 x 100 mm. Das Verhältnis der Rö.-Durchleuchtungen zu den Rö.-Aufnahmen hat sich zugunsten der Aufnahmetechnik verschoben.

3. Unser Ziel muß die *schnellere* Überwindung der Tuberkulose als Volkskrankheit sein. Bei der Planung der einzelnen Maßnahmen muß der veränderten Tuberkulosesituation Rechnung getragen werden. Die Chronisch-Ansteckendtuberkulösen betragen um 40% des Bestandes der statistisch geführten Offentuberkulösen. Die Früherfassung, die Frühbehandlung, Maßnahmen der Rehabilitation und der präventiven Tuberkulosebekämpfung sind in den Vordergrund gerückt. Dazu ist im Rahmen der gesamten Tuberkulosebekämpfung verschiedentlich auch eine Intensivierung der Tuberkulosefürsorge erforderlich.

4. Die Alterstuberkulose und die Tuberkulose bei den ausländischen Arbeitnehmern spielen heute eine wesentliche Rolle. Dies erfordert eine tatkräftige ärztliche und sozialhygienische Bekämpfung.

Summary: Activity of Tuberculosis Welfare Centers

1. Tuberculosis Welfare Centers are still needed because of (a) their current achievements and successes in the fight against tuberculosis as a national scourge, (b) the current epidemiological state of tuberculosis and, (c) the many tasks that still have to be completed in the fight against tuberculosis.

2. In the Federal Republic since the end of the war at least a proportion of Tuberculosis Welfare Clinics has been enlarged and improved both spatially and technically. Most Health Offices are equipped with a fluoroscopy apparatus (Odelca) of 70 x 70 or 100 x 100 mm size. The ratio of screening to radioscopy has shifted in favour of radiography.

3. Our aim is to hasten the conquest of tuberculosis as a national disease. In the planning of individual measures the changes that occur in the general situation regarding tuberculosis will have to be taken into account. Chronic-infectious patients amount to about 40 % of those with open tuberculosis. Early diagnosis, early treatment, rehabilitation, and prophylaxis are much in the foreground. In the programme of anti-tuberculosis measures greater stress on more intensive social care should be laid.

4. Nowadays, tuberculosis in the aged and in foreign workers has gained in importance; this requires energetic medical and social measures of control.

Résumé: Activités des dispensaires antituberculeux

1. L'utilité continue des dispensaires antituberculeux est prouvée par a) les activités et les résultats obtenus dans la lutte contre la tuberculose comme fléau de la population, b) l'état épidémiologique actuel de la tuberculose, et c) les tâches inaccomplies dans la lutte antituberculeuse.

2. Depuis la fin de la guerre, au moins une partie des dispensaires antituberculeux de la République Fédérale s'est élargie en espace et en possibilités médico-techniques. La grande majorité des organismes sanitaires dispose aussi d'un appareil de radioscopie Odelca, format 70 x 70 ou 100 x 100 cm. Le rapport entre le nombre de radioscopies et de radiographies penche en faveur de ces dernières.

3. Notre but doit être de vaincre plus rapidement la tuberculose. En élaborant les diverses mesures à prendre, on doit tenir compte de la situation changée de la tuberculose. Les tuberculoses chroniques infectieuses constituent 40 % du nombre des tuberculoses ouvertes. Le dépistage précoce, le traitement rapide, les mesures de réhabilitation et la lutte préventive contre la tuberculose se sont mis à l'avant-plan. Pour ce, une intensification du dépistage dans le cadre de la lutte antituberculeuse est souhaitable.

4. La tuberculose des vieillards et des travailleurs étrangers joue actuellement un rôle important et nécessite une lutte intensive, médicale et socio-hygiénique.

Resumen: Actividad de los centros de previsión en la tuberculosis

1. La necesidad absoluta de centros de previsión en la tuberculosis se desprende: a) de la labor hasta ahora realizada y de los éxitos en la lucha antituberculosa como epidemia pública; b) de la situación epidemiológica de la tuberculosis actual, y c) de los designios todavía a realizar en la lucha antituberculosa.

2. Desde el fin de la guerra, en el territorio federal alemán han sido ampliados por lo menos una parte de los centros de previsión, espacial y médico-técnicamente. La gran mayoría de los centros sanitarios dispone también de un aparato fotorradiográfico Odelca, de formato 70 x 70 ó 100 x 100 mm. La relación entre radioscopias y radiografías se ha desplazado a favor de la técnica radiográfica.

3. Nuestra meta debe ser vencer más rápidamente la tuberculosis como enfermedad social. En el planeamiento de las distintas medidas, debe atenderse a la variada situación de la tuberculosis. Las tuberculosis contagiantes crónicas comprenden alrededor de un 40 % de la contingencia en formas abiertas. El diagnóstico precoz, el tratamiento precoz, las medidas de rehabilitación y de lucha preventiva antituberculosa, han alcanzado el

primer plano. Además, dentro de la lucha general antituberculosa, se precisa también una intensificación en distintos aspectos de la previsión en caso de tuberculosis.

4. La tuberculosis de la senectud y la de los trabajadores extranjeros juegan actualmente un papel importante, las que requieren una intensa lucha médica y social-higiénica.

c) Röntgenreihenuntersuchungen

Wie die Tabellen 21 und 22 zeigen, hat sich in Zahl und Durchführung der Röntgenreihenuntersuchungen auch in den Jahren 1963 und 1964 keine grundsätzliche Änderung ergeben. Es sind, wie in den Vorjahren, zwischen 5 und 6 Millionen Schirmbildaufnahmen gemacht worden, wenn man berücksichtigt, daß aus Schleswig-Holstein und Nordrhein-Westfalen keine bzw. nur Teilergebnisse vorliegen.

Die Zahlen der ermittelten, bisher unbekannten aktiven Lungentuberkulosen sind, wie auch in den Vorjahren, leicht rückläufig. Trotzdem sind 6 001 bisher unbekannte ermittelte Ia—c-Fälle ein beachtliches Ergebnis. Immerhin wurden damit 13 % aller Neuzugänge an Lungentuberkulose durch Röntgenreihenuntersuchungen entdeckt.

Weitergehende Schlüsse sind in Anbetracht der beträchtlichen Unterschiede von Land zu Land in Bezug auf apparative Ausrüstung der Schirmbildstellen, Organisation der Röntgenreihenuntersuchungen, die untersuchten Personenkreise, die Beteiligung, die unterschiedliche Alters- und Geschlechtszusammensetzung und nicht zuletzt den Unterschied in der Ordnungszahl der Durchgänge und im Intervall aus diesen Tabellen nur unter großen Vorbehalten zulässig.

Wenn man die Ergebnisse der Röntgenreihenuntersuchungen nach den Durchgängen zusammenstellt, wie es das Bayerische Statistische Landesamt für Bayern (Tab. 23) sowie DIETZ und BREU für Nordwürttemberg (Tab. 24) getan haben, läßt sich aus den in den Tabellen wiedergegebenen Zahlen ein Rückgang der ermittelten Befunde mit jedem weiteren Durchgang erkennen. Es wäre aber immerhin möglich, daß dieser Rückgang dem allgemeinen Tuberkulose-Rückgang entspricht. Dagegen hat MAHR die Ergebnisse des 1. und 2. Durchgangs der bis 1962 zweimal untersuchten 83 bayerischen Kreise einander gegenübergestellt (Tab. 25) und DEININGER, MIKAT und ZUTZ haben diese Röntgenreihenuntersuchungs-Ergebnisse in Beziehung zum Bestand an bekannten Fällen in diesen Kreisen vor der ersten und zweiten Röntgenreihenuntersuchung gesetzt und gefunden, daß die bei Röntgenreihenuntersuchungen entdeckten unbekannten Lungentuberkulosefälle stärker zurückgegangen sind als der Bestand an bekannter Lungentuberkulose (Tab. 26), d. h. also, daß unter fortlaufend wiederholten Röntgenreihenuntersuchungen weniger Tuberkulosekranke unbekannt bleiben als in der nicht untersuchten Bevölkerung.

Unabhängig von den Röntgenreihenuntersuchungs-Ergebnissen läßt sich auch aus der Tuberkulose-Statistik der Bundesländer die mehr oder weniger gute Erfassung der Lungentuberkulose abschätzen. Zur Verfügung stehen drei Kriterien

1. nach FREUDENBERG: die Zahl der Offentuberkulösen über 65 Jahre, berechnet auf 1 000 15- bis 65jährige Offentuberkulöse im Bestand.

2. nach REDEKER: der Anteil der Offentuberkulösen an den Neuzugängen.

3. nach NEUMANN: die Zahl der überwachten inaktiven Tuberkulosefälle (IIa) auf 10 000 Einwohner.

Tabelle 21. *RRU im Bundesgebiet einschließlich Berlin (West) im Jahre 1963*

	***) Schles- wig- Hol- stein	Ham- burg	Nieder- sachsen	Bremen	****) Nord- rhein- West- falen	Hessen	Rhein- land- Pfalz	Baden- Württem- berg	Bayern	Saar- land	Berlin*)	Bundes- gebiet einschl. Berlin
RRU-Gesetz seit:	1947	–	1948	–	–	–	–	1953	1953	–	–	–
Zahl d. ausgewerteten Aufnahmen	596	119 908	1 224 488	115 881	575 543	415 882	154 020	1 020 542	942 483	102 278	283 486	4 955 107
Aufnahmen p. H. Bevölkerung über 15 Jahre	–	7,7	23,5	19,9	4,5	10,6	5,8	16,4	12,4	–	15,0	–
Zahl d. Nachuntersuchungen	350	2 541	21 579	3 546	9 129	10 845	4 482	29 941	21 389	746	10 208	114 756
auf 100 Aufn.	–	2,1	1,8	3,1	1,6	2,6	2,9	2,9	2,3	0,7	3,6	2,3
Befunde:												
ansteckende Lg.-Tbk (Iab)	1	20	1 797	18	212	88	58	336	481	22	126	3 159
von unbekannt	1	19	1 360	18	115	70	48	266	396	22	106	2 421
a. 10 000 Aufnahmen	–	1,6	11,1	1,6	2,0	1,9	3,1	2,6	4,2	2,2	3,7	4,9
geschlossene Lungen-Tbk (Ic)	9	133	912	116	177	342	131	1 223	1 245	119	743	5 150
davon unbekannt	5	122	744	94	139	277	92	951	1 025	113	539	4 101
a. 10 000 Aufnahmen	–	10,2	6,1	8,1	2,4	6,7	6,0	9,3	10,9	11,0	19,0	8,3
aktive Lungen-Tbk (Ia-c)	10	153	2 709	134	389	430	189	1 559	1 726	141	869	8 309
davon unbekannt	6	141	2 104	112	254	347	140	1 217	1 421	135	645	6 522
a. 10 000 Aufnahmen	–	11,8	17,2	9,7	4,4	8,3	9,1	11,9	15,1	13,2	22,8	13,2
inaktive Lungen-Tbk.	57	941	2 907	652	1 788	2 502	736	7 177	9 948	233	3 088	30 029
a. 10 000 Aufnahmen	–	78,4	23,7	56,3	31,1	60,2	47,8	70,3	105,6	22,8	108,9	60,6
heilstättenbedürft. Lungen-Tbk.	9	85	1 106	34	121	290	136	800	720**)	55	–	3 356
a. 10 000 Aufnahmen	–	7,1	9,0	2,9	2,1	7,0	8,8	7,8	7,6	5,4	–	6,8
Geschwulstverdächtige	2	1	258	148	130	–	20	277	–	6	35	877
verdächtige Herzbefunde	–	3	1 290	1 232	196	–	167	1 065	–	–	–	3 961

*) Bei den RRU in Berlin handelt es sich um 3 verschiedene Bevölkerungsgruppen, die in der Übersicht zusammengefaßt werden:
  I. Gruppe: unausgewählte Bevölkerungsteile; II. Gr.: Personen mit wiederholter obligatorischer RRU; III. Gr.: RRU aus unterschiedl. Veranlassung, auch Kontrollen
**) gestellte Anträge auf Heilverfahren
***) nur Kreis Rendsburg
****) vermutlich nur Westf.-Tuberkuloseausschuß

Tabelle 22. *RRU im Bundesgebiet einschließlich Berlin (West) im Jahre 1964*

	Schleswig-Holstein	Hamburg	Niedersachsen	Bremen	Nordrhein-Westfalen Rheinischer Tbk.-Ausschuß	Westfälischer Tbk-Ausschuß	Hessen	Rheinland Pfalz	Baden-Württemberg	Bayern	Saarland	Berlin*)	***) Bundesgebiet mit Nd.-Sachsen	Bundesgebiet ohne Nd.-Sachsen
RRU-Gesetz seit:	1947	–	1948	–	–	–	–	–	1953	1953	–	–	–	–
Zahl d. ausgewerteten Aufnahmen	–	137 015	1 235 126	119 165	465 599	614 629	515 527	152 543	1 109 403	1 007 404	85 652	322 981	5 645 879	4 410 753
Aufnahmen p.H. Bevölkerung über 15 Jahre	–	8,9	23,5	20,3	–	–	–	5,7	17,6	13,1	11,6	17,0	–	–
Zahl d. Nachuntersuchungen	–	4846	–	3638	10829	10688	11606	3857	31434	27064	670	10405	–	104349
in % der Aufnahmen	–	3,5	–	3,1	2,3	1,7	2,3	2,5	2,8	2,7	0,8	3,0	–	2,4
Befunde: ansteckende Lg.-Tbk (I ab)	–	17	–	16	108	92	92	45	344	593	18	132	–	1457
davon unbekannt	–	15	–	11	81	82	76	33	284	506	18	112	–	1218
auf 10 000 Aufn.	–	1,1	–	0,9	1,7	1,3	1,5	2,2	2,6	5,0	2,0	3,5	–	2,8
geschl. Lungen-Tbk. (Ic)	–	117	–	110	499	113	455	115	1108	1398	110	604	–	4629
davon unbekannt	–	107	–	90	366	96	360	87	881	1206	94	441	–	3728
auf 10 000 Aufn.	–	7,8	–	7,5	7,9	1,6	7,0	5,7	7,9	12,0	11,0	13,7	–	8,5
aktive Lungen-Tbk. (Ia–c)	–	134	1377	126	607	205	547	160	1452	1991	128	736	7463	–
davon unbekannt	–	122	1055	101	447	178	436	120	1165	1712	112	553	6001	–
auf 10 000 Aufn.	–	8,9	8,5	8,5	9,6	2,9	8,5	7,9	10,5	17,0	13,1	17,1	10,6	–
inaktive Lg.-Tbk	–	1261	2411	456	2296	1343	2620	755	8216	11249	220	3237	34064	–
auf 10 000 Aufn.	–	92,0	19,5	38,3	49,3	21,9	50,8	49,5	74,1	111,7	25,7	100,2	60,3	–
Heilstättenbed. Lungen-Tbk.	–	81	587	314	346	146	360	118	785	866**)	42	–	3345	–
auf 10 000 Aufn.	–	5,9	4,8	1,2	7,4	2,4	7,0	7,7	7,1	8,6	4,9	–	5,9	–
Geschwulstverdächtige	–	1	295	180	91	82	–	13	384	417	10	59	1532	–
verdächtige Herzbefunde	–	–	2027	–	186	213	–	251	834	2136	–	–	5647	–

*) Bei den RRU in Berlin handelt es sich um 3 verschiedene Bevölkerungsgruppen, die in dieser Übersicht zusammengefaßt werden:
I. Gruppe: unausgewählte Bevölkerungsteile; II. Gr.: Personen mit wiederholter obligatorischer RRU; III. Gr.: RRU aus unterschiedl. Veranlassung, auch Kontrollen
**) gestellte Anträge auf Heilverfahren
***) ohne Schleswig-Holstein

Tabelle 23. *Tuberkulose in Bayern 1964* (Bayr. Statistisches Landesamt)

Jahr	Ver-wert-bare Auf-nahmen	Befunde auf bisher unbekannte Tuberkulose der Atmungsorgane							
		insgesamt		davon					
				Ia- und Ib-Fälle		Ic-Fälle		IIa-Fälle	
		Zahl	auf 100 000 Unter-suchg.	Zahl	auf 100 000 Unter-suchg.	Zahl	auf 100 000 Unter-suchg.	Zahl	auf 100 000 Unter-suchg.
Erster Durchgang[1] (Röntgenkataster)									
2. Halbj. 1954	184 320	2 035	1 104	122	66	349	189	1 564	849
1955	767 242	9 077	1 183	699	91	1 901	248	6 477	844
1956	960 455	11 018	1 147	920	96	2 094	218	8 004	833
1957	979 660	10 401	1 062	754	77	1 710	175	7 937	810
1958	1 125 638	12 708	1 129	874	78	2 039	181	9 795	870
1959	871 034	11 763	1 351	809	93	1 776	204	9 178	1 054
1960	445 398	4 879	1 085	272	61	669	150	3 938	884
1961	271 004	2 774	1 024	166	61	398	147	2 210	816
1962	166 632	1 235	741	129	77	179	107	927	557
1963	73 651	527	716	29	39	61	83	437	594
1964	89 078	706	792	36	40	113	127	557	625
Zusammen	5 834 113	67 123	1 131	4 810	81	11 289	190	51 024	860
Zweiter Durchgang (Röntgenkataster)									
1959	234 801	2 011	856	136	58	449	191	1 426	607
1960	638 131	6 289	986	358	56	1 024	161	4 907	769
1961	773 186	7 054	912	372	48	1 116	144	5 566	720
1962	712 966	4 994	701	265	37	803	113	3 926	551
1963	659 250	5 595	849	314	48	780	118	4 501	683
1964	693 693	6 176	890	400	58	896	129	4 880	703
Zusammen	3 712 027	32 119	865	1 845	50	5 068	136	25 206	679
Dritter Durchgang (Röntgenkataster)									
1962	27 865	138	495	13	47	28	100	97	348
1963	78 043	436	559	29	37	96	123	311	399
1964	118 313	674	570	44	37	149	126	481	407
Zusammen	224 221	1 248	557	86	38	273	122	889	397
Gezielte Röntgenreihenuntersuchungen[2]									
1959	83 232	519	624	13	16	68	82	438	526
1960	48 787	335	687	15	31	61	125	259	531
1961	57 181	509	890	13	23	43	75	453	792
1962	86 251	846	981	19	22	94	109	733	850
1963	131 539	994	756	24	18	88	67	882	671
1964	106 320	928	873	26	25	48	45	854	803
Zusammen	513 310	4 131	805	110	22	402	78	3 619	705
Erster, zweiter, dritter Durchgang (Röntgenkataster) und gezielte Röntgenreihenuntersuchungen									
Insgesamt	10 383 671	104 621	1 008	6 851	66	17 032	164	80 738	778

[1] Bis 1958 einschließlich gezielter Röntgenreihenuntersuchungen.
[2] Untersuchungen bei Angehörigen ganzer Betriebe oder Behörden, Lehrpersonen, in Lebensmittelbe-trieben Beschäftigten u. a.

Tabelle 24. *Vergleichszahlen des ersten, zweiten und dritten Durchgangs der Röntgenreihenuntersuchungen in Nordwürttemberg*

Regierungsbezirk Nordwürttemberg	1. Durchgang[1] Sept. 1948 – April 1955		2. Durchgang[1] Okt. 1954 – Dez. 1961		3. Durchgang[2] Nov. 1959 – Mai 1965	
	absolut	relativ	absolut	relativ	absolut	relativ
1. Einwohnerzahl (20 Kreise)	2 445 072	–	2 808 767	–	–	–
2. davon röntgenpflichtig	2 230 120	91,2 % v. (1)	2 476 111	88,1 % v. (1)	–	–
3. Schirmbildaufn.	2 019 290	90,5 % v. (2)	2 210 700	89,3 % v. (2)	–	–
4. Verdachtsbefunde	80 064	3,96 % v. (3)	63 446	2,88 % v. (3)	–	–
5. Nachunters. Befunde (weitere Übw. erfordl.)	30 469	38 % v. (4)	24 726	39 % v. (4)	–	–
davon neuentdeckt:		‰ v. (3)		‰ v. (3)		
6. offene Lg. Tbk. Iab	910	4,5 ‰	770	3,4 ‰	237	3,2 ‰
7. aktiv-geschl. Lg.-Tbk. Ic	4 608	22 ‰	2 813	13 ‰	888	12 ‰
8. aktive Lg.-Tbk. Iab + Ic	5 518	26 ‰	3 583	16 ‰	1 125	–
9. inaktive überwachungsbed. Lg.-Tbk. IIa	15 647	77 ‰	10 511	48 ‰	3 837	53 ‰
10. Ges. Zahl d. neuentdeckten Lg.-Tbk. Iab + Ic + IIa	21 165	104 ‰	14 094	64 ‰	4 962	–
11. Heilverfahren	1 514	7,5 ‰	1 943	8,7 ‰	–	–
12. neuentdeckte Tumoren	547	2,7 ‰	652	2,9 ‰	–	–
13. neuentdeckte Sarkoidosen	–	–	91	1 ‰	–	–
14. neuentdeckte Silikosen	176	0,9 ‰	159	0,7 ‰	–	–

[1] B. Dietz – Deutsche Medizinische Wochenschrift – 88. Jahrgang, Nr. 8, Ergebnisse des zweiten Durchgangs der Röntgenreihenuntersuchung in Nordwürttemberg.

[2] K. Breu – Wiener Medizinische Wochenschrift – 116. Jahrgang, Nr. 11, Probleme der Erfassung der Tuberkulosekranken.

Tabelle 25. *Ergebnisse der Röntgenreihenuntersuchungen im 1. und 2. Durchgang in 83 kreisfreien Städten und Landkreisen Bayerns in den Jahren 1955 bis 1962*

| Regierungs-bezirk | Zahl der Kreise | Vor-geladene Personen | Verwertbare Aufnahmen | | Befreit n. Art. 2 Ziff. 2—4 des RRU-Gesetzes | | Nicht erschienene Personen | | Durch die Schirmbildaktion neuerfaßte bisher unbekannte[1] | | | | | | Veranlaßte Heil-verfahren und Kran-kenhausein-weisungen | |
| | | | | | | | | | offen-Tuberkulöse[1] (Ia- und Ib-Fälle) | | aktiv-geschlossen-Tuberkulöse[1] (Ic-Fälle) | | Über-wachungs-bedürftige (IIa-Fälle) | | | |
			Zahl	% der Vorge-lade-nen	Zahl	% der Vorge-lade-nen	Zahl	% der Vorge-lade-nen	Zahl	Auf 10 000 d. verw. Auf-nahmen	Zahl	Auf 10 000 d. verw. Auf-nahmen	Zahl	Auf 10 000 d. verw. Auf-nahmen	Zahl	Auf 10 000 d. verw. Auf-nahmen
							1. Durchgang									
Oberbayern	10	363 540	333 941	91,9	20 831	5,7	8 768	2,4	331	9,9	708	21,2	2 899	86,8	674	20,2
Oberpfalz	23	590 411	547 044	92,7	30 741	5,2	12 626	2,1	819	15,0	1 572	28,7	4 288	78,4	1 120	20,5
Oberfranken	12	374 752	342 357	91,3	21 223	5,7	11 172	3,0	406	11,9	864	25,2	3 582	104,6	802	23,4
Mittelfranken	19	522 384	463 806	88,8	48 395	9,3	10 183	1,9	329	7,1	1 082	23,3	4 096	88,3	705	15,2
Unterfranken	9	213 196	189 095	88,7	13 247	6,2	10 854	5,1	142	7,5	312	16,5	1 173	62,0	339	17,9
Schwaben	10	301 356	274 037	90,9	17 048	5,7	10 271	3,4	275	10,0	356	13,0	2 618	95,5	258	9,4
Bayern	83	2 365 689	2 150 280	90,9	151 485	6,4	63 874	2,7	2 302	10,7	4 894	22,8	18 656	86,8	3 898	18,1
							2. Durchgang									
Oberbayern	10	335 143	270 690	80,8	39 190	11,7	25 263	7,5	70	2,6	257	9,5	1 292	47,7	252	9,3
Oberpfalz	23	548 649	473 452	86,3	64 730	11,8	10 467	1,9	337	7,1	776	16,4	2 666	56,3	434	9,2
Oberfranken	12	337 606	297 391	88,1	28 548	8,5	11 667	3,4	210	7,1	600	20,2	1 325	44,6	592	19,9
Mittelfranken	19	479 196	397 859	83,0	59 034	12,3	22 303	4,7	134	3,4	544	13,7	2 384	59,9	294	7,4
Unterfranken	9	192 529	162 769	84,6	27 560	14,3	2 200	1,1	98	6,0	146	9,0	816	50,1	204	12,5
Schwaben	10	290 583	246 579	84,8	25 495	8,8	18 509	6,4	88	3,6	374	15,2	1 292	52,4	100	4,1
Bayern	83	2 183 706	1 848 740	84,7	244 557	11,2	90 409	4,1	937	5,1	2 697	14,6	9 775	52,9	1 876	10,1

[1] Einschließlich Verschlechterungen
Anm.: F. Mahr — Praxis der Pneumologie — 19. Jahrgang, Heft 3, Acht Jahre Röntgenreihenuntersuchung in Bayern

Tabelle 26. *Ergebnisse der Röntgenreihenuntersuchungen (RRU) einschließlich Verschlechterungen im ersten und zweiten Durchgang in 83 bayerischen Kreisen in den Jahren 1955 bis 1962 und bereits bekannter Bestand vor Beginn der Röntgenreihenuntersuchungen (nach Mahr) — erster Durchgang: 2,5 Millionen Aufnahmen, 2,7 Prozent Ferngebliebene, untere Altersgrenze 10 Jahre: zweiter Durchgang: 1,85 Millionen Aufnahmen, 4,1 Prozent Ferngebliebene, untere Altersgrenze 14 Jahre*

erster Durchgang			zweiter Durchgang			Zunahme (+) bzw. Abnahme (−) vom ersten bis zum zweiten Durchgang	
1	2	3	4	5	6	7	8
bekannter Bestand 1954	bisher unbekannte RRU-Fälle	2 in Prozent von 1	bekannter Bestand 1959	bisher unbekannte RRU-Fälle	5 in Prozent von 4	der bekannten Lungen-Tbc (1 bis 4) in % von 1	der unbekannten Lungen-Tbc (2 bis 5) in % von 2
ansteckungsfähige Lungentuberkulose (Iab)							
6 376	2 302	36,1	5 126	937	18,3	−19,6	−59,3
aktiv geschlossene Lungentuberkulose (Ic)							
10 890	4 894	44,9	8 949	2 697	30,1	−17,8	−44,9
inaktive Lungentuberkulose (IIa)							
41 145	18 656	45,3	45 602	9 775	21,4	+10,8	−47,6

In der Tab. 27 sind diese Kriterien der Röntgenreihenuntersuchungs-Frequenz gegenübergestellt. Es zeigt sich, daß in den Ländern mit höherer Röntgenreihenuntersuchungs-Frequenz die Alterstuberkulose und damit die Lungentuberkulose überhaupt besser erfaßt ist, die Neuzugänge an Lungentuberkulose häufiger im noch geschlossenen Stadium bekannt werden und wegen der besseren Überwachung weniger Träger inaktiver Restherde unbemerkt reaktivieren.

Tabelle 27. *RRU-Frequenz und Tuberkulose-Erfassung 1962*

	Aufn. Zahl auf 100 über 15 Jahre alte Einwohner	Zahl d. Offentuberkulösen (Iab) über 65 Jahre auf 1 000 15 bis unter 65 Jahre alte Offentuberkulöse (Iab) im Bestand	Anteil d. Offentuberkulösen (Iab) an den Neuzugängen an aktiver Lungentuberkulose (Ia—c)	Zahl d. überwachten inaktiven Lungentuberkulose-Fälle (IIa) auf 10 000 Einwohner
Nieder-Sachsen	24,0	277,7	30,0	108
Schleswig-Holstein	15,5	230,2	33,6	94
Baden-Württemberg	15,3	222,3	25,9	154
Bayern	13,2	265,1	33,4	149
Hessen	11,2	241,3	34,8	87
Saarland	11,0	180,7	34,7	79
Nordrhein-Westfalen	8,2	151,3	37,3	85
Rheinland-Pfalz	5,2	189,6	36,7	87

Zusammenfassung
(Röntgenreihenuntersuchungen, Z)

Auch in den Jahren 1963 und 1964 sind etwa 13% der Neuzugänge an Lungentuberkulose (Ia–c) bei Röntgenreihenuntersuchungen bekannt geworden. Unter jahrelang durchgeführten und wiederholten Röntgenreihenuntersuchungen wird in den Ländern mit hoher Schirmbildfrequenz die Tuberkulose besser erfaßt.

Summary: Mass X-Ray

In 1963–4 approx. 13% new cases of pulmonary tuberculosis (Ia–c) were discovered by mass x-ray. The tuberculosis problem is best tackled in countries with high screening frequency by mass x-rays repeated for years.

Résumé: Examens radiographiques massifs

Durant les années 1963 et 1964 également, environ 13% des nouveaux cas de tuberculose pulmonaire (Ia–c) ont été découverts à l'occasion d'examens radiographiques massifs. Dans les états, où la fréquence d'examen est élevée, la tuberculose est mieux saisie grâce aux examens radiographiques massifs, répétés durant des années.

Resumen: Exploraciones radiológicas sistemáticas

También en los años 1963 y 1964, aproximadamente el 13% de los nuevos ingresos por tuberculosis pulmonar (Ia–c) llegaron a conocerse por medio de exploraciones radiológicas de rutina. Por estas exploraciones realizadas repetidamente año tras año, se llega a conocer mejor la tuberculosis en los países en los que las fotorradiografías se hacen más frecuentemente.

d) Tuberkulinkataster und BCG-Schutzimpfung

In den letzten Jahren ist im In- und im Ausland der Wert der Kenntnis des Durchseuchungsstandes der Bevölkerung mit Tuberkulose immer mehr hervorgehoben worden:
Es dient dieser Wert
1. als Maßstab für die Verbreitung der Krankheit in der Gesamtbevölkerung bestimmter Altersstufen und damit der Auffindung von Bakterienstreuern;
2. der Ermittlung eines Querschnittes, in welchen Lebensaltersstufen die Durchseuchung einsetzt;
3. der Feststellung des Stärkegrades der Reaktionen, weil man — die einst abgelehnte — Meinung vertritt, daß der Stärkegrad der Reaktion und die Krankheitsgefährdung des infizierten Organismus in einem gewissen Verhältnis stehen.

Schon im „Schulseuchenerlaß" vom 30. 4. 1942 war die während der Schulzeit dreimal vorzunehmende Tuberkulinprobe der ungefähr sechs-, zehn- und vierzehnjährigen Schulkinder vorgesehen. Die praktische Durchführung ist aber teils durch die Kriegs- und Nachkriegszeiten, teils durch die später in der Bundesverfassung festgelegte Zuständigkeit der Länderregierungen auf dem Gebiete des Gesundheitswesens lückenhaft und nach Ländern unterschiedlich durchgeführt worden. Dazu kommt, daß grundsätzlich bisher nur die Anwendung perkutaner Proben ohne besondere Genehmigung der Erziehungsberechtigten zugelassen war (Bundesseuchengesetz § 47), die Erfahrung hat aber gelehrt, daß die übliche Pflasterprobe mit der

„Hamburger forte"-Salbe bei Kindern in der Präpubertät nicht mehr dieselben guten Ergebnisse gezeitigt hat, wie bei den sechs- bis zehnjährigen Kindern.

Die perkutanen Proben mußten durch eine intrakutane Probe, wenigstens vom 15. Lebensjahr ab, ergänzt werden. Die Ergebnisse der Tuberkulinprüfungen waren also von Land zu Land, aber auch von Altersstufe zu Altersstufe, nicht mehr so sicher, wie man das noch zur Zeit der Abfassung des „Schulseuchenerlasses" mittels der Perkutanprobe erwartet hatte. Da schließlich in einigen Ländern die Tuberkulin-prüfungszahlen erst mit einer dort vorgesehenen BCG-Schutzimpfung ermittelt worden sind, sollen die Ergebnisse — im Gegensatz zu den früheren Jahrbüchern — in diesem Abschnitt gemeinsam behandelt werden.

Diese Lage hat dazu geführt, daß auch die Ergebnisse in der Berichterstattung an das Deutsche Zentralkomitee nur lückenhaft erfaßt werden konnten. Während in Baden-Württemberg, wo die Anstellung von Tuberkulinproben in dem Röntgen-reihengesetz vom 19. 10. 1953 gesetzlich vorgeschrieben war, die Mitteilung der Ergebnisse nach 1959 vorübergehend eingestellt worden ist, haben andere Länder — so Bayern — die Ergebnisse in dem Abschnitt über die Schulkinderfürsorge des Jahresgesundheitsberichtes veröffentlicht. Diese Lage war der Anlaß, daß die zuständigen Berichterstatter für Tuberkulose bei den Länderregierungen vom Zentral-komitee gebeten worden sind, künftig, d. h. vom Jahre 1966 ab, die Ergebnisse der in ihrem Lande angestellten Tuberkulinproben so mitzuteilen, daß von hier aus ein Gesamtüberblick über den Durchseuchungsstand gegeben werden kann. Abgesehen von den Schulkindern werden nur in Baden-Württemberg Kleinkinder, die regel-mäßig und für mehr als 3 Monate in Kinderbewahranstalten (Kindergärten, Kinder-horte, Kinderheime) gehalten werden, regelmäßig mit Tuberkulin geprüft. Da es sich dabei aber um eine Auslese handelt, kommt dem Ergebnis dieser Prüfungen mehr eine seuchenbekämpferische, d. h. unmittelbar praktische Bedeutung zu. Es wird ermittelt, ob ein Kleinkind aus einem „tuberkulösen Milieu" kommt, bzw. ob innerhalb der Kinderbewahranstalt eine noch unbekannte Infektionsquelle tätig ist.

In den Bundesländern Schleswig-Holstein, Hamburg, Niedersachsen, Bremen, Nordrhein-Westfalen, Hessen, Rheinland-Pfalz, Saarland und Berlin sind Tuberkulin-proben im Zusammenhang mit der BCG-Schutzimpfung durchgeführt und in Schleswig-Holstein, Hamburg, Niedersachsen, Nordrhein-Westfalen und Rheinland-Pfalz durch Anstellung von Mendel-Mantouxproben ergänzt worden. Die Ergeb-nisse sind in Tab. 28 verzeichnet, wobei für die einzelnen Länder auch gleichzeitig Angaben über die dort 1964 — in Klammern 1963 — durchgeführten BCG-Schutz-impfungen mitgeteilt werden.

Hinsichtlich des Effektes der Perkutanproben kann man die Zahlen von Schleswig-Holstein mit einer Steigerung von 7 auf 14,6 % von den Schulanfängern bis zu den Entlaßschülern als eine Art Regelfall ansehen, während die auffallend hohen Zahlen in Hamburg schon bei den Schulanfängern und in Hamburg und Niedersachsen bei den bis 14jährigen eine Folge der dort schon seit Jahren durchgeführten BCG-Schutzimpfungen sein dürfte. Die Zahlen von Nordrhein-Westfalen und Hessen entsprechen denen von Schleswig-Holstein, während für die niedrigen Zahlen von Rheinland-Pfalz und Saarland eine stichhaltige Begründung fehlt, zumal diese Zahlen, wenigstens im Saarland, auch nach Anstellung der intrakutanen Probe noch erheb-lich unter denen der anderen Länder geblieben sind. Bei der sicher unterschiedlichen Handhabung und der Möglichkeit, daß es sich teilweise um eine „Auslese" be-

Tabelle 28. *BCG-Schutzimpfungen*

Land	absolute Zahl der Getesteten	Positive Reaktion mit Hamburger forte			1964 durchgeführte BCG-Schutzimpfungen (1963)
		bis 6 Jhr. %	bis 14 Jhr. %	insgesamt %	
Schleswig-Holstein	7 980	7	14,6	10,0	15 836 (9 854)
Hamburg	4 866	35	27,7	30,5	29 078 (27 367)
Niedersachsen	31 336	4,2	22,3	30,5	72 780 (65 313)
Bremen	6 921	–	–	–	10 836 (4 229)
Nordrhein-Westfalen	116 951	0	14,3	14,3	266 111 (166 498)
Hessen	17 465	–	–	13,9	22 582 (7 888)
Rheinland-Pfalz	42 966	1,9	6,8	6,4	27 413 (28 526)
Saarland	17 196	1,0	6,4	7,4	13 907 (7 261)
Berlin	–	–	–	–	24 764 (22 207)
zusätzlich Mendel-Mantoux					
Schleswig-Holstein	512	13,3	1,3	12,7	
Hamburg	3 780	15,2	18,9	18,8	
Niedersachsen	6 973	15,5	18,9	18,6	
Nordrhein-Westfalen	84 279	4,5	14,3	15,6	
Rheinland-Pfalz	20 119	2,4	9,8	9,6	

stimmter Kindergruppen handelt, sollen keine Schlußfolgerungen gezogen werden.

Über die Auswirkung der in Hamburg systematisch in steigendem Maße seit 1954 durchgeführten BCG-Schutzimpfung konnte darauf hingewiesen werden, daß dort seit 1957 bei den 0- bis 15jährigen Kindern kein Todesfall an Tuberkulose trotz der verhältnismäßig hohen Dichte der in dieser Großstadt lebenden ansteckungsfähigen Tuberkulosekranken mehr vorgekommen ist. Im Jahre 1955 stand in Hamburg einer Tuberkulosesterblichkeit in dieser Altersstufe von 0,6 %, in Baden-Württemberg eine solche von 2,3 % und 1961 den 0 % in Hamburg noch eine von 0,6 % gegenüber. Daß dabei auch andere Faktoren eine Rolle gespielt haben können, soll nicht bestritten werden, aber die wenigen Zahlen beweisen, daß bei höherer Exposition in Hamburg nach Durchführung der Schutzimpfung keine Todesfälle mehr vorgekommen sind im Gegensatz zu dem fürsorgerisch sonst sehr gut versorgten Baden-Württemberg (KREUSER, Ärzteblatt f. Baden-Württemberg 1965 H. 3). Die Bedeutung der generellen Schutzimpfung der Neugeborenen kann in Hamburg, in einem epidemiologisch schwer übersehbaren Bereich auch heute noch als ausschlaggebend angesehen werden.

Mit dem Sinken des Durchseuchungsgrades, vor allem auch in ländlichen Gegenden als Folge der Tilgung der Rindertuberkulose, verliert die Schutzimpfung, im Hinblick auf den dadurch verursachten Aufwand, allerdings an Bedeutung. Dagegen dürfte ihr Wert — das müßte zahlenmäßig noch bewiesen werden — mit dem Eintritt ins Berufsleben und bei kasernierten Personenkreisen wieder höher einzuschätzen sein.

Genauere Aufzeichnungen über die Durchseuchung der Kinder liegen aus Bayern und Baden-Württemberg vor. Die bayerischen Zahlen sind in Tab. 29 wiedergegeben. Es sind dabei die Zahlen für den ganzen Freistaat denen im Regierungsbezirk Schwaben (Hauptstadt Augsburg) gegenübergestellt. Die Zahlen im ganzen Land Bayern können nicht als einheitlich bezeichnet werden, weil z. B. in das ländliche Oberbayern die Großstadt München (über 1 Million Einwohner) einbezogen ist, während der fast gänzlich ländliche Regierungsbezirk Schwaben durch die Stadt Augsburg (200 000 Einwohner) keine erheblichen Verschiebungen erfahren dürfte. Wir haben es also in Schwaben noch mit einer Bevölkerung zu tun, deren Durchseuchung in erheblichem Grade durch die erst seit 1. 1. 1962 getilgte Rindertuberkulose beeinflußt sein dürfte. Dementsprechend sind die Durchseuchungsziffern in Schwaben höher als in allen anderen bayerischen Regierungsbezirken. Erwartungsgemäß muß in Schwaben mit der Einschulung der ab 1961/62 geborenen Kinder eine Angleichung an die Zahlen in den übrigen bayerischen Regierungsbezirken erfolgen.

Tabelle 29. *Die Jugendgesundheitspflege im Schuljahr 1964/65 — Jugendärztlicher Dienst*

Gebiet	Untersuchte Schüler insgesamt	Tuberkulinproben	
		Zahl	dar. positiv in %
Volksschulen 1. Klassen			
Bayern	144 224	133 191	4,4
Schwaben	19 982	19 065	5,8
Volksschulen 4. Klassen			
Bayern	121 599	68 202	5,2
Schwaben	16 451	11 965	7,0
Volksschulen 8. Klassen			
Bayern	80 922	15 102	8,7
Schwaben	10 635	3 940	11,7
Volksschulen 1., 4. und 8. Klassen zusammen			
Bayern	346 745	216 495	4,9
Schwaben	47 068	34 970	6,9
Berufsschulen 2. Klassen			
Bayern	66 774	14	42,9

aus: Bericht über das Bayerische Gesundheitswesen für das Jahr 1964

Für Baden-Württemberg liegt in Tab. 30 ein sehr guter Überblick der Tuberkulinzahlen — perkutan mit Hamburger forte — von 1961 bis 1964 vor, aus dem eine langsame Senkung der Durchseuchungsrate bei den Kindern des ersten und des vierten Schuljahrganges zu ersehen ist. Auch in Baden-Württemberg dürfte die Tilgung der Rindertuberkulose eine gewisse Rolle spielen, indem der dort bisher am erheblichsten betroffene Regierungsbezirk Südwürttemberg mit der vorwiegend landwirtschaftlich beschäftigten Bevölkerung vom schwäbischen Jura bis zum Allgäu eine stärkere Senkung der Tuberkulinziffern aufweisen wird als die anderen mehr industriellen Bezirke. Südbaden, wo die Tilgung der Rindertuberkulose am frühesten und konsequentesten durchgeführt worden ist, hat schon bisher die niedrigsten Zahlen positiver Reaktionen aufgewiesen.

Tabelle 30. *Perkutane Tuberkulinproben 1961 bis 1964*
Jahresgesundheitsbericht, Blatt 3.52 Gesundheitspflege für Schüler

Baden-Württemberg
Volksschulen

Jahr	Zahl der schulärztlich untersuchten Kinder	Perkutane Tuberkulinprobe			
		Zahl	% v. Sp. 1	dar. positiv	% v. Sp. 2
	1	2	3	4	5
Schulanfänger					
1961	90 660	80 769	89,1	4 382	5,4
1962	96 256	78 136	81,2	3 637	4,7
1963	99 920	87 257	87,3	3 625	4,2
1964	121 290	103 511	85,3	3 879	3,7
1961 – 1964	408 126	349 673	85,7	15 523	4,4
Durchschnitt	102 032	87 418	85,7	3 881	4,4
4. Schuljahr					
1961	67 057	54 139	80,7	3 817	7,1
1962	63 242	53 943	85,3	2 827	5,2
1963	74 591	67 706	90,8	3 028	4,5
1964	88 510	79 371	89,7	3 435	4,3
1961 – 1964	293 400	255 159	87,0	13 107	5,1
Durchschnitt	73 350	63 790	87,0	3 277	5,1

Um genauere Angaben über den Durchseuchungsgrad der Kinder zu erhalten, sind in Südniedersachsen und in Nordhessen mit Unterstützung des DZK Versuche mit dem Hypospray-Jet-Injektor gemacht worden, für die die Regierung in Hannover die federführende Stelle gewesen ist. Es wurden die folgenden *vorläufigen* Ergebnisse mitgeteilt:

Es sind insgesamt 71 009 Kinder erfaßt worden, von denen 10 708 nicht teilgenommen haben, davon haben 33,3% den Test verweigert. Getestet wurde ausschließlich mit dem Hypospray-Apparat und 5 E GT.

Die Einholung der Einverständniserklärung der Erziehungsberechtigten machte keinerlei Schwierigkeiten. Die Eltern wurden durch ein Merkblatt, das je einen Aufsatz der Herren BUNNEMANN und MANEKE enthält, entsprechend aufgeklärt.

Von den erfaßten Schulkindern (6—16 Jahre) wurden 84,9% getestet. Von diesen sind 2,2% nicht zur Nachschau erschienen.

Ergebnis:	*86,7 % ohne BCG*	*11,1 % mit BCG*
		(zumeist als Neugeborene)
Mit Reaktion	5,0%	42,6%
ohne Reaktion	95,0%	57,4%

Der Aufwand für 80 000 Testungen pro Jahr beträgt:

Personalkosten	ca. DM 45 000,—
Materialkosten (pro Test DM 0,10)	ca. DM 10 000,—
Insgesamt:	ca. DM 55 000,—

Damit dürfte diese Testmethode preislich günstig liegen.

Aufgrund der Ergebnisse des Feldversuches hat Niedersachsen folgende Entscheidung getroffen:

Ab 1. März 1966 wird ein Tuberkulin-Team mit Landesbediensteten den Feldversuch fortführen, und zwar mit allen Möglichkeiten der Modifikation und der Kontrollgruppen. Dabei wird auf die Mitwirkung eines Arztes verzichtet, da die ständige Aufsicht dadurch gegeben ist, daß der Amtsarzt stichprobenweise das Team, bestehend aus einer Fürsorgerin und einer Hilfskraft, kontrolliert. Das Ziel ist, einmal einen Tuberkulinkataster aufzustellen, anhand dessen geprüft werden soll, ob die Neugeborenen-Impfung auf ein späteres Lebensalter verlegt werden kann. Bis dahin wird die Neugeborenen-Impfung beibehalten. Zum anderen wird angestrebt, bei der Erstuntersuchung die Starkreagenten und bei der jährlichen Wiederholung die Neuinfizierten zu entdecken und sie der Röntgenkontrolle und evtl. Präventivbehandlung zuzuführen.

Die wissenschaftliche Auswertung des Feldversuches soll in Form einer Inauguraldissertation bei der Medizinischen Fakultät in Göttingen eingereicht werden, so daß ein endgültiger Bericht erst im folgenden Jahrbuch gegeben werden kann.

Außerdem sind Teilversuche mit dem Tine-Test (ROSENTHAL) und einem Tubergentest (BEHRING) vorgenommen worden, sowie mit der von Professor Dr. SPIESS angegebenen verstärkten Tuberkulinsalbe-S, die sowohl von LUTTERBERG, Düsseldorf, als auch von HEIN, Tönsheide, günstig beurteilt worden sind. Bei dieser Probe, mit der z. Z. auch in Baden-Württemberg Vergleichsuntersuchungen angestellt werden, kann man der Vorschrift des Bundesseuchengesetzes gerecht werden, die bislang nur die Anwendung perkutaner Proben gestattet.

Es ist zu erwarten, daß für ein folgendes Jahrbuch über die Bedeutung der verschiedenen Verfahren abschließend berichtet und dementsprechend Weisungen seitens des DZK gegeben werden können.

Zusammenfassung
(Tuberkulinkataster und BCG-Schutzimpfung)

Da eine geschlossene Mitteilung über die Ergebnisse der Tuberkulinkataster ebenso wie über die Ergebnisse der BCG-Schutzimpfungen im Bundesgebiet nicht vorliegt, konnten nur Einzelergebnisse aus verschiedenen Bundesgebieten mitgeteilt werden. Es ist zu erwarten, daß von 1966 ab ein geschlossener Überblick über die Durchseuchung und die Impfprophylaxe im Bundesgebiet gegeben werden kann.

Summary: Tuberculin register and BCG inoculation

As no complete reports are available about the effects of the tuberculin register and the results of BCG inoculations from the whole of the Federal Republic, results from certain regions only are reported. It is hoped that from 1966 onwards a complete survey of the epidemiological position and the state of inoculation in the Federal Republic will be available.

Résumé: Tests à la tuberculine et vaccinations préventives au BCG

Puisqu'on ne dispose d'aucun renseignement complet au sujet des résultats des tests à la tuberculine ou des vaccinations préventives au BCG dans la République Fédérale Allemande, on ne peut communiquer que certaines données individuelles de diverses parties de la République. On peut prévoir qu'à partir de 1966, un aperçu complet pourra être donné concernant les examens épidémiologiques et la prophylaxie par vaccination dans la République Fédérale.

Resumen: Catastro de pruebas tuberculínicas y vacunación preventiva BCG

Puesto que en el territorio federal no se dispone de una publicación definitiva sobre los resultados del registro de pruebas tuberculínicas, ni tampoco de los resultados de las vacunaciones preventivas BCG, sólo pudieron ser publicados datos parciales procedentes de distintas provincias de la República federal. Se espera que, a partir de 1966, podrá darse una visión conjunta y concluyente sobre la infecciosidad y profilaxia vaccinal en el territorio federal.

2. Heilbehandlung

a) Stationäre und ambulante Behandlung

Ende 1964 sind in den Bundesländern die in Tab. 31 wiedergegebenen Zahlen der vorhandenen Tuberkuloseanstalten und -heime sowie die Zahl der planmäßigen Betten angegeben. Das Deutsche Zentralkomitee bemüht sich zur Zeit, ein neues Heilstättenverzeichnis aufzustellen, in das künftig nur noch eigentliche Tuberkulosekliniken aufgenommen werden sollen, ohne eine Aufstellung der in Krankenhäusern zur Verfügung stehenden Tuberkulosebetten. Die letzteren sind nur als Durchgangs- bzw. Beobachtungs-Stationen zu bewerten und geben damit keinen zuverlässigen Überblick über die Möglichkeit der Unterbringung Tuberkulosekranker.

Es steht fest, daß in der Bundesrepublik zur Zeit genügend Krankenbetten zur Verfügung stehen, um Tuberkulosekranke jeder Art und jeden Stadiums umgehend in stationärer Behandlung unterzubringen, so daß der Grundsatz des DZK, daß jeder Tuberkulosekranke zunächst stationär zu behandeln ist, praktisch durchgeführt werden kann.

Die große Anzahl der Anstalten in Baden-Württemberg erklärt sich dadurch, daß in mehreren Schwarzwaldorten eine Reihe ärztlich zuverlässig geleiteter kleinerer Tuberkuloseanstalten in Betrieb sind.

Auch in den Jahren 1964 bis 1966 konnten mit Rücksicht auf den Rückgang der Tuberkulose-Morbidität und das Bedürfnis, Anstalten für andere Zwecke zu gebrauchen, einzelne Tuberkulosekrankenhäuser geschlossen werden, z. B. die Heilstätten Montabaur und Falkenstein.

Nach den Angaben der Statistischen Landesämter, die ihrerseits ihre Aufstellungen aus den Berichten der Tuberkulosefürsorgestellen zusammenfassen, sind die in Tab. 32 wiedergegebenen Zahlen für Überweisung in stationäre Behandlung zu entnehmen. Leider fehlen Angaben aus Bayern. Die Zahl der Überweisungen, auf

Tabelle 31. *Planmäßige Tuberkulose-Betten 1964*
(nach Angaben der Statistischen Landesämter)

	Tuberkulose-Anstalten				Allgemeine Krankenanstalten			
	Zahl der Tuberkulose-anstalten und Heime		Zahl der planmäßigen Betten		Zahl der allgemeinen und sonstigen Krankenhäuser mit Tuberkulosebetten		Zahl der Tuberkulosebetten dieser Krankenhäuser	
	Er-wachsene	Kinder	Er-wachsene	Kinder	Er-wachsene	Kinder	Er-wachsene	Kinder
Schleswig-Holstein	10	2	1 922	423	17		545	36
Hamburg	–	–	–	–	3	–	159	–
Niedersachsen	30	3	4 544	406	31	6	1 416	106
Bremen	1	–	182	–	3	2	44	30
Nordrhein-Westfalen	37	5	4 879	732	127		2 919	353
Hessen	24	4	3 160	429	19		283	
Rheinland-Pfalz	11	1	1 398	200	30		549	133
Baden-Württemberg	65	9	7 891	1 196	33	4	872	79
Bayern	29	6	6 558	990	29	9	461	227
Saarland	2	1	242	121	4	1	151	40
Berlin (West)	5 { (davon 1 f. Kinder u. Erw.)		1 533	74	8 { (davon 1 f. Kinder u. Erw.)		493	105
Bundesgebiet	245		32 309 4 571 / 36 880		330		9 001	

100 000 Einwohner gerechnet, ist nach der Tab. 32 ganz erheblichen Schwankungen ausgesetzt. Sie beträgt im Saarland 69,2, in dem benachbarten Lande Rheinland-Pfalz dagegen 145,9. Auf den Bestand an Tuberkulosekranken berechnet, weisen Hessen und Rheinland-Pfalz den höchsten Prozentsatz stationär Behandelter auf, während Hamburg mit 8,2 % weit unter diesen Sätzen liegt. Hamburg hat damit, ähnlich wie Berlin mit 10,2 %, einen auffallend niedrigen Prozentsatz von Tuberkulosekranken, die sich in stationärer Behandlung befinden. Das ist um so auffallender, als in beiden Städten die Morbiditäts- und die Mortalitäts-Ziffern noch erheblich über dem Bundesdurchschnitt liegen und der Stadtstaat Bremen unter ähnlichen Voraussetzungen mit 24,7 % stationär Behandelter seines Krankenbestandes etwas über dem Bundesdurchschnitt mit 21,8 % liegt. Wenn der Prozentsatz stationärer Behandlungen an den gesamten Behandlungen berücksichtigt wird, so liegt Bremen sogar an der Spitze mit 91,4 %, während Hamburg mit 39,8, Niedersachsen mit 52,9 und Berlin mit 55,7 % am niedrigsten liegen.

Hinsichtlich der Überweisung in ambulante Behandlung können die Zahlen, die seitens der Fürsorgestellen angegeben werden, nicht als zuverlässig betrachtet werden, da zahlreiche Fürsorgestellen über diesen Punkt überhaupt keinen Bericht erstatten.

Die Aufzeichnung der Überweisungen in ambulante Behandlung sollte ursprünglich dem Ziele dienen, die Zusammenarbeit zwischen Fürsorge- und niedergelassenen Ärzten zu fördern. Gleichzeitig sollten die niedergelassenen Ärzte daran erinnert werden, daß es sich bei der Betreuung jedes Tuberkulosekranken immer um die Wahrnehmung auch öffentlicher Interessen handelt. Es wird das dadurch unterstrichen, daß im Bundesseuchengesetz eine Anzeigepflicht sogar für die „Verdachts-

Tabelle 3 2. *Zahl der in stationäre und ambulante Behandlung überwiesenen Personen*
im Jahre 1964
(nach Angaben der Statistischen Landesämter)

	Stationäre Behandlung			ambulante Behandlung	Behandlung gesamt	stationäre Behandlung in % der gesamten Behandlungen
	absolut	auf 100 000	in % des Bestandes			
	1	2	3	4	5	6
Schleswig-Holstein	2 155	89,6	18,2	1 036	3 191	67,5
Hamburg	1 437	77,4	8,2	2 175	3 612	39,8
Niedersachsen	6 587	96,1	23,1	5 855	12 442	52,9
Bremen	896	122,3	24,7	84	980	91,4
Nordrhein-Westfalen	19 189	116,5	24,5	10 927	30 116	63,7
Hessen	5 482	107,8	31,9	958	6 440	85,1
Rheinland-Pfalz	5 174	145,9	30,0	1 358	6 532	79,2
Baden-Württemberg	7 213	87,3	22,1	2 320	9 533	75,7
Bayern	keine Angaben			–	–	–
Saarland	773	69,2	15,3	454	1 227	63,0
Berlin (West)	2 343	106,5	10,2	1 862	4 205	55,7
Bundesrepublik einschl. Berlin (West)	51 249*)	105,4*)	21,8*)	27 029*)	78 278*)	65,5*)

*) ohne Bayern

fälle an aktiver Tuberkulose" vorgeschrieben ist. Die Zahlen in der Rubrik 4 besagen somit nichts über die tatsächlich von den niedergelassenen Ärzten durchgeführten ambulanten Behandlungen der Tuberkuloseerkrankungen jeder Form.

Zusammenfassung
(Stationäre und ambulante Behandlung)

Ende 1964 haben in der Bundesrepublik in 245 Tuberkuloseanstalten und -heimen 45 881 Betten zur Verfügung gestanden, was gegenüber Ende 1963 einem Rückgang von ca. 5 % entspricht.
Nach den Angaben der Statistischen Landesämter sind im Jahre 1964 51 249 stationäre Heilbehandlungen durchgeführt worden. Die Zahl der ambulant behandelten Kranken, die von den statistischen Ämtern berichtet wird, kann nicht als zuverlässig betrachtet werden.

Summary: In- and Out-patient Treatment

By the end of 1964 245 tuberculosis sanitoria and homes in the Federal Republic had 45,881 beds at their disposal, a decrease of approx. 5 % compared with the figures at the end of 1963.
The records of the State Statistical Offices show that during 1964 5 1,249 in-patient treatments were carried out. The number of out-patients as reported by the statistical offices is not reliable.

Résumé: Traitement ambulant et hospitalier

Fin 1964 45 881 lits étaient disponibles dans les instituts et cliniques pour tuberculeux de la République Fédérale, ce qui constitue en comparaison de la fin 1963 une diminution d'environ 5 %.

D'après les données des offices statistiques des états, 5 1 249 traitements hospitaliers ont été effectués en 1964. Il est impossible de se fier au nombre de traitements ambulants, cité par les offices statistiques.

Resumen: Tratamiento hospitalario y ambulante

A finales de 1964, en 245 instalaciones y casas para tuberculosos en la República federal, se disponían de 45.881 camas, lo que en contraposición con finales del año 1963 representa un descenso aproximado de un 5 %.

Según datos de los centros estadísticos provinciales, en 1964 se realizaron 5 1.249 tratamientos hospitalarios. Según informes de los centros de estadística, el número de enfermos tratados ambulantemente no se puede tomar como verídico.

b) Tätigkeit der Träger der gesetzlichen Rentenversicherung auf dem Gebiet der Heilbehandlung und der Rehabilitation[1])

Die volkswirtschaftlich erheblichste Belastung wird in der Tuberkulosebekämpfung durch die seit Jahrzehnten in Deutschland systematisch ausgebaute Heilbehandlungstätigkeit der sozialen Rentenversicherung verursacht, der rund 80% der Bevölkerung in irgend einer Form angehören. Ein Großteil der dafür vorgesehenen Einrichtungen befindet sich im Besitz der Versicherungsanstalten. Wenn auch im ganzen gesehen mit dem Rückgang der Erkrankungen an Tuberkulose einzelne Einrichtungen anderen Zwecken der Krankheitsfürsorge zugeführt werden konnten, so war doch die Mehrzahl der zur Verfügung stehenden Heilanstalten, die fast durchweg heute den Namen „Sanatorium" führen, mit Kranken gut belegt.

Das Deutsche Zentralkomitee beharrt entgegen gewissen ausländischen Bestrebungen nach wie vor auf dem Grundsatz, daß die *neu entdeckte aktive Tuberkulose* mit jedem Krankheitssitz im Körper *zunächst stationär behandelt* werden soll. Die Begründung dafür liegt in der Sicherung der Diagnose, der Festlegung des Heilplanes und der initialen Behandlung, die sowohl im Bereich der Chemotherapie die Methode der größten Wirksamkeit als auch im Bereich der Thoraxchirurgie die Frage der Vornahme von Eingriffen zu klären hat. Die möglichen Entgleisungen bei nur ambulanter Behandlung und damit die Gefahr von Rückfällen sollen durch den in Deutschland üblichen Weg vermieden werden. Die ambulante Frühbehandlung bedingt, wenn sie den gewünschten Erfolg haben soll, das Vorhandensein eines ausgedehnten Netzes der häuslichen Fürsorge, das häufige Hausbesuche, Behandlungskontrollen und regelmäßige Belieferung mit Medikamenten voraussetzt. Demgegenüber steht nur *ein* allerdings nicht ganz geringer Vorteil: Die in den Sanatorien einreißende Disziplinwidrigkeit, die die Arbeit von Ärzten und Pflegepersonal so erheblich erschwert, wird dezentralisiert und tritt nicht so sinnfällig in Erscheinung, wie das heute leider in den Krankenanstalten oft der Fall ist.

Tab. 33 gibt einen Überblick über die Ende 1963 abgeschlossenen stationären Heilbehandlungen mit einem Vergleich derselben Zahlen aus dem Jahre 1961. Wenn die Gesamtzahlen beim männlichen Geschlecht von 1961 auf 1963 sogar eine Zunahme verzeichnen, so betrifft diese Zunahme nur die Angehörigen der

---

[1]) In den Statistiken der Rentenversicherungsträger werden unter „sonstiger Tuberkulose" die Gruppen I d 2—6 zusammengefaßt, nicht nur, wie in den allgemeinen Statistiken, die Gruppe I d 6.

Tabelle 33. *Zahl der abgeschlossenen stationären Tbk-Behandlungen im Jahre 1963*

| | | Abgeschlossene stationäre Tbc-Behandlungen | | | | | |
| | ins-gesamt | Männer | Frauen | Kinder | Männer | Frauen | Kinder |
		Anzahl			Anteil — vH		
ArV 1963	63 452	39 913	16 562	6 977	63	26	11
ArV 1961	66 919	40 457	18 260	8 202	61	27	12
AnV 1963	19 143	9 323	8 678	1 142	49	45	6
AnV 1961	15 892	7 149	7 332	1 411	45	46	9
KnV 1963	2 125	1 406	421	298	66	20	14
KnV 1961	2 888	1 826	524	538	63	18	19
insgesamt 1963	84 720	50 642	25 661	8 417	60	30	10
insgesamt 1961	85 699	49 432	26 116	10 151	58	30	12

Angestelltenversicherung, während in der Arbeiter- und Knappschaftsversicherung bei Männern und Frauen deutliche Rückgänge zu verzeichnen sind.

Aus Tab. 34, die über das Entlassungsalter der Männer und Frauen

a) bei der Tuberkulose der Atmungsorgane und der nassen Rippenfellentzündung

b) der Knochen- und Gelenktuberkulose und

c) der sonstigen Tuberkulose

berichtet, ist zu ersehen, daß bei den *Erkrankungen der Atmungsorgane* bei den *Männern* ein Ansteigen der in stationärer Fürsorge zu betreuenden Kranken bis zum 60. Lebensjahr erfolgt, selbst bei den über 60 Jahre alten Männern sind noch in 21,5 % Heilverfahren abgeschlossen worden.

Bei den *Frauen* ist das Verhältnis umgekehrt. Hier sinken die Prozentzahlen von 35,1 für die Lebensjahre von 15 bis 29, über 29,6 vom 30. bis 44. Lebensjahr und 20,2 vom 45. bis 59. Lebensjahr auf 15,1 bei den über 60 Jahre alten.

Bei der *Knochen- und Gelenktuberkulose* liegt auch bei den Männern der Höchst-Prozentsatz in der ersten Altersstufe, er sinkt langsam von 29,6 auf 20,5 bei den über 60 Jahre alten, während sich bei den Frauen auch in der zweiten Altersstufe der 30- bis 45jährigen noch ein leichter Anstieg nachweisen läßt.

Die Erkrankungen an *sonstiger Tuberkulose*, unter denen die Uro-Genitaltuberkulose eine Hauptrolle spielt, weisen bei beiden Geschlechtern ein ähnliches prozentuales Verhältnis auf, wobei bei den Männern im Alter von 30—45 Jahren ein Prozentsatz von 37 erreicht wird, während bei den Frauen schon von 15—29 Jahren 32,8 in der ersten und 34,7 % in der zweiten Altersstufe erreicht werden. In den beiden höheren Altersstufen sind die Zahlen bei beiden Geschlechtern ohne weiteres vergleichbar. Die *absolute Gesamtzahl bei der sonstigen Tuberkulose liegt bei den Frauen höher, bei der Knochen- und Gelenktuberkulose und bei der Tuberkulose der Atmungsorgane aber niedriger.* Diese Verhältnisse sind in den *graphischen Darstellungen* 18 und 19 deutlich erkennbar.

In der Tab. 35 sind die vorausgegangenen Heilverfahren für die Jahre 1961 und 1963 in Vergleich gesetzt. Es zeigt sich dabei, daß erstmalige Heilverfahren sowie die ersten und zweiten Wiederholungskuren bei Männern innerhalb der Zufallsgrenzen etwa auf der selben Höhe liegen. Erstaunlich ist, daß 1963 über 700 Heilverfahren mehr erforderlich wurden als 1961. Dagegen haben die Zahlen von 3 und mehr vorausgegangenen Heilverfahren deutlich abgenommen.

Tabelle 34. *Entlassungsalter*

		Zahl der Heil- verfahren	15—19 J.	20—24 J.	25—29 J.	30—34 J.	35—39 J.	40—44 J.	45—49 J.	50—54 J.	55—59 J.	60 u. darüber
Atmungsorgane und Pleuritis	(Männer)	44 978	1 024	3 705	3 902	3 864	3 887	3 658	3 056	5 439	6 008	9 805
				20,5 %			25,4 %			32,3 %		21,8 %
	(Frauen)	19 208	1 492	2 888	2 380	1 818	1 965	1 859	1 210	1 478	1 192	2 946
				35,1 %			29,4 %			20,2 %		15,3 %
Knochen- und Gelenktuberkulose	(Männer)	1 297	95	132	156	136	96	99	66	123	127	267
				29,5 %			25,5 %			24,4 %		20,6 %
	(Frauen)	1 148	81	127	92	111	101	102	70	131	89	264
				26,1 %			27,4 %			25,3 %		21,3 %
sonstige Tuberkulose	(Männer)	4 367	326	447	470	563	610	450	278	398	356	469
				28,5 %			37,2 %			23,6 %		10,7 %
	(Frauen)	5 305	395	677	671	573	696	574	376	405	338	600
				32,9 %			34,7 %			21,1 %		11,3 %

Tabelle 35. *Vorausgegangene Krankenhausbehandlungen*

	Männer					Frauen				
	ins-ges.	keine	1	2	3 + mehr	ins-ges.	keine	1	2	3 + mehr
1. Tbk der Atmungs-organe										
Lunge	42 741	25 348	11 318	3 466	2 609	17 662	10 965	4 668	1 294	735
Pleuritis	2 237	1 387	754	65	31	1 546	967	529	40	10
Zus. 1963	44 978	26 735	12 072	3 531	2 640	19 208	11 932	5 197	1 334	745
1961	44 187	25 565	11 371	3 786	3 465	19 849	11 421	5 053	1 603	1 772
1963 = Männer : Frauen = 1000 : 427										
2. Knochen- und Gelenktuberkulose										
1963	1 297	609	455	135	98	1 148	531	402	145	70
1961	1 298	589	397	164	148	1 156	524	336	138	158
1963 = Männer : Frauen = 1000 : 885										
3. Sonstige Tuberkulose										
1963	4 367	2 091	1 484	461	331	5 305	2 639	1 948	428	290
1961	3 947	1 875	1 263	428	381	5 111	2 461	1 724	507	419
1963 = Männer : Frauen = 823 : 1 000										

Bei den Frauen ist dies schon beim 2. Wiederholungsheilverfahren und in ganz auffallendem Maße beim 3. und höheren Wiederholungsheilverfahren der Fall.

Im ganzen kamen 1963 auf 1000 Männer-Heilverfahren wegen Erkrankungen an Tuberkulose der Atmungsorgane einschließlich der nassen Rippenfellentzündung 427 Heilverfahren bei Frauen. Schon bei der Knochen- und Gelenktuberkulose beträgt dieses Verhältnis nur noch 1000 : 885, während bei der *sonstigen Tuberkulose* auf 1000 Frauen-Heilverfahren noch 823 Heilverfahren bei Männern kommen. Die Heilverfahrenswiederholungen sind sowohl bei der Pleuritis exsudativa wie auch bei der Knochen- und Gelenktuberkulose erheblich seltener als bei der Lungentuberkulose. Bei den sonstigen Heilverfahren sind sie ebenfalls niedriger, aber erheblich höher als bei der Knochen- und Gelenktuberkulose. Das bedeutet, daß es gelingt, die Knochen- und Gelenktuberkulose zuverlässiger zur Abheilung zu bringen als die übrigen

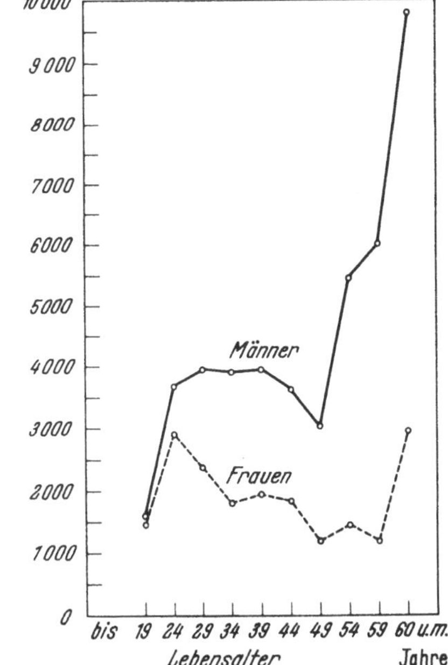

Abb. 18. Von 64 186 wegen *Lungentuberkulose und Pleuritis exsudativa* durchgeführten Heilverfahren haben die Patienten Ende 1963 bei ihrer Entlassung in den folgenden Altersstufen gestanden:

	15—29	30—44	45—59	über 60 Jahre
Männer:	20,5 %	25,4 %	32,3 %	21,8 %
Frauen:	35,1 %	29,4 %	20,2 %	15,3 %

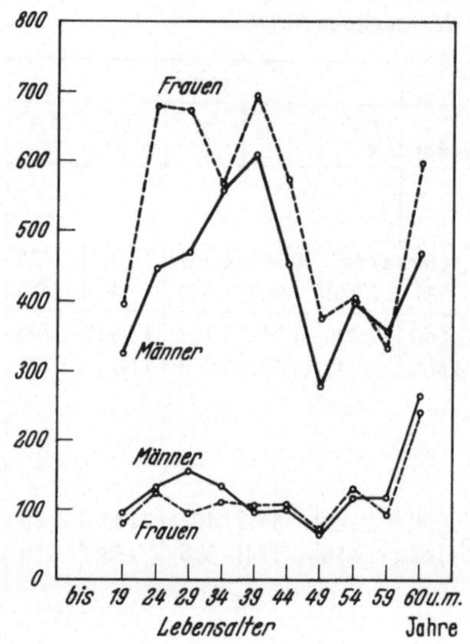

Abb. 19. *Extrapulmonale Tuberkulose:* Von 2 445 wegen *Knochen- und Gelenktuberkulose* durchgeführten Heilverfahren haben die Patienten Ende 1963 bei ihrer Entlassung in den folgenden Altersstufen gestanden: (untere Kurve)

	15—29	30—44	45—59	über 60 Jahre
Männer:	20,5 %	25,4 %	32,3 %	21,8 %
Frauen:	35,1 %	29,4 %	20,2 %	15,3 %

Von 9 682 wegen „*sonstiger Tuberkulose*" durchgeführten Heilverfahren haben die Patienten Ende 1963 bei der Entlassung in den folgenden Altersstufen gestanden: (obere Kurve)

	15—29	30—44	45—59	über 60
Männer:	28,5 %	37,2 %	23,6 %	10,7 %
Frauen:	32,9 %	34,7 %	21,1 %	11,3 %

Tuberkuloseformen mit Ausnahme der nassen Rippfellentzündung. Die letztere wiederum ist bei den Frauen gegenüber den Fällen bei den Männern keine seltene Erkrankung, es besteht ein Verhältnis von ungefähr 4 : 3.

Insgesamt besagen die Zahlen der Tabelle 35, daß die Zahl der *Streuungstuberkulose bei beiden Geschlechtern hinsichtlich des Sitzes der Erkrankung sich nicht wesentlich unterscheidet, wie das bei der Lungentuberkulose eindeutig der Fall ist.*

Die Tab. 36 befaßt sich mit der Entlassungsform der Kranken. In 7,7 % der Fälle von *Tuberkulose der Atmungsorgane (Lungen- und Rippfellerkrankungen)* war Dauerbehandlung erforderlich. Eine reguläre Beendigung des Heilverfahrens hat bei *Männern* in 62,2 % der Fälle stattgefunden, während die eigenmächtige, gegen ärztlichen Rat erfolgte und disziplinarische Entlassung 17,4 % betragen hat. 15,8 % der Kranken sind verlegt worden, wobei die Ursache verschiedene Gründe gehabt haben kann, z. B. Verlegung zwecks Operation, Verlegung aus erzieherischen Gründen, Verlegung wegen Schließung einer Heilstätte. 4,6 % von den insgesamt 44 978 Heilverfahren endeten mit dem Tod. Bei den *Frauen* betrug der Prozentsatz der Dauerbehandlungen 4,9 %. Von den 19 208 Patientinnen sind 71,5 % regulär, 9,5 % eigenmächtig, gegen ärztlichen Rat oder disziplinär entlassen worden, 16 % sind verlegt worden und 3 % verstorben. Zum Vergleich sind die Zahlen von 1961 beigefügt, die im Grundsatz dasselbe Ergebnis gehabt haben wie 1963.

Bei der *Knochen- und Gelenktuberkulose* waren bei den *Männern* nur 0,5 % Dauerbehandlungen. Von 1 297 Heilverfahren sind 1 009 (77,7 %) regulär beendet worden, während 55 (4,2 %) eigenmächtig gegen ärztlichen Rat oder disziplinär entlassen worden sind, 200 (15,3 %) wurden verlegt und 33 (2,5 %) sind gestorben. Die gleichen Zahlen für die *Frauen* lauten:

1 148 Heilverfahren mit 0,5 % Dauerbehandlung, 882 (76,6 %) reguläre Heilverfahrensabschlüsse, 39 (3,4 %) eigenmächtig gegen ärztlichen Rat und disziplinarisch, 202 (22,9 %) Verlegungen und 27 (2,3 %) Todesfälle.

Die *sonstige Tuberkulose* umfaßte bei den *Männern* 4 367 Heilverfahren mit 0,7 % Dauerbehandlungen, 3 162 (72,3 %) Heilverfahren wurden regulär abgeschlossen, 266 (6,1 %) eigenmächtig, gegen ärztlichen Rat oder disziplinär, 569 (13,0 %) wurden verlegt und 70 (1,6 %) sind gestorben. Bei den *Frauen* entsprechen bei 5 305

Tabelle 36. *Entlassungsform — Dauerbehandlungen*

	Männer								Frauen							
	ins-ges.	% Dauer.	regulär	eigen-mächtig	gegen ärztl. Rat	diszi-plina-risch	Ver-legung	Tod	ins-ges.	% Dauer.	regulär	eigen-mächtig	gegen ärztl. Rat	diszi-plina-risch	Ver-legung	Tod
1. Tuberkulose der Atmungsorgane und Pleuritis																
1963	44 978	6,8	27 221	2 771	2 182	3 389	7 225	2 190	19 208	4,5	13 116	1 019	906	294	3 136	737
1961	44 187	5,8	28 422	2 798	2 139	3 240	5 986	1 602	19 849	4,6	14 674	1 116	1 088	320	2 108	543
2. Knochen- und Gelenktuberkulose																
1963	1 297	0,5	1 009	22	15	18	200	33	1 148	0,5	882	9	27	1	202	27
1961	1 298	2,8	1 046	25	28	28	155	16	1 156	1,5	923	17	35	3	156	22
3. Sonstige Tuberkulose																
1963	4 367	0,7	3 462	71	102	93	569	70	5 305	0,1	4 360	74	115	20	684	52
1961	3 947	0,7	3 233	72	113	87	403	39	5 111	0,5	4 417	78	120	20	422	54

1963 = regulär	62,6 %		1963 = regulär	71,5 %	
eigenmächt. gegen ärzt. Rat disziplinär	17,1 %	100 %	eigenmächt. gegen ärztl. Rat disziplinär	9,6 %	100 %
Verlegung	15,8 %		Verlegung	15,7 %	
Tod	4,5 %		Tod	3,2 %	

Heilverfahren 0,1% Dauerbehandlungen, 4360 (82,1%) konnten regulär abgeschlossen werden, bei 209 (3,9%) erfolgte die Entlassung eigenmächtig, gegen ärztlichen Rat oder disziplinär, 684 (12,9%) Patienten sind verlegt worden, 52 (0,9%) gestorben.

Es zeigt sich aus dieser Aufstellung, daß die Kranken mit Lungentuberkulose ihr Heilverfahren weitaus am häufigsten gegen die ärztlichen Anordnungen abgebrochen haben und zwar besonders beim männlichen Geschlecht, was eindeutig für die Folgen des üblichen Alkoholmißbrauchs bei den Männern spricht. Es kann auf die instruktive Arbeit von G. LEHR hingewiesen werden (Beitr. Klin. Tbk. 131, Heft 2), in der das Krankengut der Oderberg-Klinik nach Alter, Familienstand, Heimatort und Verhaltensweise der Kranken eingehend beschrieben ist. Bei der Knochen- und Gelenktuberkulose, bei der die Patienten gezwungen sind, längere Zeit in bettlägeriger Behandlung zu bleiben, sind die ordnungswidrigen Entlassungen erheblich geringer, bei der sonstigen Tuberkulose wieder höher, wobei es zweifelhaft bleibt, welche Form der Tuberkulose dabei die entscheidende Rolle spielt, wahrscheinlich auch hier die Urogenitaltuberkulose.

Die Tab. 37 soll einen Einblick in die *Prognose tuberkulöser Erkrankungen* gewähren: Maßgeblich ist dabei der Bakterienbefund, der aber praktisch nur bei der Tuberkulose der Atmungsorgane eine Rolle spielen kann, da bei den Angaben über Pleuritis exsudativa, Tuberkulose der Knochen und Gelenke und bei der Tuberkulose an sonstigen Organen keine Angaben darüber vorliegen, ob bei diesen Erkrankungsformen der Bakterienbefund aus den Krankheitsherden, z.B. der Pleuraflüssigkeit, den Operationspräparaten, dem Urin, dem Menstrualblut etc. erhoben worden ist, oder ob es sich um eine gleichzeitig bestehende Lungentuberkulose handelt.

In seuchenhygienischer Beziehung können nur Heilverfahrensabschlüsse als „erfolgreich" bezeichnet werden, bei denen mit Abschluß des Heilverfahrens Bakterienfreiheit, und zwar sowohl in der Direktuntersuchung als auch im Kultur- und Tierversuch, erzielt worden ist. Das Tabellenschema weist — abgesehen von den Angaben über eine überhaupt nicht durchgeführte bakteriologische Untersuchung— 4 Stufen auf:

1. Negativer Befund bei Beginn — negativer Befund bei Abschluß des Hv's. (Ø—Ø)
2. Negativer Befund bei Beginn — positiver Befund bei Abschluß des Hv's. (Ø—+)
3. Positiver Befund bei Beginn — negativer Befund bei Abschluß des Hv's. (+—Ø)
4. Positiver Befund bei Beginn — positiver Befund bei Abschluß des Hv's. (+—+)

Die Nummern 1. und 3. können dabei als „erfolgreich beendet", die Nummern 2. und 4. dagegen als „erfolglos abgeschlossen" angesehen werden. Es stehen demnach bei den *Männern* 76,2% erfolgreichen Heilverfahren 20,4% erfolglose gegenüber, bei den *Frauen* 83,0% gegen 12,8%. Leider fehlen aber in 10 bis 11% bei den negativ gebliebenen Patienten die Kontrollen durch Kultur- und Tierversuch. Man kann trotzdem — ohne jede Beschönigung — sagen, daß die Heilverfahrenserfolge im Jahre 1963 nach dieser Statistik im ganzen recht günstig gewesen sind, zumal wenn man bedenkt, daß bei den „erfolglosen" mit Wahrscheinlichkeit gerade die Kranken zu suchen sind, die ihre Heilbehandlung gegen ärztlichen Rat oder gar disziplinär abgebrochen haben.

Von 18314 offentuberkulösen Männern sind 51,8% bakterienfrei aus dem Heilverfahren entlassen worden, von 11904 Frauen 67,9%. Dazu kommen 854 männ-

Tabelle 37.

	Männer								Frauen							
			∅ − ∅		∅ − +	+ − ∅		+ − +			∅ − ∅		∅ − +	+ − ∅		+ − +
	Heil-ver-fahren	keine Un-tersu-chung	direkt negativ geblieben	Kultur-Tiervers. negativ geblieben	positiv geworden	direkt negativ geworden	Kultur-Tiervers. negativ geworden	positiv geblieben	Heil-ver-fahren	keine Un-tersu-chung	direkt negativ geblieben	Kultur-Tiervers. negativ geblieben	positiv geworden	direkt negativ geworden	Kultur-Tiervers. negativ geworden	positiv geblieben
	1	2	3	4	5	6	7	8	1	2	3	4	5	6	7	8
1. Tuberkulose der Atmungsorgane																
1963	42 741	1 341	14 180	8 906	854	6 111 54,1 %	3 390	7 959 45,9 %	17 662	668	6 626	4 610	269	1 895 62,5 %	1 534	2 060 37,5 %
1961	41 919	1 838	14 740	7 353	911	6 559 55,5 %	2 645	7 873 44,5 %	18 280	771	8 094	3 253	239	2 442 62,9 %	1 282	2 199 37,1 %
2. Pleuritis exsudativa																
1963	2 237	219	1 174	662	18	53 65,9 %	55	56 34,5 %	1 546	123	868	459	16	30 82,5 %	36	14 17,5 %
1961	2 268	319	1 277	522	18	54 62,2 %	29	49 37,8 %	1 569	239	899	335	9	22 63,3 %	33	32 36,7 %
3. Knochen- und Gelenktuberkulose																
1963	1 297	609	383	187	17	24 60,6 %	26	51 39,4 %	1 148	552	371	126	11	25 55,7 %	24	39 44,3 %
1961	1 298	698	302	138	18	22 48,6 %	47	73 51,4 %	1 156	598	345	116	12	19 49,5 %	23	43 50,5 %
4. Sonstige Tuberkulose																
1963	4 367	1 568	995	1 041	77	155 57,0 %	240	291 43,0 %	5 305	2 122	1 549	1 034	76	148 65,5 %	195	181 34,5 %
1961	3 947	1 519	878	792	78	97 54,5 %	283	300 45,5 %	5 111	2 144	1 446	879	67	91 73,3 %	269	215 26,7 %

liche und 269 weibliche Patienten, die während des bei ihnen durchgeführten Heilverfahrens positiv geworden sind.

Bei dem Sitz der tuberkulösen Erkrankungen in der Pleura und im Skelettsystem können die Erfolge als noch günstiger angesehen werden. Bei dem Krankheitssitz in sonstigen Organen stehen bei den *Männern* 2411 negativen Befunden 368 Befunde gegenüber, in denen entweder während der Behandlung Tuberkulosebakterien gefunden oder aber gegenüber dem Einweisungsbefund nicht zum Verschwinden gebracht werden konnten; die entsprechenden Zahlen für die Heilverfahren bei den *Frauen* lauten 2926 gegen 257.

In Tab. 38 folgen Angaben über die Heilbehandlungsmethoden bei Lungentuberkulose, die bei den insgesamt 50403 Heilverfahren durch die Rentenversicherungsträger im Jahre 1963 durchgeführt worden sind. Wenn dabei bei den *Männern* 3,8 %, bei den Frauen 2,8 % als „ohne Behandlung" angegeben sind, so ist anzunehmen, daß es sich um Beobachtungsfälle gehandelt hat. 8,7 % der Männer und 10,1 % der Frauen sind rein konservativ ohne Chemotherapie behandelt worden. Es bleibt auch in diesen Fällen wenigstens teilweise zweifelhaft, ob es sich tatsächlich um Erkrankungen an aktiver Tuberkulose gehandelt hat. Der Großteil der Kranken ist — bei den Männern zu 85,5 %, bei den Frauen zu 79 % — chemotherapeutisch behandelt worden. Der früher hohe Anteil der Kollapstherapie ist ebenso wie der Anteil der großen chirurgischen Behandlung bei der Tuberkulose nicht mehr von so erheblicher Bedeutung, was letzten Endes als Auswirkung der erfolgreichen Behandlungsmöglichkeiten mit tuberkulostatischen Mitteln anzusehen ist. Zwischen den Zahlen bei den beiden Geschlechtern bestehen nur geringfügige Unterschiede: Bei der Kollapsbehandlung 2,3 % bei Männern gegen 2,7 % bei Frauen, bei der Resektionsbehandlung 3,1 % bei Männern gegenüber 3,8 % bei Frauen.

Tabelle 38. *Die Art der Behandlung der Tuberkulose der Atmungsorgane im Jahre 1963*

	Heil-behandlungen insges.	keine Behandlung	konservativ ohne	konservativ mit	intrapleuraler Pneu	extrapleuraler Pneu	Plastik/ Plombe	Resektion	Drainage	sonstige pulmonale Operation	sonstige Operation
			Tuberkulostatika								
Männer	42741	1655 =3,9%	3752 = 8,8%	34419 =80,5%	414	322 =2,3%	267	1329 =3,1%	169	257	157
Frauen	17662	502 =2,8%	1799 10,2%	13964 =79,1%	196	157 =2,7%	122	680 =3,9%	46	122	74

Die folgenden Tabellen befassen sich mit den *sozialen Auswirkungen* der Tuberkuloseerkrankungen bei der versicherten Bevölkerung. Der früher gültige Grundsatz, daß durch die Heilbehandlung eine Rentenersparnis eintreten soll, ist längst dem weiteren Ausblick nach der Rückwirkung der Tuberkulose auf die Gesamtbevölkerung und damit auch die Familienangehörigen der Versicherten gewichen. Es kam das seuchenbekämpferische zum wirtschaftlichen Denken. Der Erfolg läßt sich natürlich kaum in Zahlen fassen, aber da sich die Maßnahmen der Versicherungsträger in folgerichtiger Weise immer mehr in der Richtung der Seuchenbekämpfung fortentwickelt haben, dürfte auch diesen Maßnahmen ein nicht geringer Anteil an den bisher erzielten Erfolgen zuzuschreiben sein.

Tab. 39 gibt für die beiden Jahre 1961 und 1963 in Prozenten das Durchschnittsalter des Eintritts der *Berufsunfähigkeit* und der *Erwerbsunfähigkeit* bei Tuberkulosekranken mit verschiedenem Krankheitssitz an, und dazu als Vergleich dieselben
Zahlen für alle anderen Leiden als Grund der Berufs- bzw. Erwerbsunfähigkeit. Die
Zahlen der beiden Jahre zeigen sowohl hinsichtlich der Erkrankungsformen als
auch hinsichtlich der Beurteilung bei den Geschlechtern eine gewisse Einförmigkeit,
namentlich wenn man die aufgrund kleinster Zahlen errechneten Werte bei der Hirn-
hautentzündung außer acht läßt. Aus der Tabelle wird aber deutlich, daß Berufs-
und Erwerbsunfähigkeit bei der Tuberkulose durchweg — auch in der augenblicklichen Endemiephase — in erheblich jüngerem Lebensalter anerkannt werden muß
als bei allen anderen Krankheiten zusammen. Aus den *Tabellen 40* und *41* geht hervor, daß die absoluten Zahlen der *Berufsunfähigkeitsrenten* bei beiden Geschlechtern
nicht sehr hoch sind, daß sie bei den Männern mit zunehmendem Alter ansteigen,
während sie bei den Frauen ziemlich gleichmäßig über das gesamte erwerbsfähige
Alter verteilt liegen.

Tabelle 39. *Das Durchschnittsalter beim Rentenbeginn nach den Ursachen*

Zugangsjahr 1963   der Berufsunfähigkeit

	Männer		Frauen	
	1963	1961	1963	1961
Tuberkulose der Atmungsorgane	49,5	47,9	41,4	41,4
„ der Hirnhäute	–	32,0	39,3	45,5
„ der Knochen- u. Gelenke	41,2	50,0	43,8	41,7
„ sonstiger Organe	42,5	42,3	37,8	36,4
Alle Krankheiten insgesamt: einschl. Tuberkulose	58,4	58,2	55,9	55,8
.... der Erwerbsunfähigkeit				
Tuberkulose der Atmungsorgane	51,1	49,6	39,2	39,9
„ der Hirnhäute	49,5	46,7	40,3	40,6
„ der Knochen- u. Gelenke	45,7	49,3	41,3	41,7
„ sonstiger Organe	46,5	46,7	39,1	37,5
Alle Krankheiten insgesamt: einschl. Tuberkulose	57,7	57,1	53,8	53,3

Die *Erwerbsunfähigkeitszahlen* und damit der Anteil des Personenkreises an dem
„Dauerausscheiden aus dem Erwerbsleben" betragen zusammen 1494 bei einem
Verhältnis von 922 Männern zu 572 Frauen. Auch hier ist beim männlichen
Geschlecht ein fast fortlaufendes Ansteigen von der Altersstufe der 25jährigen bis
zu den 65jährigen kennzeichnend, während bei den Frauen in den Altersstufen 35
bis 45 Jahre schon eine Höchstzahl erreicht wird. Dieses Verhalten betrifft allerdings nur die Tuberkulose der Atmungsorgane, während Tuberkulosen mit ande-
rem Organsitz bei beiden Geschlechtern gleichmäßiger über die einzelnen Altersstufen verteilt sind: Die Zahlen entsprechen dem epidemiologischen Gesamtbild.

Zum ersten Mal kann anhand des Bandes 20 der Statistik der deutschen Rentenversicherungsträger auch über die *Berufsförderungsmaßnahmen* berichtet werden.

Tabelle 40. *Berufsunfähigkeitsursachen nach Altersgruppen*

Zugangsjahr 1963

Versicherungsrenten für Männer

	Zahl d. Renten insges.	bis 24 Jhr.	25 bis 29 J.	30 bis 34 J.	35 bis 39 J.	40 bis 44 J.	45 bis 49 J.	50 bis 54 J.	55 bis 59 J.	60 bis 64 J.	65 bis 69 J.	70 bis 74 J.	75 und älter
Tuberk. d. Atmungsorgane	204	5	7	14	19	24	19	22	45	48	1	–	–
(Prozentzahlen)		2,4	3,4	6,9	9,3	11,8	9,3	10,8	22,1	23,5	0,5		
„ d. Hirnhäute	–	–	–	–	–	–	–	–	–	–	–	–	–
(Prozentzahlen)													
„ d. Knochen u. Gelenke	6	1	1	–	1	1	–	–	2	–	–	–	–
(Prozentzahlen)		16,6	16,7		16,7	16,7			33,3	10,0			
„ sonstiger Organe	10	–	1	3	–	2	1	2	–	1	–	–	–
(Prozentzahlen)			10,0	30,0		20,0	10,0	20,0		10,0			
insgesamt	220	6	9	17	20	27	20	24	47	49	1	–	–
(Prozentzahlen)		2,7	4,1	7,7	9,1	12,3	9,1	10,9	21,4	22,3	0,5		

Versicherungsrenten für Frauen

	Zahl d. Renten insges.	bis 24 Jhr.	25 bis 29 J.	30 bis 34 J.	35 bis 39 J.	40 bis 44 J.	45 bis 49 J.	50 bis 54 J.	55 bis 59 J.	60 bis 64 J.	65 bis 69 J.	70 bis 74 J.	75 und älter
Tuberk. d. Atmungsorgane	148	6	22	17	24	24	17	9	17	12	–	–	–
(Prozentzahlen)		4,0	14,9	11,5	16,2	16,2	11,5	6,1	11,5	8,1			
„ d. Hirnhäute	3	–	–	1	1	–	1	–	–	–	–	–	–
(Prozentzahlen)				33,3	33,3		33,4						
„ d. Knochen u. Gelenke	8	1	1	–	2	–	–	1	1	2	–	–	–
(Prozentzahlen)		12,5	12,5		25,0			12,5	12,5	25,0			
„ sonstiger Organe	25	2	5	3	5	5	–	3	2	–	–	–	–
(Prozentzahlen)		8,0	20,0	12,0	20,0	20,0		12,0	8,0				
insgesamt	184	9	28	21	32	29	18	13	20	14	–	–	–
(Prozentzahlen)		4,9	15,2	11,4	17,4	15,8	9,8	7,1	10,9	7,6			

Tabelle 41. *Erwerbsunfähigkeitsursachen nach Altersgruppen*

Zugangsjahr 1963

Versicherungsrenten für Männer

	Zahl d. Renten insges.	bis 24 Jhr.	25 bis 29 J.	30 bis 34 J.	35 bis 39 J.	40 bis 44 J.	45 bis 49 J.	50 bis 54 J.	55 bis 59 J.	60 bis 64 J.	65 bis 69 J.	70 bis 74 J.	75 und älter
Tuberk. d. Atmungsorgane	835	12	25	34	73	84	76	139	177	191	20	4	–
(Prozentzahlen)		1,4	3,0	4,1	8,7	10,1	9,1	16,6	21,2	22,9	2,4	0,5	
,, d. Hirnhäute	2	–	–	–	–	1	–	–	1	–	–	–	–
(Prozentzahlen)						50,0			50,0				
,, d. Knochen u. Gelenke	24	–	1	2	6	2	6	2	–	5	–	–	–
(Prozentzahlen)			4,2	8,3	25,0	8,3	25,0	8,3		20,9			
,, sonstiger Organe	61	1	3	3	12	12	4	8	6	11	1	–	–
(Prozentzahlen)		1,6	4,9	4,9	19,7	19,7	6,6	13,1	9,9	18,0	1,6		
insgesamt	922	13	29	39	91	99	86	149	184	207	21	4	–
(Prozentzahlen)		1,4	3,1	4,2	9,9	10,7	9,3	16,2	20,0	22,5	2,3	0,4	–

Versicherungsrenten für Frauen

	Zahl d. Renten insges.	bis 24 Jhr.	25 bis 29 J.	30 bis 34 J.	35 bis 39 J.	40 bis 44 J.	45 bis 49 J.	50 bis 54 J.	55 bis 59 J.	60 bis 64 J.	65 bis 69 J.	70 bis 74 J.	75 und älter
Tuberk. d. Atmungsorgane	462	40	64	56	89	80	48	35	26	20	4	–	–
(Prozentzahlen)		8,7	13,8	12,1	19,3	17,3	10,4	7,6	5,6	4,3	0,9		
,, d. Hirnhäute	3	–	–	1	1	–	–	1	–	–	–	–	–
(Prozentzahlen)				33,3	33,3			33,4					
,, d. Knochen u. Gelenke	32	2	4	7	6	2	2	1	5	1	1	1	–
(Prozentzahlen)		6,3	12,5	21,9	18,7	6,3	6,3	3,1	15,6	3,1	3,1	3,1	
,, sonstiger Organe	75	4	11	8	24	9	7	1	9	2	–	–	–
(Prozentzahlen)		5,3	14,7	10,7	32,0	12,0	9,3	1,3	12,0	2,7			
insgesamt	572	46	79	72	120	91	57	38	40	23	5	1	–
(Prozentzahlen)		8,0	13,8	12,6	21,0	15,9	10,0	6,6	7,0	4,0	0,9	0,2	

Tabelle 42. *Dauer der zur Berufsförderung führenden Erkrankung an Tuberkulose sowie Ergebnis der Berufsförderung im Jahre 1963*

Männer

Be-rufs-ausbil-dungen ins-gesamt	Dauer des zur Berufsförderung führenden Leidens								Ergebnisse der Berufsförderung											
	unter einem Jahr	1 bis unter 3 Jahre	3 bis unter 5 Jahre	5 Jahre und länger	unter einem Jahr	1 bis unter 3 Jahre	3 bis unter 5 Jahre	5 Jahre und länger	Ab-schluß mit Erfolg	Abbruch aus lei-stungs-mäßigen Gründen	Abbruch aus gesund-heitl. Gründen	Abbruch aus wirt-schaftl. Gründen	Abbruch aus dis-ziplina-rischen Gründen	Abbruch aus son-stigen Gründen	Ab-schluß mit Erfolg	Abbruch aus lei-stungs-mäßigen Gründen	Abbruch aus gesund-heitl. Gründen	Abbruch aus wirt-schaftl. Gründen	Abbruch aus dis-ziplina-rischen Gründen	Abbruch aus son-stigen Gründen
	Anzahl				Anteil—vH				Anzahl						Anteil—vH					
Rentenversicherung der Arbeiter																				
1025	103	387	199	336	10	38	19	33	848	32	71	14	14	46	83	3	7	1	1	5
Rentenversicherung der Angestellten																				
87	2	26	33	26	2	30	38	30	78	1	2	1	–	5	90	1	2	1	–	6

Frauen

Be-rufs-ausbil-dungen ins-gesamt	Dauer des zur Berufsförderung führenden Leidens								Ergebnisse der Berufsförderung											
	unter einem Jahr	1 bis unter 3 Jahre	3 bis unter 5 Jahre	5 Jahre und länger	unter einem Jahr	1 bis unter 3 Jahre	3 bis unter 5 Jahre	5 Jahre und länger	Ab-schluß mit Erfolg	Abbruch aus lei-stungs-mäßigen Gründen	Abbruch aus gesund-heitl. Gründen	Abbruch aus wirt-schaftl. Gründen	Abbruch aus dis-ziplina-rischen Gründen	Abbruch aus son-stigen Gründen	Ab-schluß mit Erfolg	Abbruch aus lei-stungs-mäßigen Gründen	Abbruch aus gesund-heitl. Gründen	Abbruch aus wirt-schaftl. Gründen	Abbruch aus dis-ziplina-rischen Gründen	Abbruch aus son-stigen Gründen
	Anzahl				Anteil—vH				Anzahl						Anteil—vH					
Rentenversicherung der Arbeiter																				
104	13	40	22	29	13	38	21	28	94	1	4	–	2	3	90	1	4	–	2	3
Rentenversicherung der Angestellten																				
75	3	35	23	14	4	47	31	18	68	1	6	–	–	–	91	1	8	–	–	–

Tab. 42 zeigt, daß dieser in die Fürsorge für Tuberkulosekranke neu eingeführten Maßnahme eine erhebliche Bedeutung zukommt. Die Berufsförderung hat bei den Versicherten der Arbeiter in 83 % und bei den Angestellten in 90 % zum Erfolg geführt. Dabei sind die Förderungsmaßnahmen sowohl bei den Männern als auch bei den Frauen zu einem nicht unerheblichen Anteil bis über 5 Jahre ausgedehnt worden. Die Zahlen der Abbrüche der Berufsförderung aus verschiedenen Gründen spielen demgegenüber eine recht geringe Rolle. Das beweist, daß der ärztlich immer wieder betonte Wert noch erhaltener Leistungsfähigkeit Tuberkulosekranker bei entsprechendem Verständnis seitens der behandelnden Ärzte, aber auch der zu rehabilitierenden Kranken nicht unterschätzt werden darf. Es handelt sich nicht nur um Werte, die rein wirtschaftlich von Bedeutung sind, sondern auch für den einzelnen Kranken, selbst nach ernsten Erkrankungen, die Hoffnung auf soziale Wiederherstellung und das Vertrauen in die eigene Leistungsfähigkeit in hohem Maß zu erwecken geeignet sind.

Die Tab. 43 und 44 erläutern diese Verhältnisse in noch eingehenderem Maße, wobei zu betonen ist, daß die Vermittlung ohne Umsetzung in einen neuen Beruf bei beiden Geschlechtern in der Gruppe der Angehörigen der Arbeiterversicherung über die Hälfte der Rehabilitationsmaßnahmen beträgt, während bei den Versicherten der Angestelltenversicherung sowohl bei den Männern als auch bei den Frauen die Vermittlung in einen anderen Beruf die Hauptrolle spielt. In beiden Versicherungszweigen konnte erstaunlicherweise die Arbeit nach Abschluß eines Heilverfahrens bei 2/3 der Fälle schon innerhalb eines Monats wieder aufgenommen werden, was man als besonders günstigen Heilverfahrenserfolg ansehen darf.

Reinausgaben der sozialen Rentenversicherung für Maßnahmen zur Erhaltung, Besserung und Wiederherstellung der Erwerbsfähigkeit bei Erkrankungen an Tuberkulose

Der Bericht in Band 20 weist für die stationäre Behandlung in eigenen und fremden Heilstätten einen Betrag von 327,1 Millionen, für die stationäre Dauerbehandlung von 36,7 Millionen, für ambulante Heilbehandlung von 1,736 Millionen und für die Gewährung von „Übergangsgeld" 85,0 Millionen aus. Dazu kommen weitere rund 6 Millionen für stationäre und ambulante Berufsförderung mit einem Übergangsgeld für diesen Personenkreis von rund 3,5 Millionen, die Durchführung von nachgehenden Maßnahmen und schließlich die Durchführung von allgemeinen Maßnahmen nach den §§ 1305 und 1306 Reichsversicherungsordnung, §§ 84 und 85 des Angestelltenversicherungsgesetzes und § 97 Abs. 1 und 2 des Reichsknappschaftsversicherungsgesetzes hinzu.

Der Gesamtbetrag beläuft sich für die Reinausgaben abzüglich der Reineinnahmen auf 403,425 Millionen, ein Betrag, der 1961 noch 386,082 Millionen lautete.

Leider fehlen uns für ein Gesamturteil vergleichende Zahlen für andere Haushaltposten des Bundes oder der Länder. Von den Gesamtausgaben der Rentenversicherungsträger für Heilmaßnahmen mit 1 199,735 Millionen entfällt auf die Tuberkulose aber ein Anteil von 33,6 %. Allein diese Zahl, die man maßgeblich auch für die Aufwendungen bei Maßnahmen, die in die Zuständigkeit anderer Kostenträger der Tuberkulosebekämpfung fällt, beweist, welche hohe Belastung die Volkswirtschaft auch heute noch infolge der Verbreitung der Tuberkulose zu tragen hat.

Tabelle 43. *Art der Vermittlung sowie Dauer des zur Berufsförderung führenden Leidens bei Tuberkulose in der Rentenversicherung der Arbeiter im Jahre 1963*

Männer

Berufs-beratun-gen ins-gesamt	Berufsberatungen								Dauer des zur Berufsförderung führenden Leidens							
	ohne Umsetzung oder Vermittlg.	mit			ohne Umsetzung oder Vermittlg.	mit			unter 1 Jahr	1 bis unter 3 Jah.	3 bis unter 5 Jah.	5 Jahre und länger	unter 1 Jahr	1 bis unter 3 Jah.	3 bis unter 5 Jah.	5 Jahre und länger
		Umsetzung im bisher. Betrieb	Vermittlung im bisherigen Betrieb	Hilfe zur Gründg. selbst. Exist.		Umsetzung im bisher. Betrieb	Vermittlung im anderen Betrieb	Hilfe zur Gründg. selbst. Exist.								
	Anzahl				Anteil–vH				Anzahl				Anteil–vH			
1805	565	318	921	1	31	18	51	–	195	656	299	655	11	36	17	36

Rentenversicherung der Arbeiter

Frauen

Rentenversicherung der Arbeiter

Berufs-beratun-gen ins-gesamt	ohne Umsetzung oder Vermittlg.	Umsetzung im bisher. Betrieb	Vermittlung im bisherigen Betrieb	Hilfe zur Gründg. selbst. Exist.	ohne Umsetzung oder Vermittlg.	Umsetzung im bisher. Betrieb	Vermittlung im anderen Betrieb	Hilfe zur Gründg. selbst. Exist.	unter 1 Jahr	1 bis unter 3 Jah.	3 bis unter 5 Jah.	5 Jahre und länger	unter 1 Jahr	1 bis unter 3 Jah.	3 bis unter 5 Jah.	5 Jahre und länger
207	73	31	103	–	35	15	50	–	46	90	19	52	22	44	9	25

Tabelle 44. *Art der Vermittlung sowie Arbeitsaufnahme bei Tuberkulose*

Männer

Berufs-ausbil-dungen ins-gesamt	Berufsausbildungen								Arbeitsaufnahme							
	ohne Umset-zung oder Ver-mittlg.	mit			ohne Umset-zung oder Ver-mittlg.	mit			keine, Abbruch der Berufs-förderung	innerhalb eines Monats nach Abschl. der Maßn.	i. d. Zeit von mehr als 1 bis 6 Mon. n. Abschl. der Maßn.	i. d. Zeit von mehr als 6 Mon. keine aber als Arbeits-such. gemeld.	keine, Abbruch der Berufs-förderung	innerhalb eines Monats nach Abschl. der Maßn.	i. d. Zeit von mehr als 1 bis 6 Mon. n. Abschl. der Maßn.	i. d. Zeit von mehr als 6 Mon. keine aber als Arbeits-such. gemeld.
		Umset-zung im bisher. Betrieb	Vermitt-lung in anderen Betrieb	Hilfe zur Gründg. selbst. Exist.		Umset-zung im bisher. Betrieb	Vermitt-lung in anderen Betrieb	Hilfe zur Gründg. selbst. Exist.								
	Anzahl				Anteil—vH				Anzahl				Anteil—vH			
Rentenversicherung der Arbeiter																
1025	607	45	372	1	59	5	36	–	169	636	185	35	17	62	18	3
Rentenversicherung der Angestellten																
87	13	10	64	–	15	11	74	–	10	54	20	3	12	62	23	3
Frauen																
Rentenversicherung der Arbeiter																
104	58	1	45	–	56	1	43	–	8	72	17	7	8	69	16	7
Rentenversicherung der Angestellten																
75	11	1	63	–	15	1	84	–	7	43	20	5	9	57	27	7

Da die Versorgungskosten der Kranken aus der Sozialversicherung, die man entsprechend dem Anteil der sozialversicherten Bevölkerung mit 80 % errechnen darf, entstehen jahraus jahrein allein für die wirksame Bekämpfung der Tuberkulose im Gebiet der Bundesrepublik Aufwendungen in Höhe von über einer halben Milliarde DM, eine Zahl, die auch den größten Optimisten hinsichtlich einer „bevorstehenden Ausrottung" der Tuberkulose zu denken geben sollte.

Zusammenfassung
(Tätigkeit der Träger der gesetzlichen Rentenversicherung)

Die Leistungen der gesetzlichen Rentenversicherung auf dem Gebiete der Tuberkuloseheilfürsorge verdienen deshalb Vorrang, weil rund 80 % der Bevölkerung diesen sozialen Versicherungen angehören.

Der in Band 20 der „Statistik der deutschen Rentenversicherungsträger" gegebene zahlenmäßige Überblick über die Leistungen der Rentenversicherung ist im vorstehenden Abschnitt ausgewertet, wobei teilweise Vergleichszahlen zu den Ergebnissen von 1961 beigefügt sind.

Es geht daraus hervor, daß bei der Heilbehandlung versicherter Tuberkulosekranker in den letzten Jahren keine grundsätzliche Änderung eingetreten ist, und daß die Zahl der Heilverfahren in höheren Altersstufen (über 45 Jahre alte Personen) bei Männern über die Hälfte (54%) aller Heilverfahren wegen Lungentuberkulose, rund 45 % wegen Knochen- und Gelenktuberkulose und rund 34 % wegen sonstiger Tuberkulose betragen hat, während die entsprechenden Zahlen bei Frauen 35,5, 46,5 und 32,5 % lauten. Von 50642 abgeschlossenen Heilverfahren bei Männern sind 62,6 % regulär, 17,1 % disziplinär bzw. eigenmächtig, 15,8 % durch Verlegung und 4,5 % durch den Tod beendet worden. Die entsprechenden Zahlen bei den 25661 abgeschlossenen Heilverfahren für Frauen ergaben entsprechend folgende Prozentsätze: 71,5, 9,9, 15,7 und 3,2 %. Die Zahl der Kinderheilverfahren hat mit 8417 noch rund 10 % betragen. Über den Entseuchungserfolg wird berichtet, daß dieser bei den Männern in 54,1%, bei den Frauen in 62,5% erreicht worden ist, was sowohl der Lebensalterverteilung der Heilbehandlungsbedürftigen entspricht als auch der geringeren Zahl von disziplinärwidrig entlassenen Frauen. Operative Heilverfahren bei Lungentuberkulose wurden bei Männern in 7,7 %, bei Frauen in 6,7 % durchgeführt.

Hinsichtlich der sozialen Wirksamkeit der Heilmaßnahmen zeigt sich, namentlich bei der Erwerbsunfähigkeit, wiederum eine hohe Belastung bei den alternden Männern bei der Lungentuberkulose, während extrapulmonale Tuberkulosen nur in geringer Zahl zur Erwerbsunfähigkeit geführt haben. Bei den Frauen ist bei der Lungentuberkulose im Gegensatz zu den Männern die Belastung der mittleren Altersstufen auch jetzt noch bemerkenswert.

Neu sind in der Statistik der Rentenversicherungsträger tabellarische Berichte über Berufsförderungsmaßnahmen, aus denen das „Anlaufen" dieses Zweiges der Tuberkulosefürsorge durch die Rentenversicherungsträger zu ersehen ist.

Die Gesamtausgaben für die Tuberkulose-Behandlung bzw. -Fürsorge der Rentenversicherungsträger haben 1963 403,425 Millionen DM betragen.

Summary: Activities of Social Insurance Institutions

The benefits of the social insurance schemes in the field of tuberculosis welfare deserve first mentioning, because approximately 80 % of the population are members of these schemes.

The statistical survey of the benefits of social insurance (volume 20 of the Statistics of German Social Insurance Institutions) has been evaluated above. Comparative figures have been added to those for 1961.

The conclusions have been reached that there has been no fundamental change during the last few years in the treatment of insured tuberculosis patients, and that the number of treatments for men of older age groups (over 45 years old) amounted to over half (54%) of all treatments for pulmonary tuberculosis. It amounted to 45 % of treatments of bone and joint tuberculosis, and to 35 %, of treatments of other forms of tuberculosis, the corresponding figures for women being 35.5, 46.5 and 32.5%. Of 50,642 completed treatments of men 62.6 % were completed, 17.1 % were discharged for disciplinary reasons or took their own discharge, 15.8 % were transferred and 4.5 % died. 25,661 completed treatments of women were subdivided correspondingly as follows: 71.5, 9.9, 15.7, and 3.2%. 8,417 children, i. e. 10%, were treated. 54.1% men and 62.5 % women became non-infectious. These figures correspond with the age distribution of the patients in need of treatment and are also related to the lesser number of women who were discharged on disciplinary grounds. Operative treatment of pulmonary tuberculosis was carried out in 7.7 % men and 6.7 % women.

The end results so far as social effectiveness of treatment is concerned, i. e. the ability to return to work, clearly indicate that men with pulmonary tuberculosis of the older age groups remain a burden. Extrapulmonary tuberculosis caused much less unemployment. The number of women of middle age suffering from pulmonary tuberculosis, compared with that of men, is notable.

Statistical tables issued by the Insurance Institutions about Public Assistance measures taken by them are new and illustrate the increase in this branch of tuberculosis welfare by Insurance Institutions.

In 1963 the total expenditure for tuberculosis treatment and welfare by Insurance Offices amounted to 403,425 million DM.

Résumé: Activité des institutions d'assurance sociale

L'activité de l'assurance sociale légale dans le domaine de la lutte contre la tuberculose mérite la priorité, parce qu'environ 80 % de la population adhère à cette assurance sociale.

L'aperçu statistique donné dans le volume 20 de «Statistik der deutschen Rentenversicherungsträger» des activités de l'assurance sociale est discuté dans le chapitre précédent, et on y a ajouté partiellement des chiffres de 1961 à titre de comparaison.

On peut y lire que durant les dernières années aucun changement fondamental n'est intervenu dans la thérapie des tuberculeux assurés, et que le traitement dans le groupe d'âge supérieur (au dessus de 45 ans) était chez l'homme indiqué pour plus de la moitié (54%) en raison d'une tuberculose pulmonaire, pour environ 45% en raison d'une tuberculose osseuse ou articulaire et pour environ 34 % en raison d'autres formes de tuberculose, tandis que chez la femme les chiffres étaient respectivement 35,5, 46,5 et 32,5%. Parmi 50 462 traitements considérés, chez l'homme 62,6% ont été terminés de manière régulière, 17,1 % de manière disciplinaire ou arbitraire, 15,8 % par suite de déménagement et 4,5 % par suite de décès. Les chiffres correspondants chez la femme, parmi 25 661 traitements considérés, étaient respectivement 71,5, 9,9, 15,7 et 3,2%. Le nombre de traitements chez des enfants (8 417) constituait encore 10 % de la totalité. Au sujet de la désinfection on rapporte que celle-ci était obtenue chez 54,1 % des hommes et 62,5 % des femmes; cette différence est expliquée par la départition d'âge des personnes devant être traitées, ainsi que par le nombre moins élevé de femmes, éjectées de l'assurance pour raison disciplinaire. Des interventions chirurgicales pour tuberculose pulmonaire ont été effectuées chez 7,7 % des hommes et 6,7 % des femmes.

Concernant les effets sociaux des mesures thérapeutiques, on note, en regard de l'invalidité, un pourcentage plus élevé chez l'homme âgé en cas de tuberculose pulmonaire, tandis que la tuberculose extrapulmonaire ne conduit que peu fréquemment à l'invalidité. Chez la femme, au contraire de l'homme, la charge mise sur l'âge moyen en cas de tuberculose pulmonaire, est maintenant encore remarquable.

On trouve pour la première fois, dans les statistiques au sujet des institutions d'assurance sociale, des rapports tabellaires concernant des mesures favorisantes qui prouvent que les assurés sociaux se soucient du développement de cette partie de la lutte antituberculeuse.

Les dépenses totales des institutions d'assurance sociale pour la lutte contre la tuberculose et son traitement étaient en 1963 403,425 millions DM.

Resumen: Funciones de los Seguros Pensionales Regulares

Las concesiones del Seguro Pensional Regular en materia de previsión sanatorial por tuberculosis tienen especial importancia, porque alrededor del 80 % de la población pertenece a estos Seguros Sociales.

La visión numérica de concesiones del Seguro Pensional, expresada en el tomo 20 de la "Estadística de los Seguros Pensionales Alemanes", está valorada en el apartado anterior, donde se adjuntan en parte cifras comparativas a los resultados de 1961.

De ello se desprende que, en el tratamiento sanatorial de los enfermos tuberculosos asegurados, no se ha dado cambio importante en los últimos años, y que el número de curas sanatoriales en edades avanzadas (personas con más de 45 años) ha importado, en hombres, más de la mitad (54%) de todas las curas sanatoriales por tuberculosis pulmonar, alrededor del 45 % por tuberculosis ósea y articular, y aproximadamente 34 % por otras formas de tuberculosis, mientras que en mujeres, las cifras rezan 35,5, 46,5 y 32,5 % respectivamente. De las 50.642 curas sanatoriales concluídas, para hombres, 62,6 % se acabaron por alta regular, 17,1% por indisciplina o voluntariamente, 15,8% por traslado y 4,5 % por muerte. En las 25.661 curas acabadas por mujeres, las cifras correspondientes dieron respectivamente los siguientes porcentajes: 71,5, 9,9, 15,7 y 3,2%. El número de curas en la infancia comprendió 8.417, es decir, alrededor del 10 %. Respecto al éxito del saneamiento se informa que, en hombres se consiguió aquél en el 54,1%, en mujeres en el 62,5%, lo que se debe por una parte a la distribución según la edad de los que precisaron un tratamiento sanatorial, por otra parte al número menor de mujeres dadas de alta por faltas a la disciplina. Tratamientos quirúrgicos por tuberculosis pulmonar se realizaron 7,7 % en hombres y 6,7 % en mujeres.

Respecto a la utilidad social de las medidas sanatoriales, concretamente con relación a la incapacidad laboral, se muestra de nuevo un mayor contingente en hombres viejos con tuberculosis pulmonar, mientras que las tuberculosis extrapulmonares originan una incapacidad laboral sólo en un escaso número. En las mujeres, en contraposición con los hombres con respecto a la tuberculosis pulmonar, es considerable incluso ahora el recargo de las edades medias.

Recientemente han aparecido en la Estadística de los Seguros Pensionales tablas informadoras sobre las medidas fomentadoras de la profesión, en las que se puede ver el "impulso" de este sector de la previsión en la tuberculosis, llevado a cabo por los Seguros Pensionales.

Los gastos generales del tratamiento de la tuberculosis o las medidas previsoras de los Seguros Pensionales han ascendido en el año 1963 a 403,425 millones de marcos.

c) Tuberkulosefürsorge der Deutschen Bundesbahn

Die *Deutsche Bundesbahn* gibt für das Jahr 1964/65 wieder eine Zusammenstellung ihrer Leistungen auf dem Gebiete der Tuberkulosehilfe bekannt.

Da es sich bei der Bundesbahn um einen weitgehend geschlossenen Personenkreis handelt, können die Feststellungen im Rahmen dieses Unternehmens hinsichtlich des Anfalles an Tuberkulosekranken als besonders zutreffend betrachtet werden.

Der Bericht von 1964 enthält folgende Angaben:

„Die Neigung zu Rückfällen, die sich nicht ausschließen lassen, und die Schwierigkeit des Erkennens einer Tuberkulose (wegen des Fehlens wahrnehmbarer typischer
Zeichen oder Leiden des Befallenen) verzögern die Ausrottung der Volksseuche.
Der sicherste Weg, eine Tuberkulose auch frühzeitig zu erkennen, stellt die Röntgenuntersuchung dar. Ihr sollte sich jedermann in nicht zu großen Abständen
(2 Jahre) unterziehen. Bleibt eine Tuberkulose eine gewisse Zeit unerkannt, so
besteht für Personen in der Umgebung des Kranken stets erhebliche Ansteckungsgefahr. Kranke sollten sich zu ihrem Wohle und zum Schutze der Allgemeinheit
unverzüglich in die Behandlung begeben, die der Arzt für notwendig hält."

Im Bericht für 1965 wird aufgeführt:

Von der Heil- und Kurfürsorge bewilligte stationäre Heilmaßnahmen (in Klammern zum Vergleich die Zahlen des Vorjahres):

	Männer	Frauen	Kinder	Zusammen
1964	1642	471	345	2458
1965	1609	460	251	2320
d. s. mehr	−2,0	−2,3	−27,2	−5,6
od. weniger	(−6,9)	(−7,5)	(+5,2)	(−14,7)
v. H.				

Neue Tbc-Fälle:

	Männer	Frauen	Kinder	Zusammen
I a ansteckende Lungen- tuberkulose mit posi- tivem Bazillenbefund	142 (177)	44 (59)	5 (16)	191 (252)
I b ansteckende Lungen- tuberkulose ohne posi- tiven Bazillenbefund	59 (80)	16 (26)	− (6)	75 (112)
I c aktive nicht ansteckende (geschlossene) Tuber- kulose innerhalb des Brustkorbes	312 (477)	108 (162)	152 (202)	572 (841)
I d extrapulmonale aktive Tuberkulose	85 (106)	88 (83)	15 (37)	188 (226)
	598 (840)	256 (330)	172 (261)	1026 (1431)
gegenüber Vorjahr mehr v. H.	−28,8	−22,4	−34,1	−28,3
im Vorjahr weniger v.H.	(+14,6)	(+14,2)	(+19,2)	(+15,3)

In Überwachung standen am Ende
des Berichtsjahres   18137 Fälle
des Vorjahres   20867 Fälle, d. s. 13,1 v. H. weniger

Infolge Gesundung schieden im Laufe des Berichtsjahres aus der Überwachung

2 400 (2 164) Männer,
724 (405) Frauen,
495 (495) Kinder.

An Tuberkulose sind gestorben:

	während stationärer Behandlung	zu Hause	zusammen
Männer	45 (73)	37 (97)	82 (170)
Frauen	18 (24)	18 (27)	36 (51)
Kinder	— (—)	— (1)	— (1)

insgesamt 118 (222)

d. s. —46,8 (+4,7) v. H.

Es lagen 2 622 (3 031) Anträge auf stationäre Behandlung wegen Tuberkulose zur Entscheidung vor, von denen 2 320 (2 742) bewilligt wurden. 201 (216) wurden abgelehnt, weil keine stationäre Heilmaßnahme erforderlich, ein anderer Kostenträger zuständig war oder der Antrag sich anderweitig erledigt hatte.

Das Bettenangebot war so, daß im Berichtsjahr keine längeren Wartezeiten bei Einweisung von Kranken entstanden.

In stationärer Behandlung wegen Tuberkulose befanden sich

zu Beginn des Berichtsjahres 829 Kranke
am Ende des Berichtsjahres 666 Kranke

Die Dauerbehandlungen beliefen sich am 31. 12. 1965 auf

303 (582) Fälle in häuslicher Pflege und
33 (44) Fälle in Krankenhäusern, Heilstätten oder Tbc-Heimen.

Zur Bekämpfung der Tuberkulose (ohne Maßnahmen der Berufsförderung und der ambulanten Behandlung) haben aufgewendet:

Deutsche Bundesbahn (einschließlich der Mittel für Tuberkulosefürsorge des Bundesbahn-Sozialwerks)	6 635 000,00	(9 321 000,00) DM
Bundesbahn-Versicherungsanstalt	6 034 000,00	(6 081 000,00) DM
Bundesbahnversicherungsanstalt für Angestellte	213 000,00	(97 000,00) DM
zusammen	12 882 000,00	(15 499 000,00) DM

(Außerdem hat die BVA für Berufsförderung und ambulante Behandlung von Tuberkulosekranken, sowie an sonstigen Kosten noch DM 56 000,– (192 000,–) aufgewendet.)

Von den Aufwendungen entfallen auf:

Stationäre Behandlung	9 512 000,00	(10 030 000,00) DM
Übergangsgeld, Schongeld, Taschengeld	1 110 000,00	(1 163 000,00) DM
BSW Vor- und Nachfürsorge	942 000,00	(1 045 000,00) DM
Hilfe zum Lebensunterhalt	877 000,00	(1 736 000,00) DM
Vorbeugende Maßnahmen (Kindererholungskuren)	324 000,00	(346 000,00) DM
Verwaltungs- und Personalkosten der Fürsorge	117 000,00	(1 179 000,00) DM
zusammen	12 882 000,00	(15 499 000,00) DM

Tabelle 45. *Die Tabelle bezieht sich auf beide Geschlechter, wobei aber darauf aufmerksam gemacht werden muß, daß bei der Bundesbahn sowohl bei den Beamten als auch den in der BVA und BFA Angestellten Versicherten das männliche Geschlecht bei weitem überwiegt.*

Abgeschlossene stationäre Tuberkuloseheilbehandlungen getrennt nach Krankheits- und Altersgruppen

Krankheitsgruppe	Altersgruppen									Zus.
	0—4	5—9	10—14	15—19	20—29	30—39	40—49	50—59	60 u. älter	
Tbc der Atmungsorgane .	13	19	21	52	123	170	282	479	551	1710 (1904)
Pleuritis exsudativa . .	3	2	11	10	22	13	25	31	21	138 (108)
Knochen-, Gelenk-Tbc .	—	—	8	3	7	10	13	18	13	72 (65)
Hirnhaut-, ZNS-Tbc . .	2	4	1	2	1	—	1	1	—	12 (19)
Haut-, Lymphknoten-Tbc .	1	4	3	2	8	9	7	13	20	67 (74)
Augen-Tbc	—	1	—	1	1	12	11	4	7	37 (69)
Uro-Tbc	—	—	—	—	6	29	34	38	19	126 (122)
Genital-Tbc	—	—	—	2	2	7	15	10	6	42 (33)
Sonstige, Primär-Tbc . .	15	47	22	6	4	6	10	5	7	122 (140)
Insgesamt	34 (48)	77 (90)	66 (79)	78 (76)	174 (176)	256 (261)	398 (413)	599 (700)	644 (691)	2326 (2543)
Keine Tuberkulose	4 (3)	17 (15)	11 (11)	6 (7)	14 (10)	10 (17)	19 (16)	26 (44)	28 (30)	135 (153)

Als Folge laufender Lohn- und Preissteigerungen sind 1965 gegenüber 1964 um 481 000,– DM höhere Ausgaben zu verzeichnen.

Die Gesamtausgaben haben sich im Jahre 1965 um rd. 17 v. H. vermindert. Gründe dafür sind das Ausscheiden der Rentner aus der Tuberkulosehilfe der DB und der Rückgang der Tuberkuloseerkrankungen. Außerdem trägt die DB von 1965 an die Personalkosten, soweit es sich um Bedienstete der DB handelt, unmittelbar.

Einen guten Überblick gewährt die von der Bundesbahn geführte Tabelle über die abgeschlossene Krankenhaus- und Heilstättenbehandlung wegen Tuberkulose, getrennt nach Krankheit und Altersgruppen (vergleiche hierzu den Bericht über die Tätigkeit der Rentenversicherungsträger Seite 107).

d) Tuberkulosehilfe der Deutschen Bundespost im Jahre 1964

Zu Beginn des Jahres 1964 wurden 3 719, am Ende 3 638 an Tuberkulose erkrankte Personen im Postdienst gezählt. Am Jahresende 1964 betrug der Personalbestand 430 041. Der Prozentsatz der Tuberkulosekranken, auf das aktive Postpersonal bezogen, hat demnach 0,85 betragen.

Für die Bekämpfung der Tuberkulose unter den Postbediensteten und ihren Angehörigen einschließlich der Versorgungsempfänger usw. nach dem Bundessozialhilfegesetz sind im Jahr 1964 aufgewendet worden:

a) zur Durchführung der Heilbehandlung und Heilstättenbehandlung . . . . DM 2 634 033,–

b) für ambulante und sonstige Tbc-Behandlung . . . DM 291 141,–

c) für Leistungen der wirtschaftlichen Hilfe . . . . . DM 334 528,–

d) für die Unterbringung von Kindern in besonderen
Kindererholungsheimen . . . . DM 21 286,–

e) für von Amts wegen veranlaßte lungenfachärztliche
Untersuchungen von tbc-verdächtigen Bediensteten . . DM 14 139,–

f) für weitere Maßnahmen zur Tuberkulosebekämpfung
(z. B. vorbeugende Maßnahmen, Sonstiges) . . . . DM 79 756,–

zusammen: DM 3 374 883,–

e) Heilbehandlung im Rahmen der Kriegsopferversorgung

Die Berichte von 12 Landesversorgungsämtern müssen unterschiedlich bewertet werden, weil in Ländern, in denen eigene Einrichtungen zur Versorgung von Tuberkulosekranken, deren Krankheit als Kriegsdienstbeschädigung anerkannt worden ist, vorhanden sind, grundsätzlich höhere Zahlen hinsichtlich der Neuzugänge an Versorgungsfällen angegeben wurden als in Ländern, in denen keine derartigen Einrichtungen vorhanden sind.

Die Gesamtzahl der mit 50 % und mehr Erwerbsminderung eingeschätzten Tuberkulosekranken hat am Ende der Berichtszeit (1964/65) 39 160 Personen betragen.

Die Zahl der Patientenzugänge wird mit 1811 angegeben. Wenn gegenüber den Zahlen, die im Jahrbuch 1963 vom Bundesministerium für Arbeit und Sozialwesen mit 85 000 angegeben worden sind, eine erhebliche Differenz besteht, so beruht das darauf, daß in den 85 000 Wehrmachtsangehörige inbegriffen sind, die unter 50 % wehrdienstbeschädigt gewesen sind. Die Zahl der mit 50 % bewerteten Wehrdienstbeschädigten hat 1963 noch 43 410 betragen, es ist also ein langsamer Rückgang um 9,4 % zu verzeichnen.

Daß für diesen Kreis der Tuberkulosekranken sehr erhebliche Aufwendungen aus öffentlichen Mitteln entstehen, geht daraus hervor, daß die Tagesverpflegungssätze in den Versorgungskuranstalten von DM 23,10 bis DM 32,40 schwanken, wobei für die Länder Baden-Württemberg, Bayern, Berlin, Hessen, Niedersachsen und Rheinland-Pfalz mit 35 884 575 Einwohnern 196 383 Verpflegungstage angegeben werden. Eine Hochrechnung auf die Gesamtbevölkerung ist nicht möglich, da gerade die Länder, die Verpflegungstage angegeben haben, auch Versorgungskrankenhäuser besitzen, während dies in den anderen Ländern nicht der Fall ist. Wenn man für die 196 383 Verpflegungstage einen Durchschnitt von DM 28,— als Tagesverpflegungssatz berechnet, kommt man aber immerhin auf eine Summe von DM 5 498 724,— Ausgaben. Diese Summe wurde 1965 allein für die stationäre Versorgung der Gruppe der zu 50 % und mehr kriegsdienstbeschädigten Tuberkulosekranken aufgewendet. Hierzu kommen die zur Zeit nicht feststellbaren Aufwendungen für die Renten. Die Zahl der Höhe der Rentenleistungen wird bisher nicht nach Erkrankungsgruppen ausgewiesen.

Dieser Aufstellung ist ein Bericht des Versorgungskrankenhauses Berchtesgaden (Oberarzt Dr. SCHÜRER) beigefügt, der sich über 10 Berichtsjahre erstreckt und daher einen ausgezeichneten Einblick in die Erfordernisse der Tuberkulosebekämpfung auf dem Gebiete des Versorgungswesens gibt.

In den vergangenen 10 Jahren betrug die Gesamtzahl der in unserer Klinik aufgenommenen tuberkulösen und nichttuberkulösen Kranken 7 962. Davon waren nach Abzug der Nichttuberkulösen, der Sterbe- und Beobachtungsfälle 7 179 Tuberkulosekranke. 2493 Kranke wurden mit einer bakteriologisch offenen Lungen-Tuberkulose stationär eingewiesen.

1 321 = 53 % konnten durch konservativ-medikamentöse oder aktiv-chirurgische Maßnahmen sputumsaniert werden,

1 172 = 47 % blieben Bazillenausscheider und damit Infektionsquelle, d. h. bei annähernd der Hälfte der Offentuberkulösen gelang es nicht, Bazillenfreiheit zu erzielen. Die Ursache hierfür ist zum größten Teil in der Zusammensetzung unseres Krankengutes zu sehen, das eine negative Auslese chronisch Kranker in den höheren Jahrgängen darstellt.

Der Krankenhausarzt muß sich bei seinen diagnostischen und therapeutischen Überlegungen weitgehend auf die Ergebnisse der Laboratorien stützen. Wie die folgenden Tabellen zeigen, werden die Hilfsmittel dieser Einrichtungen bei uns intensiv beansprucht.

Die große Anzahl der angefertigten Röntgenaufnahmen zeigt die Bedeutsamkeit der *Röntgendiagnostik* für die Pulmologie. Neben den Laboratoriumsuntersuchungen spielt für die Aktivitätsdiagnose der Lungentuberkulose ein Vergleich der Röntgenbilder eine ausschlaggebende Rolle; daher die große Zahl der Schichtaufnahmen, die eine Kontrolle der Rückbildungsvorgänge erlauben.

Im *bakteriologischen Laboratorium* fiel jährlich eine Menge Untersuchungsmaterial an; eine gezielte Behandlung fordert genaue Bestimmung der Empfindlichkeit der gezüchteten Erreger. Die TB-positiven Kulturen haben abgenommen, und zwar seit 1956 um fast die Hälfte. Im Verlauf der Jahre nahmen jedoch die Tbc-Kulturen zu. Die Abnahme der TB-positiven Kulturen ist auf den Rückgang der bakteriologisch Offentuberkulösen zurückzuführen. Infolge Zunahme der Begleitkrankheiten des Bronchialsystems wurde es notwendig, zahlreiche antibiotische Teste vorzunehmen, mit deren Hilfe sich die im Einzelfalle jeweils wirksamsten Antibiotika bestimmen ließen. Auf Grund klinischer Erfahrung wurde beim Resistogramm als obere Grenze der Empfindlichkeit für Tuberkuloseheilmittel Streptomycin (SM) und Isoniacid (INH) gegen Mycobakterium tuberkulosis 1 Gamma/ml festgelegt. Im Jahre 1956 waren 76,6 % der *Erstkulturen* auf SM sensibel und 74,0 % auf INH. Zehn Jahre später reagierten immer noch 83,3 % der Tuberkuloseerreger auf SM und 72,2 % auf INH empfindlich. Im Verlaufe von zehn Jahren war also keine zunehmende Resistenzentwicklung der Tuberkelbazillen zu verzeichnen. Die Erklärung dafür ist wahrscheinlich eine bedacht geführte optimale Chemotherapie unter Einsatz mehrerer Tuberkulostatika.

Die *spirometrischen Untersuchungen* haben im Laufe der Jahre immer mehr an Bedeutung gewonnen, sei es zur Beurteilung der Operabilität unserer Kranken, sei es zur Begutachtung der noch verbliebenen Arbeitsfähigkeit.

Die baulich erweiterte *Bäderabteilung* wurde intensiv und gern von den Patienten benutzt. Es hat sich ein besonderes hydrotherapeutisches Behandlungsschema bewährt mit schonendem Beginn und ansteigend roborierenden Maßnahmen.

Der *Inhalationsbehandlung* stehen zwei Räume zur Verfügung. Das Solerauminhalatorium dient der Verflüssigung des Bronchialsekretes, so daß die Apparate-Inhalation mit Anwendung der verschiedensten spasmo- und mucolytischen sowie antiphlogistischen und antibakteriellen Aerosole sich wirksamer gestaltet. Es inhalierten täglich 80 bis 100 Patienten.

Der Krankendurchgang nahm jährlich zu: im Jahre 1956 verließen 625 tuberkulöse und nichttuberkulöse Patienten das Versorgungskrankenhaus Berchtesgaden, 1965 belief sich ihre Zahl auf 945. Die Zahl der Beobachtungsfälle verringerte sich im Laufe der Jahre. 93,9 % Männern standen 6,1 % Frauen gegenüber. Vom Wehrmedizinalamt wurden 1962 13 Angehörige der Bundeswehr, 1964 : 35 und 1965 : 27 eingewiesen. Nach Abzug der Sterbefälle, der Beobachtungsfälle und der Nichttuberkulösen verblieben 7 179 Tuberkulosekranke oder 90,2 % des gesamten Krankengutes, die statistisch ausgewertet wurden. Von den 7 179 an Tuberkulose Leidenden wurden 87,8 % regulär entlassen, 12,2 % brachen die Kur vorzeitig ab oder mußten aus disziplinären Gründen entlassen werden. Diese Gruppe setzte sich zumeist aus Alkohol-Kranken zusammen (ungefähr 5 % der tuberkulösen Patientenschaft); sie gerieten in Konflikt mit der Hausordnung.

Die mittlere Behandlungsdauer verminderte sich von ungefähr 6 Monaten (185,9 Tage) im Jahre 1956 auf weniger als 4 Monate (109,1 Tage) im Jahre 1965.

Die Zunahme des Durchschnittsalters läßt folgende Aufstellung erkennen:

1958 : 45,5 Jahre

1961 : 46,2 Jahre

1963 : 49,3 Jahre

1965 : 50,2 Jahre

Damit ist auch eine Zunahme der geriatrisch Kranken gegeben. Die Patienten im Alter von 20 bis 40 Jahren waren nur mit einem geringen Prozentsatz vertreten: im Jahr 1963 mit 20, 6, im Jahr 1965 mit 13,8. Die mehr als Vierzig- bis über Siebzigjährigen machten im Jahr 1963: 79,4% aus, im Jahre 1965: 86,2%.

Mehr als ein Drittel der Tuberkulösen war vor 1945 erkrankt (1963: 37,7%, 1965: 38,7).

Durchschnittlich 94,6% der Tuberkulosekranken absolvierten Vorkuren.

Bei Kurende waren 1956 immer noch 36,8% kavernös; 1965 waren es nur noch 19,0%. Die Anzahl der Kavernenträger war immer höher als die der Bazillenausscheider, weil die tuberkulösen Höhlen stumm wurden, keinen Abfluß hatten oder die Wände sich reinigten (Kavernenwandheilung).

Im Jahre 1956 konnten noch 60% der bakteriologisch offenen Kranken von den Tuberkulosebakterien befreit werden; in den letzten Jahren blieben trotz intensiver Chemotherapie und aktiver Maßnahmen mehr als die Hälfte Bazillenausscheider (1959: 52%, 1962: 52,4%, 1963: 53,3%, 1964: 53,0%), erst 1965 fiel der Prozentsatz der Bazillenausscheider auf 47,2%.

Immerhin konnten von 2493 bazillären Lungentuberkulösen in den vergangenen zehn Jahren 1321 Patienten = 53,0% bazillenfrei gemacht werden, 1172 chronisch Kranke = 47,0% wurden mit tuberkelbazillenhaltigem Sputum entlassen, d. h. weniger als die Hälfte war nicht zu sanieren.

Auffällig war die Zunahme der Komplikationen, also der Begleitkrankheiten und der Spätfolgen des Grundleidens Lungentuberkulose. Hierbei handelt es sich überwiegend um Lungenemphysen, chronische, z. T. spastische Bronchitis, Lungenatrophie, bronchiektatisch-cystische Veränderungen sowie Rechtsherzschädigungen als Auswirkungen des Parenchymverlustes auf den Herzmuskel. Daher mußten wir unsere Therapie immer mehr auf die Sekundärschäden umstellen, zumal die aktiven Tuberkulosen sich zahlenmäßig verringerten. Der Prozentsatz an Komplikationen betrug im Jahre 1956: 14,7, stieg im Jahr 1961 auf 35,2 und verdoppelte sich bis zum Jahr 1965 wiederum auf 70%.

Extrapulmonale Tuberkulosen wurden im Jahre 1965 bei 51 Kranken nachgewiesen; im Vorjahr waren es 43 Patienten, die neben ihrer Lungentuberkulose noch an einer Skelett-, Urogenital-, Lymphdrüsen-, Weichteil-Tuberkulose litten. Dank der Antituberkulotika sind die komplizierenden tuberkulösen Darmerkrankungen und spezifischen Laryngitiden nur noch selten beobachtet worden.

Im Jahr 1956 standen etwa einem Drittel operativ behandelter Tuberkulöser zwei Drittel gegenüber, bei denen konservative Maßnahmen angewendet wurden. Im Laufe der Jahre verminderte sich der Operationsprozentsatz; er betrug während der letzten vier Jahre 11 bis 9%. 1965 unterzogen sich 91,0% der Tuberkulosekranken einer konservativen Kur.

Im Durchschnitt konnten 81,7% der Patienten als gebessert entlassen werden. Diesem erfreulichen Behandlungsergebnis stehen nur 2,45% Verschlechterungen gegenüber.

Ein Großteil der Patienten (68,8%) wurde mit Tuberkulostatika behandelt.

25 bis 30% der entlassenen Patienten erlangten wieder Arbeitsfähigkeit, ungefähr 10% wurden beschränkt arbeitsfähig und fast zwei Drittel der Kranken mußten als nicht mehr arbeitsfähig beurteilt werden.

Von den 85 000 tuberkulösen Wehrmachtsangehörigen des Bundesgebietes machten 6 883 im vergangenen Dezennium im Versorgungskrankenhaus Berchtesgaden Kur, das sind 8,09 % des Bestandes.

Es muß zum Schluß rühmend erwähnt werden, daß das Bayerische Staatsministerium für Arbeit und soziale Fürsorge in den vergangenen Jahren immer genügend Mittel bereitstellte, um unseren tuberkulösen Kriegsversehrten die Heilung zu ermöglichen, wenn auch noch nicht alle im vergangenen Kriege geschlagenen Wunden vernarbt sind.

f) Tuberkulosebekämpfung im Bundesgrenzschutz 1964/1965

1964/1965 wurden bei über 7 900 Beamten, fast ausschließlich Dienstanfängern im Alter von 18—21 Jahren, Tuberkulinproben durchgeführt (NOLTE).

Die Tabelle 46 zeigt die Ergebnisse seit 1957:

Tabelle 46. *Zahl der Tuberkulinproben und Ergebnisse seit 1957 (Moro-positiv-% und Kataster berechnet nach der Schulzeschen Formel)*

Jahr	Getestet (Fallzahl)	Moro-positiv (Pflasterprobe)		MM-positiv (Intracutan-probe)	Tuberkulin-Kataster (positiv)
		Zahl	%		
1957	9 475	5 690	60,26	2 021	82,31 %
1958	4 330	2 337	53,98	1 059	78,23 %
1959	3 408	1 972	54,93	874	80,69 %
1960	2 000	1 159	57,95	445	80,20 %
1961	1 339	646	48,25	351	74,46 %
1962	1 646	775	47,08	461	75,09 %
1963	5 273	2 449*)	46,76*)	1 453	74,54 %
1964	3 782	1 576	41,67	1 102	70,86 %
1965	4 140	1 840	44,44	1 100	71,05 %

*) Im Tuberkulose-Jahrbuch 1963, Seite 131, sind hier versehentlich andere Zahlen genannt.

1964/65 liegt der Tuberkulin-Kataster somit um 71%. Seit 1959 — von diesem Zeitpunkt ab werden fast ausschließlich nur 18- bis 21jährige Dienstanfänger getestet — ist insgesamt ein Absinken des Katasters um 10 % zu verzeichnen. Diese rückläufige Tendenz entspricht zwar durchaus den Erwartungen, die Schritte sind aber bedeutend kleiner als vielfach angenommen wird.

Die Zahl der überschießenden Reaktionen mit lymphangitischen Erscheinungen war weiterhin auffallend gering.

In der folgenden Tabelle sind die Zahlen der BCG-geimpften Beamten und die Ergebnisse der Überprüfungen der Tuberkulinallergie nach der Impfung zusammengefaßt:

Tabelle 47. *Zahl der BCG-Impfungen (durch Multipunktur nach Rosenthal) und Ergebnis der Überprüfung der Tuberkulinallergie nach Impfung (Moro-positiv-% und Kataster berechnet nach der Schulzeschen Formel)*

Jahr	BCG-geimpft	Moro-positiv (Pflasterprobe)		MM-positiv (Intracutan-probe)	Tuberkulin-Kataster (positiv)
		Zahl	%		
1957	1 545	1 238	79,48	174	96,85 %
1958	909	713	79,22	145	97,16 %
1959	607	494	81,38	93	96,71 %
1960	415	316	76,14	91	98,07 %
1961	305	262	86,18	38	98,68 %
1962	386	325	84,20	61	100,00 %
1963	1 253	977	77,97	245	97,53 %
1964	1 053	818	77,68	219	98,48 %
1965	1 172	940	80,20	204	97,95 %

Seit Januar 1964 wird der BCG-Trockenimpfstoff (Behringwerke) verwendet. Eine Beeinflussung der Tuberkulinallergie bzw. wesentliche Änderung des Tuberkulin-Katasters ist nicht erkennbar.

Auch 1964 und 1965 wurde die Impfallergie der vor 5—6 Jahren mit BCG (durch Multipunktur nach Rosenthal) geimpften und noch im BGS befindlichen Beamten überprüft. Die Überprüfung erfolgte wieder mit der Pflasterprobe (Hamburger forte) und, sofern diese negativ blieb, mit der Intracutanprobe (50 TE GT).

Die nachstehende Tabelle zeigt die Ergebnisse der Überprüfung seit 1963:

Tabelle 48. *Vor 5 Jahren mit BCG Geimpfte, Zahl der positiven Tuberkulin-Reaktionen (Moro-positiv-% und Kataster berechnet nach der Schulzeschen Formel)*

Vor 5 Jahren mit BCG geimpft		Moro-positiv (Pflasterprobe)		MM-positiv (Intracutan-probe)	Tuberkulin-Kataster (positiv)
Jahr	Zahl	Zahl	%		
1963	521	369	70,83	142	98,08 %
1964	331	258	77,95	61	96,37 %
1965	224	179	79,91	40	97,77 %

1964/1965 wurden über 32 000 Schirmbildaufnahmen durch den Schirmbild-trupp des Bundesgrenzschutzes gefertigt.

Der insgesamt erkennbare Rückgang der Zahl der jährlich bei Schirmbilduntersuchungen aufgedeckten behandlungs- oder überwachungsbedürftigen Lungentuberkulosen entspricht in etwa auch der rückläufigen Erkrankungshäufigkeit an Tuberkulose (siehe Tabelle 50 und Abbildung 20).

1964 erkrankten insgesamt 10 Beamte an Tuberkulose. In 8 Fällen handelt es sich um eine Tuberkulose der Atmungsorgane (davon 1 Pleuritis exsudativa). 2 Beamte erkrankten an extrapulmonalen Tuberkulosen (1 Nierentuberkulose, 1 Periphlebitis retinae tuberkulosa).

1965 erkrankten 6 Beamte an Tuberkulose, und zwar 5 an Tuberkulose der Atmungsorgane (davon 1 Pleuritis exsudativa) und 1 an Tuberkulose der Halslymphknoten.

Tabelle 49. *Anzahl der Schirmbilduntersuchungen von GS-Beamten und Zivilbediensteten seit 1956 sowie Anzahl der hierbei aufgedeckten behandlungs- oder überwachungsbedürftigen Tuberkulosen*

Jahr	Schirmbilduntersuchungen im Bundesgrenzschutz					
	Ein-stellung (Dienst-anfänger)	davon bisher unbekannte Ia/b, Ic und IIa	Wieder-holung (GS-Beamte)	davon bisher unbekannte Ia/b, Ic und IIa	Wieder-holung (Zivil-bedienst., z.B. Arb., Angest.)	davon bisher unbekannte Ia/b, Ic und IIa
1956	1 220	2	6 317	20	1 016	12
1957	4 621	8	5 628	10	1 104	20
1958	3 908	1	7 936	5	1 348	15
1959	3 169	1	10 450	14	1 598	15
1960	1 932	4	10 871	9	1 663	11
1961	1 335	—	10 471	7	1 863	3
1962	1 883	1	9 757	5	1 689	9
1963	5 174	—	8 654	2	1 586	3
1964	3 788	1	10 684	6	1 805	7
1965	4 000	1	9 900	3	2 046	3

Die Häufigkeit der Erkrankungen an Tuberkulose insgesamt beträgt für 1964 6,3 auf 10 000, für 1965 3,9 auf 10 000. Gegenüber 1963 ist 1964 zwar ein mäßiger Anstieg der Erkrankungshäufigkeit erkennbar, im Vergleich mit den davorliegenden Jahren erscheint der Wert jedoch immer noch niedrig. Das Jahr 1965 zeigt wieder eine deutlich rückläufige Tendenz.

Nachstehende Tabelle gibt einen Überblick über die Erkrankungshäufigkeit an Tuberkulose (alle Formen) im Bundesgrenzschutz seit 1956:

Tabelle 50. *Häufigkeit der Erkrankung an Tuberkulose im Bundesgrenzschutz von 1956 bis 1965; Zahl der Zugänge absolut und auf 10 000 der Stärke*

Jahr	Zugänge an Tuberkulose insgesamt	
	Zahl	auf 10 000
1956	23	19,5
1957	14	15,3
1958	10	8,6
1959	14	10,4
1960	20	14,6
1961	14	11,1
1962	12	10,0
1963	6	4,1
1964	10	6,3
1965	6	3,9

Gegenüber 1963 ist 1964 ein geringer Anstieg der Erkrankungshäufigkeit auch bei der *Tuberkulose der Atmungsorgane* (von 4,1 auf 5,0 auf 10 000) zu verzeichnen. 1965 sinkt jedoch diese Häufigkeit auf einen neuen Tiefstand (3,2 auf 10 000) ab. Die folgende Abbildung zeigt den Verlauf im Bundesgrenzschutz seit 1956:

Bei allen an einer Tuberkulose erkrankten GS-Beamten wurden unabhängig von der Ausdehnung der Befunde Heilstättenbehandlungen durchgeführt.

In der Berichtszeit wurden 20 Heilverfahren abgeschlossen. Die durchschnittliche Dauer betrug 334 Tage.

Todesfälle an Tuberkulose sind bisher im Bundesgrenzschutz nicht zu verzeichnen.

17 GS-Beamte wurden 1964/65 wegen Polizeidienstunfähigkeit infolge tuberkulöser Erkrankungen aus dem Bundesgrenzschutz entlassen.

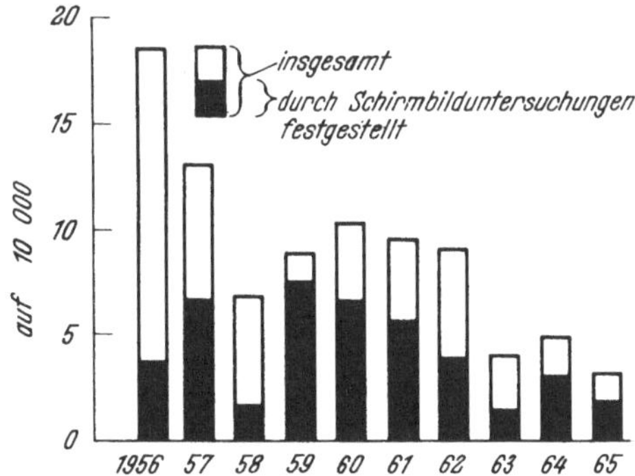

Abb. 20. Häufigkeit der Erkrankungen an Tuberkulose der Atmungsorgane im Bundesgrenzschutz von 1956 bis 1965 auf 10 000 der Stärke

In Zusammenarbeit mit den zuständigen Grenzschutzkommandos sowie dem Bundesverwaltungsamt als der für ehemalige GS-Beamte zuständigen Versorgungsbehörde wurden die erforderlichen Maßnahmen zur Wiedereingliederung der Erkrankten in das Arbeitsleben eingeleitet und durchgeführt.

Während in den früheren Jahren nur vereinzelt Lungen-Sarkoidosen (Morbus BOECK) festgestellt wurden, betrug die Zahl dieser Erkrankungen 1964/1965 insgesamt 7. Es erkrankten ausschließlich junge Männer im Alter von 20—30 Jahren.

g) Tuberkuloseüberwachung in der Bundeswehr in den Jahren 1964/65.

Die Bundeswehr leistete in den Jahren 1964 und 1965 durch das Sanitätsamt der Bundeswehr — Abteilung IV — Tuberkuloseüberwachung erneut einen Beitrag zur Tbk.-Bekämpfung innerhalb der Bundesrepublik.

Ein Waffenstillstand im Kampf gegen die Tuberkulose war trotz des eindrucksvollen Rückganges der Tbk.-Sterblichkeit in den letzten Jahren noch nicht möglich. Die Bedeutung der Tuberkulose als der häufigsten entsprechend dem Bundesseuchengesetz gemeldeten Krankheit rechtfertigte auch für 1964 und 1965 eine eigene Darstellung außerhalb aller anderen meldepflichtigen Krankheiten.

Die Morbiditätsziffern der vergangenen Jahre verlangten auch 1964/65 die Fortführung aller vorbeugenden und heilenden Maßnahmen. Der Wert der RRU als bisher noch einzigen Abwehrwaffe innerhalb der Bundeswehr zeigte sich wiederum vornehmlich in den Ergebnissen der Einstellungsuntersuchungen. Unbestreitbar ist die Schirmbildmethode der wirksamste und sicherste Weg zur Aufdeckung von Krankheitsfällen in einem großen Kollektiv. Das Auffinden der noch immer großen Anzahl unbekannter Kranker mit aktiv ansteckenden oder auch geschlossenen Krankheitsformen und selbst inaktiven Fällen bedeutet innerhalb einer Gemeinschaft wie die Bundeswehr einen wesentlichen Beitrag zur Gesunderhaltung dieser Truppe. Abb. 21

Die Isolierung und Eliminierung auch ruhender Krankheitsformen ist wegen des häufig zu Rückfällen neigenden Charakters der Tuberkulose eine dringend notwendige, aber vielfach von den Betroffenen nicht verstandene Abwehrmaßnahme.

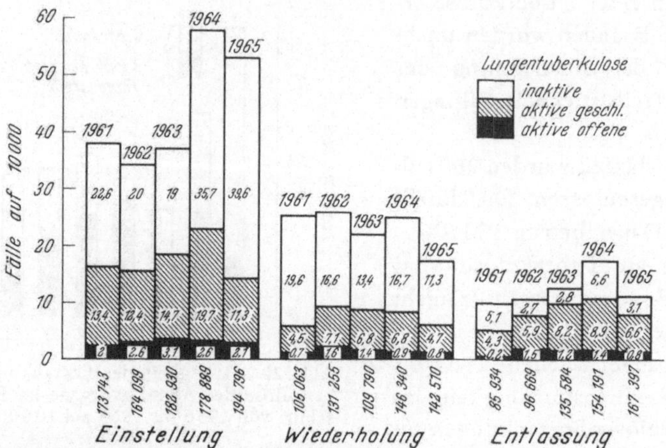

Abb. 21. Schirmbilduntersuchungen in der Bundeswehr. Nachuntersuchungsergebnisse 1961 von 364 740, 1962 von 392 023, 1963 von 428 304, 1964 von 479 420, 1965 von 506 698

Diese Rückfallneigung bei der Tuberkulose ist eine der wichtigsten Gründe, warum überhaupt eine fürsorgerische Betreuung dieser Krankheit notwendig ist. Ohne Rezidivgefahr könnte die aufwendige und komplizierte Überwachung wesentlich vereinfacht werden.

Für die Beurteilung der Tauglichkeit der Soldaten wird deshalb selbst das Überstehen der Primärtuberkulose einer strengen Beurteilung unterzogen. Größe, Qualität und Anzahl von Primärherden entscheiden über die Tauglichkeit. Ruhende postprimäre Restzustände sogar von nur geringer Ausdehnung machen die Einberufung zur Bundeswehr sofort rückgängig. Desgleichen werden Rekruten bei der Einstellung abgelehnt, wenn in ihrer Vorgeschichte mit Bestätigung des Gesundheitsamtes ein längerer Heilstättenaufenthalt in der Jugend wegen tuberkulöser Erkrankungen zur Kenntnis kommt, auch wenn röntgenologisch und klinisch eindeutige Zeichen einer ehemaligen tuberkulösen Krankheit nicht mehr sichtbar sind. Im Rahmen weiterer Tuberkulose-Vorbeugungsmaßnahmen wurden 1964 in einigen norddeutschen Kreiswehrersatzämtern Tuberkulintestungen bei Wehrpflichtigen durchgeführt, die erstmals äußerst niedrige positive Tuberkulinergebnisse in diesen Jahrgängen ergaben. Sie schwankten zwischen 21 und 36 %. Bei der Bundeswehr sind erneut Versuche zur Durchführung von Tuberkulinkontrollen im Gange. Es muß bei der Bundeswehr ein Test zur Anwendung kommen, der ohne Komplikationen für die Soldaten, ohne Schwierigkeiten in der Durchführung einfach, aber auch sicher und genau Auskunft über den Durchseuchungsstand gibt. Bisherige Testergebnisse bei der Bundeswehr zeigten gegenüber den Verhältnissen in Holland, Dänemark und USA immer noch weit höhere Infektionsraten. So wurden 1964 319 Soldaten einer Einheit überprüft, von denen 76 % tuberkulin-positiv reagierten. Diese hohe Anzahl tuberkulös Infizierter bilden das ständige Reservoir für spätere Erkrankungen. Deshalb sind in den nächsten Jahren, auch wenn bekanntlich nur ein kleinerer %-Satz der Infizierten erkrankt, noch immer Tuberkulose-Erkrankungen in der Bundeswehr zu erwarten. Der Großteil der während der Dienstzeit in der Bundeswehr auftretenden Erkrankungen sind Rückfälle nach Primärerkrankungen in der Jugend. Nur bei einem kleineren Teil liegen späte Primärinfektionen vor, die sich überwiegend in Form einer feuchten Rippenfellentzündung manifestieren.

Seit Aufstellung der Bundeswehr 1956 kommt die rationellste und wirkungsvollste Methode der Tbk.-Bekämpfung mit Hilfe der Röntgenreihenuntersuchungen zur Anwendung. Jeder wehrpflichtige Soldat wird bei der Einstellung und Entlassung (z. Zt. also nach 18 Monaten) und jeder Berufs- und Zeitsoldat einmal jährlich untersucht. Durch Vergleich mit der letzten Schirmbildaufnahme kann bei Vorliegen einer Neuherdsetzung innerhalb des Untersuchungsintervalls die Aktivität und somit die Behandlungsbedürftigkeit erkannt werden.

6 bewegliche Röntgenschirmbildtrupps kamen erneut zum Einsatz. Sie führten im Durchschnitt an 157 Einsatztagen 1964 479420, 1965 506698 Schirmbildaufnahmen aus.

Die Schirmbildaufnahmen gliedern sich auf in

1964:	*1965:*	
178889	196055	Einstellungsuntersuchungen
146340	142864	Wiederholungsuntersuchungen
154191	167779	Entlassungsuntersuchungen.

Im Gesamtergebnis der Reihenuntersuchungen zeigte sich gegenüber 1963 sowohl 1964 und 1965 eine Abnahme der I a-Fälle, 1964 jedoch eine Steigerung der I c-Fälle, die schon in den letzten beiden Jahren sich anbahnte, 1965 aber wieder abnahm. Die deutliche Erhöhung der II a-Fälle — 1964 984, 1965 991 — ist einerseits bedingt durch die jetzt zur Bundeswehr kommenden Jahrgänge von 1945 und 1946, die die Kriegs- und Nachkriegstuberkulose-Epidemie durchmachten, andererseits aber wird sie auch hervorgerufen durch eine strengere Auslese der zur Bundeswehr kommenden Rekruten.

Die Unterteilung der Schirmbildreihenuntersuchungen in die Gruppen der Einstellungs-, Wiederholungs- und Entlassungsuntersuchungen verdeutlicht wiederum die Notwendigkeit dieser Vorsorgemaßnahmen für eine Gemeinschaft durch die sofortige Isolierung und Behandlung von fast 400 aktiv Tbk.-Kranken 1964, 263 1965 und die Wiederentlassung von weiteren 638 1964 und 777 1965 Rekruten wegen z. Zt. ruhender Tbk.-Formen, von denen nach den statistischen Erfahrungen der Fürsorge während des Grundwehrdienstes ein bestimmter %-Satz wieder erkranken kann. Bei Betrachtung dieser Zahlenwerte fällt auf, daß bei den Wiederholungsuntersuchungen die Zahl der aktiven Tbk.-Fälle im Vergleich zu den Einstellungsuntersuchungen etwa nur 1/3 beträgt. Mit diesem niedrigen Ergebnis wird der Nutzen einer Expositionsprophylaxe innerhalb der Bundeswehr bekräftigt. *Abb. 22*

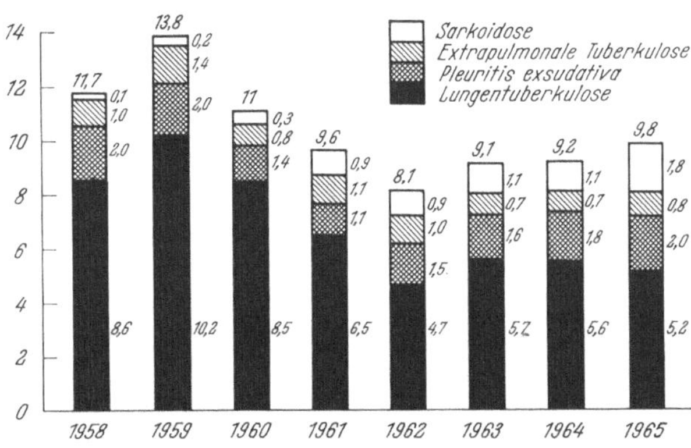

Abb. 22. Heilstättenfälle in der Bundeswehr 1958 bis 1965 nach Art der Krankheit (bezogen auf 10000 der Ist-Stärke)

Bei den Entlassungsuntersuchungen hat sich der in den letzten Jahren durch die Verlängerung der Dienstzeit festzustellende leichte Krankheitsanstieg innerhalb der aktiven Krankheitsformen 1964 nur noch gering nach oben verschoben. 1965 ist ein Absinken zu verzeichnen. Die deutlichere Zunahme der IIa-Fälle bei den Entlassungsuntersuchungen 1964 ist z. T. auf eine größere Entlassungszahl von Bundeswehrangehörigen zurückzuführen, die 1956/57 mit einem ruhenden, postprimären Prozeß damals noch eingestellt wurden, z. T. ist diese Steigerung aber auch bedingt durch eine schärfere Auswertung der Schirmbildaufnahmen bei kleineren postprimären Lungenveränderungen. 1965 ist auch hier ein leichter Abfall eingetreten.

Unter den tuberkulösen Organerkrankungen, die zur Heilstättenaufnahme kamen, fanden sich

1964: 16 = 4,1 %   1965: 23 = 5,47 % Urogenitaltuberkulose
      10 = 2,6 %   9 = 2,14 % Halslymphdrüsen-Tbc.

und 1964 je 1 Fall = 0,8 % von Augen-, Knochen- und Darmtuberkulose
1965   3 Fälle Abdomen- und 1 Knochen-Tbk. — 4 = 0,95 % —.

Insgesamt wurden für während der Dienstzeit an Tbk. und Sarcoidose erkrankte Soldaten 1964 383 (9,2 auf 10 000 der Iststärke)
1965 420 (9,8 auf 10 000 der Iststärke)

Heilstättenkuren genehmigt. Hierbei ist zu betonen, daß für die bei der Einstellungs- und Entlassungsuntersuchung festgestellten Kranken im allgemeinen keine Kuren genehmigt werden. Lediglich Freiwillige, die bereits die Verpflichtungsurkunde erhalten hatten, sowie wehrpflichtige Soldaten, die am Tage der vorgesehenen Entlassung sich in stationärer Behandlung befanden und deren Dienstzeit auf eigenen Wunsch um drei Monate verlängert wurde, erhielten Kurgenehmigungen.

Die Sarcoidose trat in den letzten Jahren auch unter den Soldaten der Bundeswehr vermehrt auf, so daß dieses Leiden einer besonderen statistischen Bewertung unterzogen wurde. Während 1962 52 Krankheitsfälle erfaßt wurden, waren es 1963 106, 1964 119 und 1965 146. Über die Hälfte dieser Erkrankungen wurden 1964 bei der Einstellungsuntersuchung verzeichnet. 1965 war die Anzahl der Erkrankungsfälle bei den Entlassungsuntersuchungen etwas höher. Die Erkrankungsfeststellungen — Sarcoidose — führte bei den Einstellungen gleichfalls wie bei den tuberkulösen Erkrankungen zur sofortigen Entlassung aus der Bundeswehr mit dem Hinweis für die Erkrankten, sich einer fachärztlichen Überwachung bzw. Behandlung zu unterziehen. Von den innerhalb der Wiederholungs- und z. T. Entlassungsuntersuchungen ermittelten Sarcoidoseleiden (54/92) wurden durch die Bundeswehr 1964 46, 1965 78 Fälle in Heilstätten eingewiesen; mit 12 bzw. 18,6 % stand die Sarcoidose bei den Heilstättenkuren an dritter Stelle nach den Erkrankungen mit aktiver Lungentuberkulose (232 = 60 %, 224 = 53,3 % und 76/82 Fälle von Pleuritis exsudativa mit 19 bzw. 19,5 %).

Die Anzahl disziplinarer Entlassungen aus Heilstätten bei Soldaten der Bundeswehr war minimal.

Im Falle einer disziplinarischen Entlassung erfolgt bei weiterer Kurnotwendigkeit umgehend eine weitere stationäre Behandlung in einer anderen Heilstätte. Bei Verdacht auf erneutes undiszipliniertes Verhalten werden Soldaten in die Tbc.-Stationen

Tabelle 5 1. *Ergebnisse der Schirmbilduntersuchungen von Soldaten in den Jahren 1964/65 in absoluten und Verhältniszahlen auf 10 000 Untersuchte (in Klammern).*

RRU bei	Gesamtzahl	bestätigte Fälle							ohne Ergebnis
		Ia	Ic	IIa	IId	III	III f	IV	
Einstellung	178 889/196 055	46 42 (2,5) (2,1)	353 221 (19,7) (11,3)	638 777 (35,6) (39,6)	4/1	140/118	65 54 (3,6) (2,7)	177 278/194 796	55/ 46
Wiederholung (incl. Umgebungs- untersuchungen)	146 340/142 864	13 11 (0,88) (0,77)	99 68 (6,7) (4,7)	244 162 (16,6) (11,3)	2/5	46/ 37	27 28 (1,8) (1,9)	145 218/142 510	271/ 43
Entlassung	154 191/167 779	22 14 (1,4) (0,8)	137 112 (8,8) (6,6)	102 52 (6,6) (3,1)	1/0	27/ 29	27 64 (1,7) (3,8)	153 100/167 397	297/111
Gesamtzahl (Soldaten)	479 420/506 698	81 67 (1,6) (1,3)	589 401 (12,2) (7,9)	984 991 (20,5) (19,5)	7/6	213/184	119 146 (2,4) (2,8)	475 596/504 703	623/200

der Bundeswehr-Lazarette eingewiesen. Nach Mitteilung des DZK wurden 1960 rund 50% der mit offener Lungentuberkulose in Heilstätten eingewiesenen Patienten noch mit positivem Bazillennachweis entlassen. Sämtliche Soldaten der Bundeswehr, die zur stationären Behandlung mit einer ansteckenden Lungentuberkulose 1964/65 kamen, konnten die Heilstätte sicher bazillenfrei verlassen. Dieses gute Behandlungsergebnis bei Soldaten gegenüber Patienten der Versicherungsanstalten ist z. T. durch die verhältnismäßig frisch entdeckte Krankheit (infolge Reihenuntersuchungen) mit guter medikamentöser Ansprechbarkeit, z. T. aber auch durch eine intensive Dauerbehandlung in den Heilstätten bei verantwortlicher Mitarbeit zur Genesung von seiten der Soldaten bedingt.

Soldaten, deren Erkrankung nach der Heilstättenbehandlung eine zur Ruhe neigende Verlaufsform annahm, kommen für den Rest ihrer Dienstzeit in die Sonder-Tuberkuloseüberwachung der Bundeswehr. Nach Krankheitscharakter werden sie kurzfristig fachärztlich auf ihre Verwendungsfähigkeit überprüft. Die Anzahl der Überwachungsfälle betrug am Ende des Berichtsjahres 1963 (1 282), 1964 (1 288) und 1965 (1 533). 1964 war der Zugang geringer, da eine größere Zahl an Überwachungsfällen, die 1956/57 mit noch kleineren postprimären Befunden in die Bundeswehr eingestellt wurden, nach Ablauf ihrer Dienstverpflichtung 1964 zur Entlassung kamen. Unter den 1 533 beziehungsweise 1 288 Überwachungsfällen befanden sich noch 144/107 aktiv ambulant Behandlungsbedürftige, 1 230/1 068 ruhende Erkrankungsfälle, während der Rest sich aus BOECK-Fällen, Silikosen, unspezifischen Lungenkrankheiten und z. T. auch aus Tumorfällen zusammensetzt.

Die Versorgungsmaßnahmen der Bundeswehr wegen Tbk.-Erkrankung nehmen von Jahr zu Jahr an Umfang zu. Während 1960 437 Gutachten erstellt wurden, waren es 1964 766 und 1965 807.

Der Überblick der Jahre 1964 und 1965 gibt Aufschluß über die Bedeutung der in der Bundeswehr noch dringend notwendigen Tbk.-Abwehrmaßnahmen (Vorsorge, Fürsorge und Versorgung). Eine Intensivierung der Vorsorgemaßnahmen für die Rekruten aus seuchen-hygienischen Gründen erscheint angebracht.

Tuberkulintests und frühzeitigere Röntgenreihenuntersuchungen der zur Einstellung kommenden Wehrpflichtigen werden geplant.

h) Tuberkulosehilfe im Rahmen der Sozialhilfe

Über die Auswirkungen der gesetzlich festgelegten Tuberkulosehilfe im Rahmen der Sozialhilfe berichten nachstehend Ministerialrat C. P. SPAHN und Regierungsrat E. DONATH:

Von den insgesamt 1 942 800 000 DM, die die Träger der Sozialhilfe im Jahre 1964 für Leistungen nach dem Bundessozialhilfegesetz aufgewendet haben, wurden 139 000 000 für Tuberkulosehilfe verwandt. Der Aufwand bleibt damit um 6,6 v. H. unter dem von 1963. 1965 ist er um weitere 4,9 v.H. gesunken auf 132 151 000 DM. Mit 7,2 v. H. des Gesamtaufwandes der Sozialhilfe und 12,5 v. H. des Aufwandes für die Hilfe in besonderen Lebenslagen stand die Tuberkulosehilfe 1964 an der dritten Stelle dieser Hilfearten, nach der Hilfe zur Pflege (28,1 v. H.) und der Krankenhilfe (7,5 v. H.). Der Anteil der Tuberkulosehilfe an den Aufwendungen für die in Anstalten gewährte Hilfe in besonderen Lebenslagen betrug mit 30 349 000 DM 4 %, an der Hilfe außerhalb von Anstalten mit 108 616 000 DM 30,7 v. H. Wenn auch ein auf die Hilfe in besonderen Lebenslagen bezogener Vergleich deswegen problematisch ist, weil bei diesen Hilfearten die Hilfe außerhalb von Anstalten von sehr unterschiedlichem Gewicht ist, und weil die Hilfe zum Lebensunterhalt nur in Ausnahmefällen zur Hilfe in besonderen Lebenslagen rechnet (außerhalb von Anstalten abgesehen von der Tuberkulosehilfe nur bei der Ausbildungshilfe und bei der Eingliederungshilfe für Behinderte), so zeigt die grobe Abweichung der Verhältniszahlen doch, daß das Schwergewicht der Tuberkulosehilfe bei der außerhalb von Anstalten gewährten Hilfe liegt. Diese Tendenz tritt noch klarer zutage, wenn man sich vor Augen hält, daß der Durchschnittsaufwand für den einzelnen Empfänger der Tuberkulosehilfe im Jahre 1964 außerhalb von Anstalten 880 DM, in Anstalten dagegen 3 399 DM (Gesamtdurchschnitt je Hilfeempfänger 1 068 DM) betrug. Als Empfänger der Tuberkulosehilfe wurden 1964 (in Klammern 1963) 130 100 (141 600) Personen gezählt, davon 123 400 (132 500) außerhalb von Anstalten und 8 900 (10 300) in Anstalten. Die Hilfe zum Lebensunterhalt wurde hiernach einem sehr viel größeren Personenkreis gewährt als die Heilbehandlung, um die zu ziehende Schlußfolgerung auf die beiden wichtigsten Leistungsgruppen zu beschränken.

Während bei der Sozialhilfe insgesamt der Anteil der Männer unter den Hilfeempfängern sehr viel geringer ist als der der Frauen (38 v. H., bei den Hilfen in besonderen Lebenslagen 40 v. H.), überwogen 1964 die Männer als Empfänger von Tuberkulosehilfe. In den Veröffentlichungen des Statistischen Bundesamtes wird unterschieden zwischen Tuberkulosehilfe *mit* Schul- und Berufsausbildung einerseits und sonstiger Tuberkulosehilfe andererseits. Für beide Gruppen ist der Anteil der männlichen Hilfeempfänger mit 59 bzw. 50 v. H. ausgewiesen, für die Hilfe außerhalb von Anstalten mit 58 bzw. 50 v. H., bei der Hilfe in Anstalten sogar mit 69 bzw. 60 v. H. Die Männer überwiegen vor allem in der Altersgruppe von 25 bis 50 Jahren. Dieser Altersgruppe gehören bei der Hilfe in Anstalten 29 v. H. der Empfänger von Tuberkulosehilfe *mit* Schul- und Berufsausbildung, 33 v. H. der Empfänger von sonstiger Tuberkulosehilfe an; 24 v. H. bzw. 20 v. H. sind Männer und 5 v. H. bzw. 13 v. H. Frauen. Bei der Hilfe außerhalb von Anstalten beträgt der Anteil dieser Altersgruppe an der Gesamtzahl der Tuberkulosehilfeempfänger 29 v. H. bzw. 30 v. H., von denen 17 bzw. 14 v. H. Männer und 12 bzw. 16 v. H. Frauen sind. Bei der Altersgruppe 21 bis 25 Jahre ist der Anteil der weiblichen Empfänger von Tuberkulosehilfe mit Schul- und Berufsausbildung in Anstalten so unbedeutend, daß er in der Übersicht nicht in Erscheinung tritt. Hilfeempfänger dieser Altersgruppe, die Schul- und Berufsausbildung in Anstalten erhalten, machen einen Anteil von 7 v. H. an der Gesamtzahl der Empfänger dieser Hilfe aus. Für die Hilfe mit Berufs- und Schulausbildung außerhalb von Anstalten ist diese Altersgruppe mit 2 v. H. weiblichen Hilfeempfängern und 4 v. H. männlichen vertreten*).

---

*) Fallzahlen liegen für 1965 noch nicht vor.

Der *Bruttoaufwand für Tuberkulosehilfe* zeigt für die Länder des Bundesgebietes folgendes Bild:

Tabelle 52

Bruttoaufwand —in Tausend DM—	1964	DM je Einw.	1965	DM je Einw.
Baden-Württemberg	14 259	1,73	14 673	1,74
Bayern	15 771	1,58	14 742	1,46
Berlin	15 313	6,95	14 998	6,82
Bremen	2 877	3,92	2 789	3,76
Hamburg	5 063	2,73	4 613	2,49
Hessen	14 245	2,79	13 908	2,68
Niedersachsen	18 841	2,75	18 372	2,65
Nordrhein-Westfalen	38 651	2,34	33 178	1,98
Rheinland-Pfalz	5 642	1,58	6 591	1,84
Saarland	2 763	2,47	2 545	2,26
Schleswig-Holstein	5 540	2,30	5 742	2,36
insgesamt	138 965	2,37	132 151	2,23

Abgesehen von einer geringen Erhöhung des Jahresaufwandes 1964 im Saarland gegenüber dem Jahresaufwand 1963 ergibt sich, daß die rückläufige Tendenz in allen Ländern des Bundesgebietes besteht. (Dies dürfte auch für Rheinland-Pfalz gelten, da die Aufwendungen für 1963 aus abrechnungstechnischen Gründen um 3 Mio. DM niedriger erscheinen; vgl. Tuberkulose-Jahrbach 1963 S. 115, Anm.*) zu Tab. 37). Wie in den Vorjahren liegt Berlin mit dem Aufwand je Einwohner in weitem Abstand vor den übrigen Ländern.

Dem Rückgang der Bruttoaufwendungen (1963: 148 783 000 DM; 1964: 138 965 000 DM; 1965: 132 151 000 DM) entspricht auch ein Rückgang der Nettoaufwendungen (1963: 122 338 000 DM; 1964: 113 739 000 DM; 1965: 107 715 000 DM). Die Einnahmen sind von 1963 (26 445 000 DM) bis 1965 (24 436 000 DM) um 7,6 v. H. zurückgegangen. Die Einnahmen der Sozialhilfeträger setzen sich zusammen aus Erstattungen anderer Sozialleistungsträger, Ersatzleistungen von Unterhaltspflichtigen sowie Kostenbeiträgen (und ggf. auch Ersatzleistungen) der Hilfeempfänger. Die Rückflüsse halten sich damit etwa im gleichen Rahmen wie die Gesamtrückflüsse auf Leistungen der Sozialhilfe, die das Statistische Bundesamt für 1963 mit reichlich 20 v. H. (davon Erstattungen anderer Sozialleistungsträger 67 v. H. und Ersatzleistungen Unterhaltspflichtiger 17 v. H.), für 1964 mit 23 v. H. der Gesamtausgaben (bei Hilfe in Anstalten 31 v. H., bei den übrigen Leistungen 15 v. H.) veranschlagt. Die hiervon abweichende rückläufige Tendenz bei der Tuberkulosehilfe dürfte wohl darauf beruhen, daß im Jahre 1963 im Unfallversicherungs-Neuregelungsgesetz eine praktikable Abgrenzung der Leistungspflicht der Unfallversicherungsträger geschaffen wurde, durch die eine Zusammenarbeit zwischen Rentenversicherung und Unfallversicherung auch auf diesem Gebiet ermöglicht wurde, die das vorläufige Eingreifen des Sozialhilfeträgers vermeidbar machte. Auch dürfte dazu eine Regelung der Zusammenarbeit zwischen der Versorgungsverwaltung und der Rentenversicherung beigetragen haben, die der Bundesminister für Arbeit und Sozialordnung getroffen hat, durch die gleichfalls die Notwendigkeit zur vorläufigen Hilfeleistung nach § 59 BSHG erheblich verringert wurde.

Die Darstellung des *Aufwandes nach Leistungsgruppen.*

Tabelle 53

Leistungsgruppe —in Tausend DM—	1964	Anteil am Gesamtaufwand der TH	DM je Einw.	1965	Anteil am Gesamtaufwand der TH	DM je Einw.
Heilbehandlung	29 431	(21,2 %)	0,50	29 094	(22,0 %)	0,49
davon stationäre Behandlung (§ 66 Abs. 2 BSHG) — ab 13. Behandlungs - monat	7 106*)	(5,1 %)	0,14	7 276*)	(5,4 %)	0,12
Hilfe zur Eingliede- rung in das Arbeits- leben	950	(0,7 %)	0,02	1 202	(0,9 %)	0,02
Hilfe zum Lebens - unterhalt	97 891	(70,4 %)	1,67	88 608	(67,1 %)	1,49
Sonderleistungen	9 716	(7,0 %)	0,16	12 203	(9,2 %)	0,21
Vorbeugende Hilfe	977	(0,7 %)	0,02	1 044	(0,8 %)	0,02

*) Hierin ist der Aufwand für Sowjetzonenflüchtlinge nicht enthalten

Tabelle 53 läßt erkennen, daß der Rückgang alle Gruppen im wesentlichen gleich- mäßig betrifft, jedenfalls wenn man von einer Verschiebung zwischen der Hilfe zum Lebensunterhalt und den Sonderleistungen nach § 56 BSHG absieht. Der Anteil der stationären Behandlungsfälle mit einer Dauer von mehr als 12 Monaten (§ 66 Abs. 2 BSHG) ist nur unwesentlich angestiegen.

Die Kosten der *Heilbehandlung* sind nur in Rheinland-Pfalz angestiegen.

Tabelle 54

Kosten der Heilbehandlung —in Tausend DM—	1964	Anteil am Gesamtaufwand der TH	DM je Einw.	1965	Anteil am Gesamtaufwand der TH	DM je Einw.
Baden-Württemberg	4 902	(34,4 %)	0,60	5 563	(37,9 %)	0,66
Bayern	5 216	(33,1 %)	0,53	5 212	(35,4 %)	0,53
Berlin	1 210	(7,9 %)	0,54	1 189	(7,9 %)	0,54
Bremen	427	(14,8 %)	0,57	377	(13,5 %)	0,51
Hamburg	600	(11,8 %)	0,32	792	(17,2 %)	0,43
Hessen	3 610	(25,3 %)	0,71	3 422	(24,6 %)	0,66
Niedersachsen	2 745	(14,6 %)	0,40	2 514	(13,7 %)	0,36
Nordrhein-Westfalen	6 565	(17,0 %)	0,40	6 085	(18,3 %)	0,36
Rheinland-Pfalz	2 262	(40,1 %)	0,63	2 313	(35,1 %)	0,65
Saarland	559	(20,2 %)	0,49	490	(19,2 %)	0,43
Schleswig-Holstein	1 334	(24,1 %)	0,55	1 136	(19,8 %)	0,47

Hier hat die rückläufige Tendenz auch 1965 angehalten. Der Aufwand je Ein- wohner schwankt 1964 zwischen 32 Pf. (Hamburg) bzw. 40 Pf. (Niedersachsen, Nordrhein-Westfalen) und 71 Pf. (Hessen), 1965 zwischen 36 Pf. (Niedersachsen und Nordrhein-Westfalen) und 66 Pf. (Baden-Württemberg und Hessen), wobei Rheinland-Pfalz mit 65 Pf. nur gering hinter der höchsten Durchschnittszahl zu- rückbleibt.

Bei der Hilfe zur *Eingliederung in das Arbeitsleben*

Tabelle 55

Hilfe zur Eingliederung in das Arbeitsleben —in Tausend DM—	1964	Anteil am Gesamtaufwand der TH.	DM je Einw.	1965	Anteil am Gesamtaufwand der TH.	DM je Einw.
Baden-Württemberg	65	(0,5%)	0,01	101	(0,7%)	0,01
Bayern	55	(0,3%)	0,005	77	(0,5%)	0,005
Berlin	46	(0,3%)	0,02	47	(0,3%)	0,02
Bremen	57	(2,0%)	0,08	41	(1,5%)	0,05
Hamburg	15	(0,3%)	0,01	20	(0,4%)	0,01
Hessen	89	(0,6%)	0,02	60	(0,4%)	0,01
Niedersachsen	213	(1,1%)	0,03	348	(1,9%)	0,05
Nordrhein-Westfalen	190	(0,5%)	0,01	230	(0,7%)	0,01
Rheinland-Pfalz	82	(1,5%)	0,02	127	(1,9%)	0,04
Saarland	8	(0,3%)	0,01	7	(0,3%)	0,005
Schleswig-Holstein	131	(2,4%)	0,05	144	(2,5%)	0,06

handelt es sich um Aufwendungen, die weniger als 1 v. H. des Gesamtaufwandes ausmachen. Bremen, Niedersachsen, Rheinland-Pfalz und Schleswig-Holstein lagen in beiden Vergleichsjahren erheblich über dem Bundesdurchschnitt. Besonders tritt dies bei Schleswig-Holstein hervor. Im Jahre 1963 erhielten 2500 Personen Hilfe zur Eingliederung in das Arbeitsleben, im Jahre 1964 1300. In Anstalten erhielten Hilfe zur Eingliederung in das Arbeitsleben 1963 400, 1964 200 Personen. Tuberkulosehilfe mit Schul- und Berufsausbildung erhielten 1964 287 Schüler im Alter von 7 bis 14 Jahren, 230 im Alter von 14—18 Jahren, während 115 Empfänger der Hilfe im Alter von 18 bis 21, 77 zwischen 21 und 25 und 378 zwischen 25 und 50 waren; über 65 waren 40 Personen, denen Berufsausbildungshilfen gewährt wurden. 23 v. H. der in Anstalten untergebrachten Empfänger von Tuberkulosehilfe (mit Schul- und Berufsausbildung) waren 7—14 Jahre, 16 v. H. 14—18 Jahre alt, während von den Empfängern der Tuberkulosehilfe (mit Schul- und Berufsausbildung) außerhalb von Anstalten 21 v. H. zwischen 7 und 14 und 17 v. H. zwischen 14 und 18 Jahren waren.

Tabelle 56

Hilfe zum Lebensunterhalt —in Tausend DM—	1964	Anteil am Gesamtaufwand der TH.	DM je Einw.	1965	Anteil am Gesamtaufwand der TH.	DM je Einw.
Baden-Württemberg	8659	(60,7%)	1,05	8322	(56,7%)	0,99
Bayern	9737	(61,7%)	0,97	8765	(59,5%)	0,86
Berlin	12716	(83,0%)	5,78	11039	(73,6%)	5,02
Bremen	2275	(79,1%)	3,11	2232	(80,0%)	3,01
Hamburg	4328	(85,5%)	2,33	3625	(78,6%)	1,95
Hessen	9725	(68,3%)	1,90	9937	(71,4%)	1,92
Niedersachsen	13420	(71,2%)	1,97	11261	(61,3%)	1,62
Nordrhein-Westfalen	28387	(73,4%)	1,71	23850	(71,9%)	1,43
Rheinland-Pfalz	2956	(52,4%)	0,83	3774	(57,3%)	1,05
Saarland	1975	(71,5%)	1,77	1787	(70,2%)	1,50
Schleswig-Holstein	3713	(67,0%)	1,54	4017	(70,0%)	1,65

Daß die *Hilfe zum Lebensunterhalt* einen besonders hohen Anteil an den Gesamtaufwendungen in den Stadtstaaten erreicht, dürfte auf den großen Anteil der Sozialversicherten an den Tuberkulosekranken zurückzuführen sein. Ihnen hat der Träger der Sozialhilfe zwar keine Heilbehandlung, wohl aber häufig ergänzende Hilfe zum Lebensunterhalt zu gewähren (vgl. Tuberkulose-Jahrbuch 1963 S. 118 unten); infolgedessen machen die Aufwendungen für den Lebensunterhalt einen hohen Prozentsatz der Gesamtaufwendungen aus. Wesentlich niedriger als bei dem Bundesdurchschnitt ist der Anteil der wirtschaftlichen Hilfe am Gesamtaufwand in Baden-Württemberg, Bayern und Rheinland-Pfalz.

Im Rahmen der Hilfe zum Lebensunterhalt ist die *Ernährungszulage* das Mittel, mit dem die Sozialleistung dem individuellen Bedarf angepaßt wird.

Tabelle 57

Ernährungszulagen —in Tausend DM—	1964	Anteil am Gesamtaufwand der TH./ der Hilfe zum Lebensunterhalt	DM je Einw.	1965	Anteil am Gesamtaufwand der TH./ der Hilfe zum Lebensunterhalt	DM je Einw.
Baden-Württemberg	2011	(14,1%/23,2%)	0,25	1794	(12,2%/21,5%)	0,21
Bayern	1810	(11,4%/18,6%)	0,18	1670	(11,3%/19,0%)	0,17
Berlin	3106	(20,3%/24,4%)	1,41	2864	(10,9%/25,9%)	1,30
Bremen	399	(13,8%/17,5%)	0,54	358	(12,8%/16,0%)	0,48
Hamburg	759	(14,9%/17,5%)	0,40	639	(13,8%/17,6%)	0,34
Hessen	2449	(17,2%/25,1%)	0,48	2261	(16,2%/22,7%)	0,44
Niedersachsen	3265	(17,3%/24,4%)	0,48	2297	(12,5%/20,3%)	0,33
Nordrhein-Westfalen	3561	(9,2%/12,5%)	0,21	4007	(12,1%/16,7%)	0,23
Rheinland-Pfalz	353	(6,2%/11,9%)	0,10	470	(7,1%/12,6%)	0,13
Saarland	373	(13,5%/18,9%)	0,33	278	(10,9%/15,5%)	0,25
Schleswig-Holstein	710	(12,8%/19,1%)	0,30	634	(11,0%/15,7%)	0,26
Bundesdurchschn.		(13,5%/19,2%)	0,32		(13,1%/19,5%)	0,29

Auch hier liegt Berlin an der Spitze. Im Bundesdurchschnitt wird knapp 1/5 der Hilfe zum Lebensunterhalt als Ernährungszulage gewährt; bezogen auf die Gesamtaufwendungen der Tuberkulosehilfe machen die Ernährungszulagen etwas mehr als 13 v. H. aus.

Die *Sonderleistungen* bestehen einesteils in Hilfen für die Haltung von Ersatzkräften im Haushalt und im Kleinbetrieb sowie in Besuchsbeihilfen. Diese Sonderleistungen haben 1964 2 003 000, 1965 2 156 000 DM erfordert.

Von besonderer Bedeutung für die Bekämpfung der Tuberkulose sind die Sonderleistungen zur *Verbesserung der Wohnverhältnisse.*

Die Aufwendungen betrugen im Bundesgebiet 1964 7 660 000 DM, 1965 10 000 000 DM. Der Anteil der Sonderleistungen insgesamt am Gesamtaufwand, der 1963 noch 3,4 v. H. betragen hatte, stieg 1964 auf 7,0 v. H., 1965 auf 9,2 v. H. Der Aufwand ist in den einzelnen Ländern sehr unterschiedlich, je nachdem ob Programme zur Befriedigung des Nachholbedarfs bereits angelaufen, in der Durchführung begriffen oder abgewickelt sind. Außerdem ergeben sich Unterschiede daraus, daß erhebliche Mittel aus öffentlichen Wohnungsbaumitteln bereitgestellt werden, die nicht in dieser Statistik erscheinen. Weiterhin werden in einigen Ländern, vor allem in Hessen, Mittel des Kapitalmarktes im Wege der Zinsgarantie in

Tabelle 58

Ausgaben zur Verbesserung der Wohnverhältnisse —in Tausend DM—	1964	Anteil am Gesamtaufwand der TH.	DM je Einw.	1965	Anteil am Gesamtaufwand der TH.	DM je Einw.
Baden-Württemberg	241	(2,6%)	0,03	225	(2,5%)	0,03
Bayern	461	(4,5%)	0,05	439	(4,7%)	0,04
Berlin	1 159	(8,1%)	0,52	2 581	(18,5%)	1,17
Bremen	52	(2,2%)	0,07	31	(1,4%)	0,04
Hamburg	83	(1,9%)	0,04	123	(3,3%)	0,07
Hessen	577	(5,4%)	0,11	303	(2,9%)	0,06
Niedersachsen	1 793	(11,3%)	0,26	3 500	(22,4%)	0,51
Nordrhein-Westfalen	2 899	(9,0%)	0,18	2 326	(8,6%)	0,13
Rheinland-Pfalz	231	(6,9%)	0,06	236	(5,5%)	0,06
Saarland	15	(0,7%)	0,01	19	(1,0%)	0,02
Schleswig-Holstein	150	(3,6%)	0,07	216	(4,7%)	0,09
Bundesgebiet	7 660	(7,1%)	0,13	10 000	(9,8%)	0,17

Anspruch genommen, wodurch dem Ziele, die Wohnverhältnisse zu verbessern, in geeigneter Weise entsprochen wird, ohne daß die für dieses Ziel eingesetzten Kapitalbeträge im ordentlichen Haushalt und in der Statistik erschienen.

Die Aufwendungen für die *vorbeugende Hilfe* beliefen sich 1964 auf 977 000 DM, 1965 auf 1 044 000 DM. Sie verteilen sich auf die Länder wie folgt:

Tabelle 59

Vorbeugende Hilfe —in Tausend DM—	1964	Anteil am Gesamtaufwand der TH.	1965	Anteil am Gesamtaufwand der TH.
Baden-Württemberg	98	(0,7%)	110	(0,8%)
Bayern	48	(0,3%)	42	(0,3%)
Berlin	153	(1,0%)	114	(0,8%)
Bremen	40	(1,4%)	72	(2,6%)
Hamburg	23	(0,4%)	49	(1,1%)
Hessen	118	(0,8%)	75	(0,5%)
Niedersachsen	79	(0,4%)	90	(0,5%)
Nordrhein-Westfalen	103	(0,3%)	133	(0,4%)
Rheinland-Pfalz	24	(0,4%)	25	(0,4%)
Saarland	192	(6,9%)	217	(8,5%)
Schleswig-Holstein	99	(1,8%)	117	(2,0%)

Zusammenfassung
(Stand der Abwehrmaßnahmen — Heilbehandlung)

Nach den Ausführungen unter 2., a) — h), sind von den einzelnen Kostenträgern folgende Aufwendungen nachgewiesen worden:

soziale Rentenversicherungsträger 403,5 Millionen
Sozialhilfe   rund 139,0 Millionen
Bundesbahn   rund   13,0 Millionen
Bundespost   rund   3,5 Millionen

Unberücksichtigt sind die Aufwendungen des Bundes und der Länder für die Einrichtungen der Tuberkulosebekämpfung bei den Gesundheitsämtern, die Sachaufwendungen der Kostenträger für ihre Einrichtungen, die Kosten von Staat und Gemeinden für die Durchführung von Röntgenreihenuntersuchungen, Tuberkulintests und katastermäßigen BCG-Schutzimpfungen.

Die Unkosten, die der Bundeswehr und dem Bundesgrenzschutz durch die Betreuung tuberkulosekranker Dienstpflichtiger entstehen, sind zur Zeit zahlenmäßig nicht nachgewiesen.

Summary: State of Anti-tuberculosis Measures: Treatment

As stated in para 2. (a) — (h) the following amounts were expended by various authorities:

Social Insurance		403.5 millions
Social Assistance	approx.	139.0 millions
Federal Railways	,,	13.0 millions
Federal Post Office	,,	3.5 millions

Expenditure of the Federal Republic and of States incurred in providing anti-tuberculosis equipment for Health Offices, expenditure of all authorities for equipment, expenditure by States and local authorities for mass x-ray, tuberculin testing, and registered BCG inoculations have not been included in the above figures.

Figures for expenditure by the Federal Armed Forces and the Federal Frontier Force for the care of tuberculous soldiers are not available at present.

Résumé: Budget des mesures préventives — thérapeutiques

Sur base des données sous 2 a)—h), on a noté les dépenses suivantes de diverses parties intéressées aux frais:

institutions d assurance sociale	403,5 millions	
aide sociale	ca 139,0	,,
chemins de fer fédéraux	ca 13,0	,,
poste fédérale	ca 3,5	,,

Ne sont pas pris en considération: les dépenses faites par la République fédérale et les divers états fédéraux pour la lutte antituberculeuse par les départements de santé publique, les dépenses faites par les parties intéressées pour leurs organisations, les frais de l'état et des communes pour les examens radiographiques massifs, les tests à la tuberculine et les vaccinations préventives au BCG.

Les frais encourus par l'armée fédérale et par les forces fédérales de protection des frontières pour les soins de leurs membres tuberculeux, n'ont jusqu'à présent pu être évalués.

Resumen: Situación de las medidas de defensa — Tratamiento sanatorial

Detallados bajo 2, a) — h), han sido comprobados por las distintas entidades los siguientes gastos:

Seguros Pensionales Sociales	403,5 millones	
Auxilio Social	alrededor de 139,0	,,
Ferrocarriles federales	,, 13,0	,,
Correos	,, 3,5	,,

No se han considerado los gastos de la Federación y regionales para instalaciones de la lucha antituberculosa en los centros sanitarios, ni los gastos materiales de las entidades para sus instalaciones, ni los del Estado y Municipios para llevar a cabo las exploraciones radiológicas sistemáticas, tests tuberculínicos y vacunaciones preventivas BCG registradas.

Por ahora, no han sido presentados numéricamente los gastos que se le originan al Ejército federal y a la Defensa fronteriza por el cuidado de los soldados afectados de tuberculosis.

IV. Die Tuberkulose im Ausland

Wahrscheinlich durfte zu keiner Zeit das Tuberkuloseproblem unter ausschließlich nationalen Aspekten betrachtet werden, aber heute, unter den Voraussetzungen einer in ihrem Ausmaß nicht vorhersehbaren privaten Reisetätigkeit und einer millionenfachen Grenzüberschreitung durch landesfremde Arbeitskräfte, ist es unbestritten und offenkundig, daß die Tuberkulose immer mehr als weltweites Problem gesehen werden muß. Sichtbaren Ausdruck fand diese Tatsache darin, daß der Weltgesundheitstag 1964 unter dem Motto „Kein Waffenstillstand für die Tuberkulose" stand; in Deutschland wurde von der „(immer noch) unbesiegten Tuberkulose" gesprochen.

Das DZK hat dieser supranationalen Bedeutung der Tuberkulose schon seit langem dadurch Rechnung getragen, daß vom Tuberkulosejahrbuch 1953/54 ab ein besonderes Kapitel der Tuberkulosesituation im Ausland gewidmet wurde. Nachdem die XVIII. Internationale Tuberkulosekonferenz vom 5. bis 9. Oktober 1965 in München stattfand, soll zunächst auf die internationalen Vereinigungen, die sich mit der Tuberkulosebekämpfung befassen, eingegangen, danach die Situation in einer Reihe von ausgewählten Ländern besprochen werden, im wesentlichen an Hand des internationalen Schrifttums der Jahre 1964 und 1965, vereinzelt auch aus 1963 und 1966; Vollständigkeit wird nicht angestrebt.

1. Internationale Organisationen

a) Die Internationale Union gegen die Tuberkulose (IUAT)

SCHROEDER hat in seiner Begrüßungsansprache als Präsident der Münchener Konferenz die Geschichte der Internationalen Organisationen und Kongresse von der Jahrhundertwende ab behandelt. Während in der Internationalen Vereinigung gegen die Tuberkulose Deutschland von Anfang an vertreten war und 1902 und 1913 den Kongreß dieser Gesellschaft in seinen Grenzen sehen konnte, wurde es in der 1920 neu gegründeten Union Internationale contre la Tuberculose erst später Mitglied. Nach BERNARD, dem ständigen Generalsekretär der Union, gelten als deren Aufgaben:

a) Vereinigung aller nationalen Gesellschaften, die sich mit der Tuberkulosebekämpfung befassen. Sofern in einem Land keine entsprechenden Organisationen bestehen, kann es durch seinen Öffentlichen Gesundheitsdienst vertreten werden.

b) Organisation der Internationalen Tagungen („Konferenzen").

c) Studium der gesetzlichen Maßnahmen gegen die Tuberkulose.

d) Erreichen vergleichbarer internationaler Statistiken.

e) Anregung von Untersuchungen über Verhütung, Verbreitung und Vorbeugung.

Jedes Land benennt, je nach Größe, 2—5 Ratsmitglieder (Membres Conseillers). Aus den Ratsmitgliedern des Landes, in dem der nächste internationale Kongreß stattfindet, wird der Präsident durch die Hauptversammlung gewählt; für die Sitzungsperiode 1964/65 war dies der Präsident des DZK, Prof. Dr. SCHROEDER. Weitere Organe der Union sind das Exekutivkomitee (Comité exécutif), der Direktionsrat (Conseille de Direction), der Schatzmeister (Trésorier), der Generalsekretär (Secrétaire Général) und der Exekutivdirektor (Directeur exécutif). Für Südamerika, Südostasien sowie den Nahen und Mittleren Orient bestehen Regionalkomitees. Die Union verfügte im Juni 1966 über folgende technische Kommissionen:

1) Epidemiologie und Statistik.
2) Bakteriologie und Immunologie.
3) Entdeckung und Diagnostik.
4) Behandlung.
5) Prophylaxe.
6) Tiertuberkulose.
7) ad hoc Komitee zur Klassifizierung und Terminologie.

Die Bundesrepublik stellt 4 der 59 ordentlichen Mitglieder:
Priv. Doz. Dr. BARTMANN, Sekretär des Ausschusses 5),
Prof. Dr. FREERKSEN, Vorsitzender des Ausschusses 6),
Frau Prof. Dr. MEISSNER, Vorsitzende des Ausschusses 2),
Prof. Dr. RADENBACH, Mitglied des Ausschusses 4),
sowie 3 der 40 korrespondierenden Mitglieder:
Prov. Doz. Dr. BOENICKE, Ausschuß 2),
OMR Dr. NEUMANN, Ausschuß 1),
Prof. Dr. P. G. SCHMIDT, Ausschuß 4).

Symbol der Union ist das *Lothringer Kreuz*. Als Publikationsorgane stehen das „Bulletin of the International Union against Tuberculosis" (Bull. int. Un. Tuberc.) und die „Revue T", letztere für breite Leserschichten, zur Verfügung.

Über zwei Untersuchungsreihen der Union ist berichtet worden:

1. In Holland (Delft) und Frankreich (Departement Côte d'Azur) wurden Tuberkulinprüfungen (Intrakutantest, 2 TE PPD RT 23 und 5 TE aviäres RS 10, beide Tuberkuline in Tween 80 ® gelöst) vorgenommen. Das Ergebnis ist in Tabelle 60 zusammengestellt. Während in Delft nur 44 (1,4 %) Kinder auf humanes PPD reagierten, waren es 256 (7,8 %) auf aviäres; an der Côte d'Azur stehen 184 (9,4 %) Reaktionen auf humanes Tuberkulin nur 146 (7,5 %) auf aviäres gegenüber (2).

2. In einer anderen Untersuchungsreihe wurden 205 Schirmbilder 70 x 70 oder 100 x 100 mm durch 20 verschiedene Ärzte ausgewertet. Nur in 20 Fällen stimmten alle 20 Beurteilungen überein. Eine deutliche Majorität, d. h. Übereinstimmung in wenigstens 65 % der Beurteilungen, war in 68,3 % vorhanden (3, 4).

Literatur

1. BERNARD, E.: Prax. Pneumol. 19, 599—601 (1965)
2. BLEIKER, M. A.: Bull. int. Un. Tuberc. 36, 39—43 (1965)
3. Bull. int. Un. Tuberc. 36, 61—72 (1965)
4. NEUMANN, G.: Prax. Pneumol. 19, 424—432 (1965)
5. SCHROEDER, E.: Öff. Gesundh.-Dienst 27, 502—506 (1965)

Tabelle 60. *Ergebnis von Tuberkulinprüfungen in Holland und Frankreich*

Geburtsjahr	Holland						Frankreich					
	Knaben		Mädchen		Sa.		Knaben		Mädchen		Sa.	
	a	b	a	b	a	b	a	b	a	b	a	b
1950	28	(7,2)c)	36	(3,0)	64	(4,7)	113	15,9	115	15,7	228	15,8
1951	102	5,9	100	3,0	202	4,5	115	15,7	102	12,7	217	14,3
1952	270	1,9	244	1,6	514	1,8	123	12,2	96	(12,5)	219	12,3
1953	245	0,8	281	0,4	526	0,6	124	10,5	109	11,0	233	10,7
1954	254	1,9	258	0,4	512	1,2	147	8,8	139	7,2	286	8,0
1955	250	1,6	292	0,3	542	0,9	127	4,7	127	7,1	254	5,9
1956	261	1,5	264	0,4	525	1,0	134	7,5	141	4,3	275	5,8
1957	203	0,5	189	1,6	392	1,0	123	5,7	113	3,5	236	4,7
Sa.	1613	1,9	1664	0,9	3277	1,3	1006	9,9	942	8,9	1948	9,5

a) = Zahl der Getesteten
b) = Prozentsatz mit Induration von > 6 mm Durchmesser
c) = Grundzahl < 100

b) Weltgesundheitsorganisation (WHO)

In der WHO, einer 1948 gegründeten Unterorganisation der UN, sind über 100 Länder, darunter auch Nichtmitglieder der UN, vereinigt. Ziel ist in erster Linie der Erfahrungsaustausch über gesundheitliche Probleme, aber, zunehmend ab 1958, die internationale Zusammenarbeit. Von Anfang an fand die Tuberkulose die volle Aufmerksamkeit der WHO; heute wird sie in einem besonderen Referat (Leiter: Dr. H. T. MAHLER) innerhalb der Abteilung für ansteckende Krankheiten bearbeitet.

Nach vorsichtigen Schätzungen der WHO ist auf der Welt mit 10—20 Mill. aktiven Tuberkulosen zu rechnen; 2—3 Mill. erkranken und 1—2 Mill. sterben pro Jahr.

Von 1948—64 hat die WHO in 23 verschiedenen Ländern Ausbildungszentren eingerichtet, in 16 Feldversuche, in 15 Untersuchungen über die Tuberkulosehäufigkeit durchgeführt, in 25 hilft die WHO bei der Aufstellung eines Nationalen Programms, und in 37 werden Einzelberatungen, Ausbildungsplätze usw. gewährt.

Zusammen mit UNICEF, dem Hilfswerk für Kinder, wurden bis 1.7.1964 418 478 842 Personen mit Tuberkulin getestet und 162 206 292 mit BCG geimpft. Dieses Resultat ist allein schon von der Zahl her imponierend, noch mehr aber, wenn man die Schwierigkeiten bedenkt, unter denen es gewonnen wurde.

Besonderer Wert wird heute auf das „Nationale Tuberkulose-Programm" gelegt. Folgende Voraussetzungen werden gefordert:

1. Epidemiologisch: das Programm muß das ganze Land umfassen und darf zeitlich nicht begrenzt sein.
2. Soziologisch: es muß sich den Bedürfnissen der Bevölkerung anpassen und diese befriedigen.
3. Administrativ: alle Tuberkuloseeinrichtungen müssen in den allgemeinen Gesundheitsdienst integriert sein.
4. Wirtschaftlich: das Programm muß sich innerhalb der wirtschaftlichen Gegebenheiten des ganzen Landes bewegen. Die verfügbaren Mittel müssen so wirkungsvoll als möglich eingesetzt werden.

Im Jahre 1964 überschritt der Tuberkuloseetat der WHO erstmals die 2 Mill. $ —Grenze *(1,2)*.

Die Ergebnisse epidemiologischer Studien, die von der WHO veranlaßt wurden, z.B. in Madras (Südindien), beeinflussen Haltung und Einstellung der internationalen Gremien stark. An diesen Empfehlungen wiederum können die nationalen Einrichtungen nicht ohne weiteres vorübergehen. Dies gilt z.B. für den 8. Bericht des WHO-Sachverständigenkomitees für Tuberkulose *(3)*, dem kein Deutscher angehörte. Schon die Definition „eines Falles von Tuberkulose" bedarf der kritischen Betrachtung: hierunter wird, unter Beschränkung auf die Lungentuberkulose, ein Patient verstanden, in dessen Auswurf Tuberkulosebakterien nachzuweisen sind. Alle nicht bakteriologisch bestätigten Fälle zählen nur als „Verdacht". Hier ist zunächst zu beachten, daß es sich um eine rein *epidemiologische* und keine *klinische* Definition handelt, wobei offensichtlich von einem sehr eng gefaßten epidemiologischen Begriff ausgegangen wird. An sich ist eine Hervorhebung der bakteriologisch bestätigten Fälle durchaus angebracht, aber alle anderen nur als „Verdacht" zu bezeichnen, wird weder deren klinischen noch epidemiologischen Bedeutung, dieser im weiteren Sinne, gerecht[1]). Diese Gruppe stellt, sofern nicht konsequent behandelt wird, das wichtigste Reservoir später ansteckungsfähiger Kranker, ist ferner Anlaß zu der epidemiologisch wichtigen Quellensuche; diese dient dem Hauptziel aller Tuberkulosebekämpfung, nämlich der Verhütung einer weiteren Ausbreitung der Erkrankung. Im übrigen stellt dieser Sachverständigenbericht ein wohl abgewogenes Kompendium der gegenwärtigen Kenntnisse und Auffassungen auf dem Gebiet der Tuberkulosebekämpfung dar, das sorgfältiger Aufmerksamkeit bedarf.

Literatur

1. MAHLER, H. T.: Prax. Pneumol. **19**, 575–598 (1965)
   (ebenso WHO Chronicle **19**, 309–325 und 365–374 [1965])
2. WHO: International Work in Tuberculosis, 1949–1964; Genf 1965
3. Wld Hlth Org. techn. Rep. Ser. **1964**, No. 290.

2. Internationale Vergleiche

a) Vorbemerkungen

Für einen sinnvollen internationalen Vergleich müssen folgende Voraussetzungen erfüllt sein:

> verbindliche Definitionen,
> gleiche diagnostische Möglichkeiten,
> gleiche Erfassungsintensität.

Keine dieser Forderungen ist auch nur annäherungsweise erfüllt. Es würde sicher einen Fortschritt bedeuten, wenn in allen Ländern die bakteriologisch bestätigten Fälle gesondert ausgewiesen würden, ggf. nur die im einfachen Ausstrich positiven Fälle. Die Position der Bundesrepublik würde wegen der relativ hohen Erfassungsintensität immer noch hinter den nordischen Ländern zurückbleiben.

Nach TAYLOR war Ende 1962 die Tuberkulose in 27 von 149 Ländern und Regionen nicht meldepflichtig; in Europa gilt dies für Bulgarien, Irland, Island, Jugoslawien, Schweiz und Ungarn, in Afrika für Lybien, Mali, Nordsomali, Rwanda, St. Helena, Swaziland, Tunesien, in Amerika für Antigua und Chile, in Asien für 9 indische Staaten sowie Formosa, Kuweit, Mongolei, Südvietnam, Thailand. Für die Schweiz und Jugoslawien treffen die Angaben von TAYLOR nicht zu, denn hier besteht durchaus eine Meldepflicht, umgekehrt fehlt sie in Pakistan.

Ähnlich umfassend wie in der Bundesrepublik ist die Meldepflicht in folgenden Ländern: Ägypten, Australien (Queensland), Canada (Alberta und Nova Scota), Dominikanische Republik, Griechenland, Israel, Libanon, Mexico, Portugal, Uganda, Uruguay. In Belgien und Ecuador ist nur die Lungentuberkulose meldepflichtig, in der ČSSR und in Jugoslawien jede fortschreitende pulmonale und

---

[1]) Vergleiche Einleitung S. 1.

Tabelle 61. *Sterberaten in ausgewählten Ländern* (Sterbefälle je 100 000)

Land	Tuberkulose der Atmungsorgane			Tuberkulose anderer Organe		
	Jahr					
	1962	1963	1964	1962	1963	1964
Afrika						
Ägypten[1])	14,2	13,1	+[2])	2,3	1,6	+
Maritius	9,2	8,4	9,0	0,9	1,4	1,2
Amerika						
Canada	3,7	3,6	3,1	0,5	0,4	0,4
Chile	43,9	49,8	+	4,0	3,8	+
Columbia	25,0	23,4	21,8	3,8	3,8	3,1
Costa Rica	10,8	8,9	11,0	1,1	1,0	1,2
Cuba	19,2	18,9	+	0,6	0,6	+
Dominikanische Republik	10,5	7,7	7,4	0,4	0,4	0,3
El Salvador	11,9	14,0	+	1,4	1,4	+
Guatemala	29,7	29,0	+	1,6	2,1	+
Mexiko	22,5	21,9	+	3,8	3,2	+
Panama[3])	21,7	20,4	21,5	1,8	1,7	2,1
Puerto Rico	22,2	19,7	+	0,8	0,9	+
Trinidad und Tobago	4,9	7,3	+	0,4	0,8	+
Venezuela[3])	14,5	14,0	13,4	1,5	1,1	1,2
Vereinigte Staaten	4,7	4,6	3,9	0,4	0,4	0,4
Asien						
Ceylon	14,0	+	+	2,7	+	+
Formosa	34,5	32,5	36,1	5,3	5,1	4,3
Hong Kong	48,5	43,4	34,3	6,7	5,7	4,8
Israel[4])	3,0	4,2	3,4	0,3	0,4	0,3
Japan	27,1	22,5	22,0	2,1	1,7	1,5
Jordanien	7,0	6,7	6,5	1,5	1,4	0,6
Singapore	36,1	36,4	+	1,6	1,2	+
Europa						
Belgien	13,4	12,5	+	1,0	0,8	+
Bulgarien	15,8	14,5	12,9	1,7	1,8	1,3
Dänemark	3,5	2,7	2,1	0,5	0,3	0,3
Deutschland:						
Bundesrepublik	13,0	13,5	+	1,0	0,9	+
West Berlin	22,6	24,1	+	1,1	1,1	+
Finnland	18,5	15,4	13,8	1,0	0,8	1,0
Frankreich[5])	17,4	16,4	14,0	1,8	1,8	1,6
Griechenland	15,0	13,2	13,0	1,2	0,9	0,8
Großbritanien:						
England und Wales	5,9	5,5	4,7	0,7	0,7	0,6
Nordirland	6,8	7,1	4,8	0,3	0,8	0,9
Schottland	7,7	9,0	6,5	0,7	0,5	0,7
Holland	2,1	1,8	1,5	0,4	0,3	0,4
Irland	13,7	13,7	12,9	1,4	1,5	1,2
Island	2,2	1,6	1,1	0,5	−	−
Italien	14,1	13,2	+	1,4	1,3	+
Jugoslawien	41,7	32,0	+	3,6	2,8	+
Malta und Gozo	4,0	2,7	2,8	0,3	0,6	−
Norwegen	4,6	3,8	+	0,9	0,9	+
Österreich	20,7	20,2	18,0	2,1	2,0	1,6
Polen	39,3	38,4	38,4	1,9	1,7	1,5
Portugal	32,7	32,3	28,8	3,8	3,3	3,0
Rumänien	30,9	25,8	+	3,8	2,9	+
Schweden	5,0	5,2	+	0,6	0,6	+
Schweiz	9,1	8,5	+	2,0	1,7	+
Spanien[5])	20,7	19,1	+	2,9	2,5	+
Tschechoslowakei	21,9	16,5	+	1,3	1,1	+
Ungarn	28,7	24,5	24,6	1,6	1,6	1,4

[1]) = nur Gebiete mit Gesundheitsamt   [3]) = ohne Indianerstämme   [5]) = ohne Kinder in den ersten
[2]) = Ergebnis liegt nicht vor   [4]) = jüdische Bevölkerung   3 Lebenstagen

extrapulmonale Tuberkulose, in der City von New York bazilläre Tuberkulosen, Lungentuberkulosen mit Kavernen, Infiltraten, fibrösen oder nodulären Veränderungen, Pleuritis exsudativa und klinisch aktive extrapulmonale Tuberkulosen.

Literatur

1. TAYLOR, J., in: WHO Publ. Hlth Papers No. 27, Genf 1965
2. The Control of Tuberculosis: WHO, Genf 1963

b) Mortalitätsstatistik

Selbst bei gleichen Definitionen bleiben die beiden anderen Voraussetzungen, Erfassungsintensität und diagnostische Aktivität, zwangsläufig unterschiedlich, so daß, wie in diesem Jahrbuch wiederholt betont, internationale Vergleiche nur mit Zurückhaltung möglich sind. Die vorliegenden Mortalitätszahlen haben allenfalls im jüngeren Lebensalter eine gewisse Aussagekraft, verlieren sie aber vom 50. Lebensjahr ab, also dem Alter, in dem sich heute in den meisten Ländern die Mehrzahl der Tuberkulosesterbefälle ereignen. In diesen Jahren ist die Tuberkulose meist mit anderen Erkrankungen vergesellschaftet, und die Entscheidung, welches von mehreren Leiden letzten Endes den Tod herbeigeführt hat, ist in vielen Fällen nicht objektiv einwandfrei zu treffen. Die Tab. 61 beschränkt sich im wesentlichen auf Länder mit ausgebautem Gesundheitswesen und einem entsprechenden statistischen Dienst. Im Jahre 1963 wird der Höchstwert mit 49,8/100000 aus Chile gemeldet, der niedrigste aus Island mit 1,6, d.h. die Spanne zwischen Maximal- und Minimalwert beträgt 1 : 31. Der Stand von Chile entspricht dem der Bundesrepublik von 1949/50. 24 der 52 in der Tabelle aufgeführten Länder und Regionen weisen eine niedrigere Sterblichkeit als die Bundesrepublik auf, und zwar allein 13 der 26 europäischen. In 20 Ländern beträgt die Mortalität bereits weniger als 10/100000, in 10 weniger als 5 und in 2 (Island und Holland) weniger als 2/100000.

Eine solche Reihenfolge, wie sie hier vorliegt, stellt keine echte Rangordnung dar, sondern ist nur als grobe Orientierung zu werten.

Literatur

Epidem. vital Statist. Rep. 19, 28 (1966)

c) Kosten der Tuberkulosebekämpfung

Von TROMP wurde eine Aufstellung über die Kosten der Tuberkulosebekämpfung in verschiedenen Ländern gegeben (s. Tab. 62). Auffallend ist der ungewöhnlich niedrige Betrag in Holland mit einer besonders erfolgreichen Tuberkulosebekämpfung. Aus den Zahlenangaben folgt z.B., daß das Pro-Kopf-Bruttosozialprodukt in der CSSR das der Schweiz, der Bundesrepublik sowie Hollands und Norwegens übersteigt. 37 % der Ausgaben werden für Behandlung und Eingliederung, 43 % für Soziallasten einschließlich volkswirtschaftlichen Schaden, 10 % für Fürsorgestellen und nur 6 % für Vorbeugung, Forschung und Untersuchung aufgewendet, der Rest für Bauten, Einrichtungen und Sonstiges. Die Kosten werden aufgebracht in 35 % durch den Staat, 50 % durch Versicherungen, 15 % durch Eigenmittel der Patienten, Legate und andere Quellen. In der Schweiz hat sich trotz Rückgangs der Krankheitsfälle der Gesamtaufwand von 1953 bis 1963 nicht geändert und beläuft sich gleichbleibend auf 60—65 Mill. sfr.

Tabelle 62. *Kosten der Tuberkulosebekämpfung in 10 europäischen Ländern 1963*

Land	pro Kopf und Jahr in US−$	in ‰ des Bruttosozialproduktes
Italien	5,80	5,8
ČSSR	4,50	1,3
Schweiz	4,40	1,3
Deutschland	4,00	1,7
Norwegen	4,00	1,4
Finnland	4,00	3,4
Österreich	3,50	1,5
Belgien	3,50	1,4
Jugoslawien	2,80	5,5
Holland	1,80	0,8

Literatur

TROMP, M.: Bl. Tuberk. **1965**, 171—176.

d) Internationale Untersuchungen und Vergleiche

BJARTVEIT u. WAALER haben in einer umfangreichen Studie zur Wirksamkeit der BCG-Impfung die Morbidität in Dänemark, Norwegen, Ohio, Schweden, und Upstate New York miteinander verglichen (*s. Tab. 63*). In allen Gebieten ist die Kindertuberkulose beträchtlich zurückgegangen, in Ländern mit BCG-Impfung am stärksten in der Altersgruppe, die dem Impfalter unmittelbar folgt. In Norwegen wären ohne BCG-Impfungen von 1948—61 4010 Fälle mehr im Alter von 15—24 Jahren aufgetreten als es tatsächlich der Fall war. Wegen der günstigeren Ausgangslage hätten andererseits im Upstate New York nur 1490 Erkrankungen in der gleichen Zeitspanne und Altersklasse verhindert werden können.

Tabelle 63. *Rückgang der Neuzugänge (Inzidenz) an Tuberkulose der Atmungsorgane in fünf verschiedenen Staaten 1948—1961, bei Kindern bis zum vollendeten 14. Lebensjahr*

Land	Zugangsrate je 10 000						BCG-Impfung
	1948		1951		1961		
	♂	♀	♂	♀	♂	♀	
Dänemark	5,8	6,0	3,2	3,1	1,0	0,9	Schulanfänger
Norwegen	11,1	12,9	7,6	8,7	2,8	2,5	Entlaßschüler
Ohio (USA) (Farbige)	9,3	10,0	8,3	7,9	3,4	4,3	keine
Ohio (USA) (Weiße)	1,5	1,1	1,1	1,2	0,6	0,8	keine
Schweden[1]	+	+	5,3	5,8	0,4	0,5	Neugeborene
Upstate New York	1,7	2,0	1,4	1,6	0,9	0,9	keine

[1] = Tuberkulose aller Organe

In Frankreich, Jugoslawien und in der Schweiz wurden 1962—64 Tuberkulintestungen bei Kindern vorgenommen (LOTTE). Über Umfang und Ergebnis dieser Studie informiert Tab. 64. Unter geimpften Kindern fanden sich weniger pathologische Lungenveränderungen als unter nichtgeimpften, ebenso weniger bei schwacher als bei starker Tuberkulinreaktion. In Frankreich wurden nur 9 % aller aktiven Tuberkulosen im Kindesalter durch klinische Symptome entdeckt, 80 % durch Kollektivuntersuchungen, 11 % durch individuelle Fallsuche; für Jugoslawien lauten die entsprechenden Ziffern 26, 68 und 4 %. In 88—95 % wurde bei aktiven Tuberkulosen nach dem Infizienten gesucht, in 22 % mit Erfolg. In 22—45 % handelte es sich um eine erstmals festgestellte Tuberkulose. Von den bekannten Fällen waren 12—14 % nicht oder nicht regelmäßig behandelt; nur bei ebensoviel war im laufenden Jahr eine Sputumuntersuchung erfolgt.

Literatur

1. BJARTVEIT, K., H. WAALER: Bull. Wld Hlth Org. 33, 289—319 (1965)
2. LOTTE, A.: Etude sur l'épidémiologie de la tuberculose et les defaillances de la lutte anti-tuberculeuse chez l'enfant. Paris 1966 (als Manuskript gedruckt)

3. Zur Tuberkulosesituation in einzelnen Ländern

Im folgenden werden Berichte über die epidemiologische Situation in verschiedenen Ländern gebracht, in erster Linie über Mortalität, Morbidität, Durchseuchung, Röntgenreihenuntersuchungen (RRU) und BCG-Impfungen, mitunter ergänzt durch einschlägige Einzelarbeiten. Ausführlich wird besonders auf die Länder eingegangen, die Arbeitskräfte in großer Zahl in die Bundesrepublik entsenden.

Tabelle 64. *Tuberkulintestungen in vier europäischen Ländern 1962—65*

Land/Stadt		Altersgruppe in Jahren	Tuberkulosemorbidität %oooo	Zahl der Getesteten[1]	Davon Reaktionen >10mm (in %)
Schweiz	Genf	6 – 13	53	16 099	12
Frankreich	Bordeaux	6 – 13	80	25 970	10
	Lille	6 – 13	150	10 045	17
	Soissons	6 – 13	80	18 260	8
	Straßburg	6 – 13	100	9 445	23
Polen	Kattowice	7 – 14	156	4 582	30
	Rzeszow	7 – 14	151	2 728	25
Jugoslawien	Novo Sarajevo	7 – 14	60	4 629	37
	Čakovec	7 – 14	255	5 971	54
	Belgrad	7 – 14	51	3 214	50
	Šabac	7 – 14	53	5 154	54
	Kranj	7 – 14	12	5 861	16

[1]) = nicht BCG-geimpft

Tabelle 65. *Sterberaten in England und Wales* (je 100 000 Lebende)

Todesursache		Jahr										
		1954	1955	1956	1957	1958	1959	1960	1961	1962	1963	1964
alle	♂	1 220	1 248	1 245	1 231	1 245	1 233	1 220	1 256	1 253	1 281	1 157
	♀	1 053	1 093	1 095	1 068	1 096	1 097	1 086	1 136	1 133	1 159	1 067
alle infektiösen und para-sitären Krankheiten	♂	33,2	29,2	24,6	23,0	20,9	18,9	17,0	16,4	15,2	14,6	12,6
	♀	16,0	13,6	11,6	10,8	9,9	8,5	7,9	8,2	7,1	9,0	6,1
Tuberkulose alle Formen	♂	25,3	21,2	17,7	15,8	14,7	12,8	11,3	10,8	10,1	9,6	8,0
	♀	10,9	8,5	6,8	5,9	5,4	4,4	3,9	3,9	3,4	3,2	2,6
Lungentuberkulose	♂	23,2	19,5	16,4	14,6	13,6	12,0	10,6	10,0	9,3	8,9	7,4
	♀	9,2	7,2	5,7	4,7	4,5	3,6	3,2	3,2	2,8	2,4	2,0

a) Europa

1. Großbritannien

Es gibt keine gemeinsamen Angaben, sondern nur getrennte für England mit Wales, Schottland und Nordirland. Für die 47,4 Mill. Einwohner von England und Wales liegen Mortalitätsziffern vor (*s. Tab. 65*). Der Rückgang der Sterblichkeit an Tuberkulose ist ausgeprägter als für die Gesamtheit der infektiösen und parasitären Krankheiten. Aus der altersmäßigen Aufgliederung (*s. Tab. 66*) geht hervor, wie selten jüngere Menschen an Tuberkulose sterben; der Anteil ist geringer als in der Bundesrepublik. In Schottland fordern Bronchitis wie Lungenkrebs wesentlich mehr Opfer als die Lungentuberkulose (*s. Tab. 67*). Von allen drei Leiden ist die Stadtbevölkerung stärker betroffen, als es die Landbevölkerung ist. Bei einer Gesamtbevölkerung von 5,2 Mill. starben in Schottland innerhalb von 5 Jahren (1960–1964) bis zum 15. Lebensjahr nur 10 Kinder an Lungentuberkulose und 18 an Tuberkulose anderer Organe. Während 1949 noch 1316 Kinder mit endothorakaler und 785 mit extrapulmonaler Tuberkulose neu registriert wurden, waren es 1964 nur noch 260 und 44. BCG-Impfungen werden im 13. Lebensjahr vorgenommen. 1954 waren es in England und Wales erst 43 763, 1955 134 308, 1960 446 322 und 1964 471 408. In Schottland wurden 1953 insgesamt 26 070 BCG-Impfungen ausgeführt, 1964 86 974, davon betrafen 53 538 Entlaßschüler, 17 641 Neugeborene, 10 198 Exponierte, 824 Krankenschwestern, 74 Medizinstudenten und 4697 andere Personen. Von den vor der Impfung getesteten Schulkindern waren in England und Wales 1963 14,9 % 1964 12,6 % tuberkulin-positiv. In Schottland verringerte sich der Anteil der positiven Reaktionen bei Entlaßschülern von 56 % (1952) auf 16 % (1964). 1962 wurden 3 245 000 Schirmbilder angefertigt, 1963 3 291 000; dabei wurden in England 4 180 bzw. 4 183 (1,3 ‰) Tuberkulosen entdeckt, zusätzlich (1963) 3 081 maligne und 609 benigne Tumoren, 758 Sarkoidosen, 495 angeborene Herz- und Gefäßanomalien und 1993 Silikosen. Die Zahl

Tabelle 66. *Tuberkulosesterbefälle in England und Wales*

Altersklassen	1963						1964					
	Lungen-tuberkulose		Meningitis		Sonstiges		Lungen-tuberkulose		Meningitis		Sonstiges	
	♂	♀	♂	♀	♂	♀	♂	♀	♂	♀	♂	♀
0 – unter 1	1	–	1	1	1	–	–	1	1	–	–	–
1 – unter 5	1	1	9	9	–	2	3	4	4	4	–	1
5 – unter 10	1	1	1	–	–	–	–	–	1	1	–	1
10 – unter 15	–	–	2	5	–	–	1	1	–	–	2	–
15 – unter 20	4	–	3	4	2	2	3	1	1	–	–	1
20 – unter 25	2	4	1	2	6	1	5	1	–	1	2	1
25 – unter 35	31	40	2	3	2	9	25	25	1	2	6	3
35 – unter 45	159	99	8	5	20	10	110	79	4	1	17	12
45 – unter 55	300	114	6	2	20	25	257	79	2	3	23	15
55 – unter 65	631	119	4	2	36	23	491	98	7	2	29	22
65 – unter 75	595	106	–	1	29	34	532	105	4	3	24	18
75 und älter	297	103	–	–	16	42	284	104	1	1	13	41
Sa.	2022	587	37	34	132	148	1711	498	26	18	116	115

der jährlich gefertigten Schirmbilder bewegt sich in Schottland seit 1959 um 300 000. Auf 323 727 Aufnahmen wurden 1964 426 (1,3 ‰) neue aktive Tuberkulosen entdeckt; die Rate der Befundfälle geht zurück. — Über die Leistungen der Fürsorgestelle gibt Tab. 68 Auskunft. Trotz dieser relativ hohen Zahlen bleibt die Erfassung unvollständig: 1963 waren 32,6 %, 1964 32,5 % aller Tuberkulosesterbefälle vor dem Tode nicht bekannt. Bei den endothorakalen Tuberkulosen beträgt die Relation zwischen den Minimal- und Maximalwerten der einzelnen Counties 1:11 (8 bzw. 89/100 000 bei einem Durchschnitt von 31,68), bei den extrapulmonalen gar 1 : 30 (Minimum 1, Maximum 30, Durchschnitt 5,44; Bezirke ohne Fall nicht berücksichtigt). Ebensowenig wie in der Bundesrepublik dürften derartig hohe Schwankungen auf echten epidemiologischen Unterschieden beruhen. — Eine Besonderheit Englands ist das sog. Resistenten-Register. Am 3. 12. 1963 waren 103 Patienten resistent gegen Streptomycin (Sm), 21 gegen PAS, 384 gegen INH, 58 gegen Sm+PAS, 322 gegen Sm+INH, 214 gegen PAS+INH und 669 gegen Sm+PAS+INH (*4, 5, 6, 8*). Auch in England spielt die Einwanderertuberkulose eine wichtige Rolle. In *Birmingham* war 1960—62 (*s. Tab. 69*) das Tuberkuloserisiko

Tabelle 67. *Mortalität in Schottland an Lungenkrebs, Bronchitis, Lungentuberkulose*

Krankheit	Ge-schlecht	Jahr							
		1953		1962		1963		1964	
		Zahl	%₀₀₀	Zahl	%₀₀₀	Zahl	%₀₀₀	Zahl	%₀₀₀
Lungenkrebs	♂	1 468	60	2 222	89	2 375	95	2 429	97
	♀	301	31	382	14	379	15	475	18
Bronchitis	♂	1 108	45	1 768	71	2 171	87	1 914	77
	♀	644	24	706	26	881	33	752	28
Lungentuberkulose	♂	724	30	304	12	335	13	248	10
	♀	435	16	96	4	134	5	91	3

Tabelle 68. *Überwachungen in den Chest Clinics* (England und Wales)

	1963	1964
Summe der überwachten Personen	344 225	349 126
Neue Fälle — Lungentuberkulose	26 638	25 313
Neue Fälle — extrapulmonale Tuberkulose	2 345	2 427
Fälle mit TB — Nachweis im laufenden Jahr	12 181	11 099

Tabelle 69. *Tuberkulose bei Einheimischen und Ausländern*
Birmingham 1960—62

	Geburtsland						
	Groß-britannien	Irland	Britisch Karibien	Indien	Pakistan/Ceylon	Sonstiges	Summe
	Registrierungen je 100 000 Personen						
Männer	68	210	130	450	1 820	210	99
Frauen	39	130	170	–	–	180	48

für Einwanderer aus Ceylon und Pakistan weitaus am höchsten. Die erkrankten Ausländer beeinflussen die Altersverteilung der registrierten Tuberkulösen stark; das absolute Maximum verlagert sich wieder von den höheren in die jüngeren Erwachsenenjahrgänge (7).

Die British Tuberculosis Association nahm 1961 und 1962 bei Schulkindern Tuberkulinprüfungen vor, insgesamt 5 222, d. h. 66,8 % der Ausgangsgruppe, wurden dreimal getestet. Unter nicht gegen Tuberkulose geimpften Kindern erwiesen sich beim 1. Test mit humanem PPD (HEAF-Test) 15,5 %, beim 2. und 3. 18,9 % als infiziert, mit aviärem 21,6, 30,0 und 28,6%. 710 Kinder sprachen auf den 1. Test mit humanem Tuberkulin positiv an, 38,3 % blieben bei der ersten, 68,0 % davon bei der zweiten Wiederholung negativ, während 32,0 % erneut eine positive Reaktion zeigten. Bei 30,6 % der Kinder mit positiver Reaktion auf den 1. und 2. Test gab es eine negative beim 3. Test. Die Instabilität der Tuberkulinprobe ist damit erneut demonstriert. Auf aviäres Tuberkulin war die Reversionsrate beim 2. Test kleiner als auf humanes. Der Durchmesser der Induration war im Durchschnitt bei aviärem Tuberkulin größer als bei humanem; bei BCG-Geimpften verhielt es sich umgekehrt.

Eine im Mai 1963 aufgetretene Schulepidemie wurde von ASPIN u. SHELDON ausführlich beschrieben. Ausgangspunkt der Epidemie war ein 13jähriges Mädchen mit einer kavernösen Lungentuberkulose. Alle Mitschülerinnen der Klasse reagierten auf Tuberkulin (HEAF-Test). 24 Kinder erkrankten, 102 wurden prophylaktisch behandelt, 198 tuberkulinnegative Kinder BCG-geimpft. Eines der Kinder aus der Prophylaxe-Gruppe erkrankte trotzdem an einer Pleuritis exsudativa; wie bei annähernd der Hälfte aller Prophylaktiker hatte der Junge das Medikament nicht regelmäßig eingenommen. Ein 26. Kind wurde noch 2 Jahre später mit einer minimalen Tuberkulose vom Erwachsenentyp erfaßt. Auffallend war die große Anzahl von Tuberkulosefällen in der familiären Umgebung des Indexfalles.

In einem nördlichen Stadtbezirk von London wurden 1958—60 72 927, 1961—63 73 701 Schirmbilder angefertigt (s. *Tab. 70*). Bei den in Großbritannien Geborenen blieb die Rate für beide Erkrankungen annähernd gleich, bei den aus Irland Stammenden ging sie für beide zurück, während beide Raten bei den von den Karibischen Inseln Kommenden anstiegen. Dieses immer korrespondierende Verhalten der Erkrankungsraten wird als Indiz für eine Beziehung zwischen beiden Erkrankungen gewertet (2).

Tabelle 70. *Häufigkeit von aktiver Tuberkulose und Sarkoidose Schirmbilduntersuchungen in London*

| Geburtsland | Ge-schlecht | Fälle je 1 000 Aufnahmen | | | |
| | | Tuberkulose | | Sarkoidose | |
		1958—60	1961—63	1958—60	1961—63
Großbritannien	♂	6,3	5,9	0,3	0,2
	♀	2,9	2,8	0,2	0,3
Irland	♂	21,0	17,0	1,6	0,7
	♀	9,2	7,9	3,0	1,7
Britisch Karibien	♂	3,1	8,8	1,2	2,8
	♀	2,6	4,0	1,0	1,5

Nach einer Röntgenreihenuntersuchung in Aberdeen 1957 wurden 1958—1962 im Durchschnitt unter den Teilnehmern 0,25 ‰ neue Fälle pro Jahr bekannt, unter den Nichtteilnehmern dagegen 0,69 ‰, unter den in Überwachung genommenen Fällen 150 ‰. Die Gesamtzugangsrate liegt ab 1958 deutlich unter den Werten, die bei Anhalten der ab 1951 vorhandenen Tendenz zu erwarten gewesen wären. Unter den Teilnehmern der RRU, die später erkrankten, ist die Ausdehnung des Befundes im ganzen geringer als bei den erkrankten Nichtteilnehmern (9).

Literatur

1. ASPIN, J., M. SHELDON: Tubercle (Lond.) 46, 321—344 (1965)
2. BRETT, G. Z.: Tubercle (Lond.) 46, 412—416 (1965)
3. Brit. Tuberc. Ass.: Tubercle (Lond.) 46, 1—18 (1965)
4. MACGREGOR, J. M.: Pers. Mitt.
5. Ministry of Health: On the State of the Public Health, Annual Report 1961, 1963, 1964.
6. Scottish Home and Health Department: Health and Welfare Services in Scotland, Report for 1964
7. SPRINGETT, V. H.: Lancet 1964 I, 1091—1095
8. The Registrar General's Statist. Rev. England & Wales 1964, I, 39
9. WALLACE, J. B.: Tubercle (Lond.) 45, 7—16 (1964)

2. Holland

Die Tuberkulosesituation von Holland gilt mit Recht als vorbildlich. Die Erkrankungsrate (Inzidenz) ist seit 1953 anhaltend rückläufig (*s. Tab. 71*). Die Rückfälle sind, vielleicht als Ausdruck einer erfolgreichen und konsequenten Therapie, noch

Tabelle 71. *Neuzugänge an aktiver Tuberkulose* (Holland 1953—1965)

Jahr	Erkrankungen %/oooo	Rückfälle %/oooo	Insgesamt %/oooo
1953	84,7	33,6	118,3
1954	67,7	28,8	96,5
1955	55,1	25,5	80,6
1956	46,5	22,0	68,5
1957	46,2	21,7	67,9
1958	45,0	19,3	64,3
1959	41,8	17,4	59,2
1960	36,4	14,5	50,9
1961	32,5	14,5	47,0
1962	30,0	12,3	42,3
1963	28,4	10,6	39,0
1964	24,2	8,8	33,0
1965[1])	21,3	7,1	28,4
1953 = 100 1965 = x	25	21	24

[1]) = vorläufige Zahlen

stärker zurückgegangen als die Neuzugänge. 1964 betrug bei den 15-bis 19jährigen die Relation Männer: Frauen 1:1, bei den 20- bis 29jährigen 1:0,8, bei den 40- bis 79jährigen 1:0,45. Unter den 15- bis 19jährigen überwiegen die Primärtuberkulosen, später die nichtprimären Formen. – Der Anteil der tuberkulinpositiven Rekruten nahm von 27,9% (1954) bis 1963 auf 9,3% ab. Vom 12.–18. Lebensjahr ist bei den Jungen in 2,5, bei den Mädchen in 2,2‰ mit einer Tuberkulinkonversion pro Jahr zu rechnen (3, 4).

Über Tuberkulintestungen im Jahre 1962 bei Holländern der Jahrgänge 1926–1945 und gleichaltrigen ausländischen Arbeitern berichtet HENDRIKS: von 6668 Holländern reagierten 38% mit einer Induration von wenigstens 6mm Durchmesser, von 350 Jugoslawen 81%, von 182 Italienern (fast durchweg aus Sardinien) 46.%, von 405 Spaniern 75%, von 678 Marokkanern 90%, von 65 Griechen 71%. – 1963 waren in den Niederlanden 57000 ausländische Arbeiter beschäftigt, davon 24000 als Grenzgänger aus Belgien und der Bundesrepublik. Die Tuberkulosehäufigkeit war nicht höher als in der einheimischen Bevölkerung (1).

Literatur

1. DRION, R.: Bull. int. Un. Tuberc. 36, 127–128 (1965)
2. HENDRIKS, Ch. A. M.: Nederl. T. Geneesk. 109, 884–887 (1965)
3. MEIJER, J.: T. soc. Geneesk. 43, 2–8 (1965)
4. MEIJER, J.: Pers. Mitt.

3. Frankreich

Ab 1.3.1965 ist die Tuberkulose in Frankreich obligat meldepflichtig geworden (6). Unterschieden werden:
1. nach der klinischen Form
   1.1 Tuberkulose der hilären Lymphknoten
   1.2 Pleuratuberkulose
   1.3 Lungentuberkulose mit und ohne Kaverne
   1.4 extrapulmonale Tuberkulose
   1.5 Tuberkulose der Lymphknoten
2. nach dem Alter der Erkrankung:
   2.1 neue Fälle
   2.2 Rezidive
   2.3 Altfälle (auch wenn sie erstmals bekannt werden).
Die Sterblichkeit ist von 1963 auf 1964 für alle Lokalisationen bei beiden Geschlechtern zurückgegangen (s. Tab. 72). Die Schlechterstellung des männlichen Geschlechts ist bei der Lungentuberkulose unverändert erhalten, während bei der extrapulmonalen Tuberkulose die geschlechtsspezifischen Relativzahlen weitgehend übereinstimmen. Drei französische Städte von mehr als 20000 Einwohnern meldeten 1964 überhaupt keinen Tuberkulosetodesfall; sonst liegt das Minimum für Tuberkulose aller Organe bei 2,8/100000, das Maximum bei 39. Im Kindesalter starben weniger als 1,0/100000; bei den Männern wird der obere Extremwert mit 104/100000 in der Altersklasse von 75–79, bei den Frauen mit 64,4 nach dem 80. Lebensjahr erreicht (4).

Tabelle 72. *Sterblichkeit an Tuberkulose* (Frankreich 1963 und 1964)

Todesursachen	1963				1964			
	♂		♀		♂		♀	
	Zahl	%ooo	Zahl	%ooo	Zahl	%ooo	Zahl	%ooo
Tuberkulose								
alle Formen	6 270	27	2 473	10	5 328	23	2 223	9
der Atmungsorgane	5 750	25	1 115	8,7	4 910	21	1 874	7,6
der Meningen	139	0,6	93	0,4	99	0,4	95	0,4
der Knochen und Gelenke	76	0,3	83	0,3	68	0,3	75	0,3
des Darmes und Bauchfelles	37	0,2	36	0,1	28	0,1	36	0,1
aller übrigen Organe	268	1,2	146	0,6	223	1,0	143	0,6

In den französischen Dispensaires wurden 1955 578 786 neue Besucher, 1963 nur noch 360 085 gezählt. Obwohl die Zahl aller Besuche von 1 762 268 (1955) auf 1 066 002 (1963) zurückging, erhöhte sich die Zahl der Röntgenleistungen von 986 476 auf 1 703 742 in der gleichen Zeit. 1963 wurden 150 647 Tuberkulinproben angelegt, 83 516 einfache bakteriologische und 29 032 Untersuchungen mittels Kultur vorgenommen. Wie sich die Neuzugänge seit 1955 entwickelt haben, zeigt Tab. 73. Von den Lungentuberkulosen waren 24,5 %, von den extrapulmonalen 41 % bakteriologisch bestätigt, bei Rezidiven 47 bzw. 43 %. Aufgrund der Berichte der Fürsorgestellen ist für 1963 mit 137/100 000 neuen Fällen zu rechnen, aufgrund der Angaben der Krankenkassen (Sécurité Sociale) mit 192/100 000 (*5*). Die Zahl der BCG-Impfungen ist in stetigem Steigen begriffen: 1953 erst 22 463 Impfungen, 1955 346 567, 1960 445 215, 1963 727 497 und 1964 801 070 (*3*).

Tabelle 73. *Neuzugänge an Tuberkulose* (Frankreich 1955—1963)

Jahr	Neue Fälle an Tuberkulose									
	Alle Formen		der endothorakalen Lymphknoten		der Pleura		der Lunge		der übrigen Organe	
	Zahl	%ooo	Zahl	%ooo	Zahl	%ooo	Zahl	%ooo	Zahl	%ooo
1955	51 483	120	15 608	36	2 358	5,5	31 039	73	2 448	5,7
1959	40 845	89	14 582	32	2 073	4,6	22 055	49	2 135	4,8
1962	31 022	67	9 410	20	1 694	3,6	18 417	40	1 501	3,2
1963	31 858	69	8 314	18	1 847	4	19 943	43	1 754	4

In Pariser Tuberkulosestationen sind 30—50 % aller Patienten Ausländer, vorwiegend Afrikaner. Bei ihnen wird die jährliche Erkrankungswahrscheinlichkeit auf 2 000/100 000, also auf wenigstens das 10fache der einheimischen Bevölkerung, geschätzt. Klinisch kontrastiert die oft erhebliche Ausdehnung des Befundes mit den nur geringen Beschwerden. Besonders auffallend sind die ausgeprägten Veränderungen an den mediastinalen Lymphknoten. 60—70 % der einreisenden Afrikaner sind bereits tuberkuloseinfiziert. Die Krankheitseinsicht ist gering, Kurabbrüche sind häufig (*1*).

In der Provinz ist die Quote der Ausländer niedriger; in Lyon waren von den Zugängen des Jahres 1960 79,2 % Franzosen. 13,4 % Nordafrikaner, der Rest Angehörige anderer europäischer Nationen (*2*).

Literatur

1. BROCARD, H. : Bull. int. Un. Tuberc. 36, 119—122 (1965)
2. BRUN, J., J. BOURDEUX: Rev. Tuberc. (Paris) 29, 522—536 (1965)
3. LOTTE, A., F. HATTON, M. BEUST, M. ROZENBERG: Bull. Inst. Nat. Santé 21, 389—398 (1966)
4. LOTTE, A., F. HATTON, S. PERDRIZET: Bull. Inst. Nat. Santé 21, 305—314 (1966)
5. LOTTE, A., F. HATTON, S. PERDRIZET, M. BEUST: Bull. Inst. Nat. Santé 21, 337—388 (1966)
6. NEUMANN, G. : Öff. Gesundh.-Dienst 28, 161—162 (1966)

4. Spanien

Die Mortalität ist auch hier deutlich rückläufig (*s. Tab. 74*). Die Altersaufschlüsselung läßt noch einen relativ hohen Gipfel in frühester Kindheit erkennen, mit einem Minimum im Alter von 10—14, einem Maximum nach dem 65. Lebensjahr. Die Morbiditätsstatistik ist im Aufbau begriffen. 1962 wurden 14 195, 1963 15 950, 1964 17 135 und 1965 22 783 neue Fälle mit aktiver Tuberkulose registriert. Der Anteil der Fürsorgestellen an der Erfassung ist hoch: 1963 54,7 %, 1964 53,6 %, 1965 44,2 %, aber trotz steigender absoluter Zahlen rückläufig. Die Meldungen durch die Krankenkassen erreichten 1965 bereits die Zahl von 6 770, der Bestand belief sich, jeweils am 31. 12., auf 24 885 (1963) und 37 742 (1964).

Tabelle 74. *Sterblichkeit an Tuberkulose* (Spanien 1900—1964)

| Jahr | Sterbefälle an | | | |
| | Tuberkulose aller Art | | Lungentuberkulose | |
	Zahl	%ooo	Zahl	%ooo
1901	37 835	202,8	23 649	153,5
1910	31 203	157,1	24 576	123,8
1920	37 393	176,1	29 962	141,1
1930	28 961	124,1	23 402	100,6
1940	29 185	113,3	23 500	91,4
1950	29 292	105,4	23 084	62,6
1955	10 255	35,4	8 318	23,7
1960	7 791	25,7	6 692	22,1
1961	7 484	24,5	6 491	21,2
1962	7 278	23,6	6 385	20,7
1963	6 725	21,6	5 940	19,1
1964	6 273	20,0	5 546	17,7

Sehr intensiv wird die Tuberkulindiagnostik betrieben. Von den 7jährigen Kindern reagierten 1965 9,3 %, von den 14jährigen 23,0 % mit einer Reaktion von > 6 mm Durchmesser. Bis Ende April 1966 sind seit März 1965 insgesamt 1,1 Mill. Tuberkulinproben vorgenommen worden, davon 1,08 Mill. abgelesen. 925 736 Kinder wurden BCG-geimpft, darunter 31 660 Neugeborene. Die Zahl der Impfteams wird schnell gesteigert. — 1965 wurden durch 9 mobile Schirmbildtrupps 194 838 Schirmbilder angefertigt, durch 15 andere weitere 217 399. Bei tuberkulinpositiven Kindern wurden in 4,4 %o, bei Erwachsenen von 19 bis 70 Jahren in 19,2 %o „verdächtige" Befunde erhoben.

Nach den Plänen des Patronato Nacional Antituberculoso y de las Enfermedades del Tórax soll die Tuberkulosebekämpfung von 1965–1968 planmäßig aufgebaut werden. Gegenwärtig stehen 16663 Betten in 52 Sanatorien und 160 Dispensaires als Infrastruktur zur Verfügung. Nach dem bisher Erreichten besteht begründete Aussicht, die Pläne: zunächst Tuberkulinisierung aller Schulkinder und BCG-Impfung der Tuberkulinnegativen, wie vorgesehen verwirklichen zu können.

Literatur

1. BLANCO, F.: Lignes générales et premières réalisations du plan espangnol d'éradication de la tuberculose; Madrid 1966 (als Manuskript gedruckt)
2. BLANCO, F.: Pers. Mitt.

5. Italien

1959 starben in Italien 8804 (17,3/100000) Personen an Tuberkulose aller Organe, 1964 6799 (13,1). 1963 wurden bei den 623 Fürsorgestellen 51400 neue Tuberkulosefälle registriert, davon 39138 wegen pulmonaler, 12262 wegen extrapulmonaler Lokalisation. 8914 waren jünger als 10 Jahre, 8556 10–19, 9019 20–29, 7206 30–39, 5989 40–49 und 11716 50 und mehr Jahre alt. In den 427 Heilstätten, Sanatorien, Krankenhausabteilungen und privaten Kurheimen mit 54123 Betten für Lungentuberkulöse (darunter 3271 für Kinder) und 13211 (3069 für Kinder) für Patienten mit Tuberkulose anderer Organe wurden 1963 99676 stationäre Behandlungen abgeschlossen. Die Zahl der Betten verringerte sich bis zum 31.12.1964 um 4050; insgesamt wurden seit 31.12.1959 12762 Betten aufgegeben. Durch 171 Schirmbildeinheiten wurden 3225408 Schirmbilder angefertigt, davon 1,8 Mill. bei Kindern. Die Ausbeute an aktiven Tuberkulosen ist von 2,0‰ im Jahre 1959 auf 1,5‰ 1963 abgesunken; sie ist am höchsten bei den Insassen psychiatrischer Anstalten (13,5‰[5]).

In der Provinz Como wurde 1958–62 bei 46484 Kindern im Alter von 6–13 Jahren eine Tuberkulinpflasterprobe abgelesen. Von den 6jährigen reagierten 8,2%, von den 13jährigen 15,2% positiv. In einigen Ortschaften gab es nicht eine einzige positive Reaktion (Höchstzahl der untersuchten Schüler: 52), in anderen bis zu 32,0% positiven Ausfall. Eindeutige Beziehungen zwischen Durchseuchungsindex und Gemeindegröße oder Landschaftscharakter (eben, hügelig, gebirgig) sind nicht erkennbar, wohl aber zur Tuberkulosehäufigkeit. In 35 Gemeinden mit einem Tuberkulinindex von weniger als 5% betrug die durchschnittliche Tuberkulosemorbidität 1960–62 89/100000, dagegen 135/100000 in 38 Gemeinden mit einem Index von mehr als 15% (4).

Unter Geisteskranken ist die Tuberkulose recht verbreitet. 1953 waren 9% von 739 Aufnahmen tuberkulosekrank, 1964 7,7% von 826. Am höchsten war 1963/64 die Kombination mit Tuberkulose bei Alkoholikern (21,9%) und Schizophrenen (14,6% [2]).

In der Provinz Padua beteiligten sich 1962 bei Schirmbilduntersuchungen von den Landwirten 45,8%, den Beschäftigungslosen 61,7%, den Handwerkern 41,7%. Aktive Tuberkulosen wurden in 10, 10 und 7‰ gefunden (3).

Eine umfassende Studie zur Bedeutung des Alkoholismus für die Tuberkulose-bekämpfung liefern LUCCHESI u. a. (*1*). Eine Grundschwierigkeit ist die Definition des Alkoholismus. Nach Angaben der Patienten (Fragebogenaktion) wären nur 5,3 % als Alkoholiker zu bezeichnen, in Wirklichkeit sind es aber 40—45 %. Von den tuberkulösen Patienten in psychiatrischen Anstalten sind im Durchschnitt 62,2 % Alkoholiker.

Literatur

1. LUCCHESI, M., A. MADEDDU, G. RIVOLTA, L. SPINOLA: Lotta Tuberc. 35, 761—795 (1965)
2. LUCCHESI, M., T. MICHELETTO: Lotta Tuberc. 35, 705—716 (1965)
3. PELLEGRINI, P.: Lotta Tuberc. 35, 811—832 (1965)
4. SADA, E., G. C. GALFETTI: Lotta Tuberc. 35, 344—377 (1965)
5. Situazione e prospettive della lotta contro la tubercolosi in Italia. Lotta Tuberc. 35, 511—570 (1965)

6. *Schweiz*

In der Schweiz standen Ende 1963 66 844 (Ende 1962 71 257) Fürsorgefälle in Kontrolle der Fürsorgestellen. 1964 wurden insgesamt 86 120 Fürsorgefälle betreut, davon 5 301 (6,2 %) Ausländer. Diese Zahl ist im Steigen begriffen: 1961 3 101 (3,4 %) 1962 4 302 (4,8 %), 1963 4 917 (5,5 %). Von den Neuaufnahmen waren 15,0 % (1961 : 8,4 %), von den Entlassenen 9,9 % (1961 : 4,3 %) Ausländer, in den Heilstätten etwa 20 % (1962 : 15 %). Wenigstens einmal Tuberkulosebakterien innerhalb des Jahres wurden bei 4 433 (1963 : 4 844) Patienten nachgewiesen. 8,7 % aller Fälle entzogen sich der weiteren Betreuung. Die Quote der Kurversorgungen ist mit 10,7 % (8 867 Fälle) gleich geblieben, die Zahl der Röntgendurchleuchtungen leicht von 130 112 (1962) auf 132 035 angestiegen, ebenso die Zahl der Röntgenaufnahmen (von 5 882 auf 6 269) und der BCG-Impfungen (von 71 672 auf 72 991), während sich die Zahl der Schirmbilder von 617 929 auf 526 838 verringerte. Eine Nachfürsorge war in 2 259 Fällen (1962 : 2 744) erforderlich, davon 1 757 mal (2 325 mal) finanzieller Art, sonst als Berufsberatung und -vermittlung. 237 Fürsorgestellen sind nicht ärztlich geleitet; in den 174 unter ärztlicher Leitung stehenden werden 48 744 Fälle, d. h. 56,6 % der Gesamtzahl betreut. An neuen Fällen wurden u. a. registriert (Zahlen für 1963 in Klammern): 296 (347) aktive Primärtuberkulosen, 132 (178) aktive Pleuratuberkulosen, 386 (395) bazilläre postprimäre Lungentuberkulosen im ersten Schub, 499 (536) abazilläre Fälle gleicher Art, dazu 108 (91) bzw. 132 (109) Rückfälle. Als chronisch bazillär wurden 162 (181) Fälle bezeichnet, 21 (27) gingen neu zu. An extrapulmonalen Tuberkulosen wurden 64 (58) Lymphknotenprozesse, 42 (28) Knochen- und Gelenktuberkulosen, 34 (53) Nieren- und Harnwegtuberkulosen, 37 (21) Genitaltuberkulosen und 87 (77) sonstige extrapulmonale Manifestationen bekannt. 5 136 (5 482) Exponierte standen in Überwachung (6). Durch RRU wurden 1962 0,8, 1963 1,0, 1964 0,9 ‰ unbekannte Tuberkulosen entdeckt (*5*).

Aus dem umfassenden Bericht von ARNOLD über die Kurerfolge der 1964 aus schweizerischen Volksheilstätten entlassenen Kranken geht u. a. hervor, daß hier der Anteil der Ausländer rückläufig ist: 806 im Jahre 1964 gegen noch 1005 1963. Bei

Aufnahme waren 1302 Patienten sputumpositiv, bei der Entlassung noch 98 (bei insgesamt 3856 Entlasssungen). Die mittlere Kurdauer betrug 178 Tage.

Breite Erörterung findet in der Schweiz das Problem der Tuberkuloseerkrankungen ausländischer Arbeiter. Infolge ihres Altersschwerpunktes zwischen 20 und 40 Jahren muß bei ihnen mit einem Invertorendurchschnitt von 4,0 % pro Jahr gegen nur 2,5 % bei der Schweizer Bevölkerung gerechnet werden. Die Morbidität ist um 50 bis 100 % höher als bei Einheimischen. Bei einem Viertel der Ausländerfälle wurden andere Ausländer als Streuquelle gefunden. Nur in 18,5 % führten Schirmbildaktionen und Umgebungsuntersuchungen zur Diagnose. Die Kurerfolge sind besser als bei Einheimischen (2). OTT (3,4) befaßt sich besonders intensiv mit den Vorbeugungsmaßnahmen, empfiehlt nachdrücklich die BCG-Impfung, die je nach Berufsgruppe zu intensivieren ist. Die tatsächlichen Erfolge sind bescheiden: Im Kanton Solothurn wurden 1961 erst 769 Ausländer tuberkulinisert, 309 Tuberkulinnegative BCG geimpft, bis 1963 konnte die Zahl auf 1469 (von 18220 anwesenden Ausländern) gesteigert werden.

Literatur

1. ARNOLD, E.: Bl. Tuberk. **1965**, 177—197
2. HAEGI, V.: Bibl. Tuberc. 20, 31—41, Karger, Basel/New York 1965
3. OTT, A.: Bl. Tuberk. **1964**, 231—263
4. OTT, A.: Bull. int. Un. Tuberc. 36, 105—113 (1965)
5. Schirmbildstatistik 1964, Bl. Tuberk. **1965**, 121—122
6. TROMP, M.: Bl. Tuberk. **1965**, 130—144

7. Österreich

Die Mortalität ist, wie aus Tab. 75 hervorgeht, deutlich zurückgegangen; der Stand von 1964 entspricht dem der Bundesrepublik von 1956. In Wien ist die Mortalität am höchsten, in Vorarlberg am niedrigsten. 1963 waren 19,3 %, 1964 18,7 % der Sterbefälle vor dem Tode unbekannt. Da in Österreich nur die ansteckende Lungentuberkulose meldepflichtig ist, werden nur die Zugangs- und Bestandszahlen für diese Tuberkuloseform wiedergegeben (s. Tab. 76; [4, 5, 6, 7]).

Von JUNKER liegen umfassende Zahlen für die Tuberkulosesituation in Wien vor. Von den 408 innerhalb Wiens Verstorbenen sind 267 (65,4 %) obduziert worden,

Tabelle 75. *Tuberkulosesterblichkeit in Österreich 1954—1964*

Jahr	♂		♀		Sa.	
	Zahl	%₀₀₀₀	Zahl	%₀₀₀₀	Zahl	%₀₀₀₀
1954	1499	46,3	906	24,3	2405	34,5
1959	1179	55,9	523	13,9	1702	24,1
1960	1182	36,0	469	12,0	1651	23,0
1961	1066	32,2	436	11,6	1502	21,2
1962	1163	35,1	461	12,3	1624	23,0
1963	1118	33,4	469	12,3	1587	22,1
1964	1017	30,2	398	10,3	1415	20,0

Tabelle 76. *Ansteckungsfähige Lungentuberkulose* (Österreich 1954—1964)

Jahr	Neuzugänge						Bestand					
	♂ Zahl	$%_{0000}$	♀ Zahl	$%_{0000}$	Sa. Zahl	$%_{0000}$	♂ Zahl	$%_{0000}$	♀ Zahl	$%_{0000}$	Sa. Zahl	$%_{0000}$
1954	2095	64,7	1161	31,1	3256	46,7	9979	308,1	5843	156,7	15822	227,0
1959	1879	57,2	734	19,5	2613	37,1	8917	267,2	3932	104,0	12849	182,3
1960	1716	52,3	707	18,8	2423	34,4	8533	259,8	3686	97,6	12219	173,3
1961	1686	50,9	620	16,5	2306	32,6	8246	249,1	3354	89,3	11600	164,1
1962	1761	53,2	658	17,5	2419	34,2	8099	244,6	3242	86,3	11341	160,4
1963	1629	48,7	625	16,3	2254	31,4	7634	228,0	2917	76,3	10551	147,1
1964	1622	48,1	621	16,1	2243	31,1	7158	212,4	2722	70,8	9879	137,0

ein ungewöhnlich hoher Prozentsatz. Dies erklärt, warum 31,1% (133 Fälle) dem Gesundheitsamt vor dem Tode nicht bekannt waren; dabei handelt es sich ganz überwiegend um sehr alte Leute. Das Gros der Neuzugänge an ansteckender Tuberkulose wird von den Spitälern (54,9%) gemeldet; die Tuberkulosefürsorge selbst erfaßt nur 7,2%. Während 1946 noch 2566 ansteckungsfähige Tuberkulosen registriert wurden, waren es 1964 nur 541 Fälle, d. h. 33/100000, und zwar bei Männern 51, bei Frauen 18/100000. Außerdem wurden 147 extrapulmonale Tuberkulosen, darunter eine Meningitis, bekannt. Der Bestand an ansteckungsfähiger Lungentuberkulose betrug 1964 2415 (341/100000) Männer, 1005 (109/100000) Frauen, insgesamt 3420 (210/100000). Im 9. und 10. Lebensjahr reagierten 8,1% der Schulkinder auf Tuberkulin. Die RRU war bei Prostituierten (9,4‰ aktive Tuberkulosen) und Alkoholikern (12,4‰) besonders ergiebig.

Seit 1949 werden in Wien jährlich wenigstens 20000 BCG-Schutzimpfungen vorgenommen; 1964 waren es 26433, in ganz Österreich 93015. Während 1900 noch 1849 Kinder an Tuberkulose starben — nahezu jeder vierte Tuberkulosesterbefall betraf das Kindesalter — waren es 1951 noch 15, 1963 keines, 1964 eines. In ganz Österreich starben 1963 noch 12 Kinder, d. h. 0,8/100000. Die Neuerkrankungsrate betrug in diesem Jahr 72,7/100000, in Wien 36,1/100000 (2).

In einer epidemiologischen Studie stellten MERKEL u. MERKEL fest, daß 6,1% der österreichischen Männer und 1,9% der Frauen magenreseziert sind. Auf 10000 Männer der Wohnbevölkerung entfallen 74 Tuberkulosen, auf 10000 magenresezierte Männer annähernd zweimal soviel (145). Bei den Frauen erkrankten in beiden Kollektiven 50/10000.

Literatur

1. JUNKER, E.: Wien. med. Wschr. 116, 110—115 (1966)
2. JUNKER, E., H. KLIMA: Prax. Pneumol. 19, 719—728 (1965)
3. MERKEL, K. L., I. MERKEL: Gastroenterologia 101, 20—31 (1964)
4. LINGENS, E., H. KUHN, M. KOCH: Mitt. österr. Sanitätsverw. 67, 129—133 (1966)
5. LINGENS, E., L. SCHMIEDEK: Mitt. österr. Sanitätsverw. 63, 4: 3—7 (1962)
6. LINGENS, E., J. ZAWISCHA: Mitt. österr. Sanitätsverw. 63, 12: 1—6 (1962)
7. LINGENS, E., M. KOCH: Mitt. österr. Sanitätsverw. 64, 12: 3—7 (1963)

8. Jugoslawien

In Jugoslawien ist nach 1956 die Zahl der erfaßten Tuberkulosen zunächst angestiegen; der Rückgang gegenüber dem Höchststand von 1962 ist nur unwesentlich (*s. Tab. 77*). Da aber die Mortalität absinkt, ist dieses scheinbar paradoxe Verhalten zwangsläufige Folge der intensivierten Bekämpfungsmaßnahmen. Da in der Zugangsrate auch die Rückfälle enthalten sind, ist der Einfluß einer verstärkten Überwachung zu bedenken.

Tabelle 77. *Mortalität und Morbidität an Tuberkulose* (Jugoslawien 1956—1964)

Jahr	Be-völkerung in Mill.	Tuberkulose aller Organe				Tuberkulose der Atmungsorgane			
		Sterbefälle		Bestand		Bestand		Zugänge [1])	
		Zahl	%oooo	Zahl	%oooo	Zahl	%oooo	Zahl	%oooo
1956	17,8	13 461	75,7	148 186	833	139 311	783	43 887	247
1958	18,2	10 461	57,4	165 533	908	153 300	841	47 819	262
1960	18,6	9 789	52,4	191 955	1 028	182 340	977	47 440	254
1962	18,8	8 533	45,3	200 383	1 064	190 805	1 013	37 670	200
1963	19,1	6 641	33,9	185 254	965	176 844	922	38 252	199
1964	19,6	6 157	31,9	193 296	986	184 320	940	38 277	195

[1]) = Neuerkrankungen und Rückfälle

Die Altersverteilung läßt bei der Mortalität auch 1964 noch einen relativ hohen Gipfel im Säuglingsalter erkennen (21,8/100 000), sonst wird bei beiden Geschlechtern das Maximum mit 75—84 Jahren erreicht (191,5 bei Männern, 73,6 bei Frauen). Die Neuzugänge im Kindesalter sind deutlich zurückgegangen: 1956 164/100 000 von 0—4 Jahren, von 10—14 119/100 000, 1964 jeweils 77. Erhöht hat sich ihre Zahl dagegen ab 40. Lebensjahr: von 40—49 Jahren 1956 242/ 100 000, 60 und mehr: 156, 1964: 254 und 347 (*1*).
Eingehende Berichte liegen vor für den Bezirk Sarajevo (Bosnien und Herzegowina). Für 71% der 3,3 Mill. Einwohner standen im Jahre 1964 Fürsorgestellen zur Verfügung. In diesem Jahre wurden 5 263 (260/100 000) neue Fälle von Lungentuberkulose diagnostiziert. Die Zahl der Röntgenleistungen konnte von 156/ 1000 Einwohner im Jahre 1961 auf 194/1000 gesteigert werden. Auf 100 registrierte Fälle entfielen 1961 bereits 142, 1964 164 Sputumuntersuchungen. Pro Neuzugang wurden 2,8 Kontaktpersonen untersucht, insgesamt 64% der vorhandenen. Die schon 1961 hohe Zahl von BCG-Schutzimpfungen (136 030) wurde bis 1964 auf 308 005, d. h. 8% der Gesamtbevölkerung gesteigert. 162 714 Schirmbildaufnahmen wurden angefertigt (*2*). Die 2 614 Tuberkulosebetten der Region waren zu 97% belegt. In 43% der Fälle waren bei der Aufnahme Tuberkulosebakterien nachzuweisen; 66,0% dieser Prozesse waren weit fortgeschritten gegen nur 16,4% bei den Bakteriennegativen. Im Durchschnitt wurde in diesen Gruppen 155 bzw. 105 Tage stationär behandelt. 24% der Patienten begingen Kurabbruch, 3% wurden disziplinarisch entlassen. Während 1961 erst in 49% der sputumpositiven Fälle Sputumkonversion erzielt werden konnte, gelang dies 1964 in 75% (*3*).

Literatur

1. KALETA, J.: Pers. Mitt.
2. Zavod za Tuberkulozu Sarajevo: Rad na stzbijanju tuberkuloze u 1964 godini
3. Zavod za Tuberkulozu Sarajevo: Rad staciornarnih ustanova za tuberkulozu respiratornih organa u 1964

9. Türkei

Die Mortalität in den Städten (~4—8 Mill. Einwohner) hat von 225/100 000 (1948) auf 55/100 000 (1962) abgenommen, in Istanbul sogar von 314 auf 26,4. Eine Morbiditätsstatistik existiert nicht (2). Von 1948 bis Juni 1963 wurden insgesamt 11 523 638 BCG-Impfungen vorgenommen, 32 595 377 Personen mit Tuberkulin getestet. Von 0- bis 6jährigen erwiesen sich 10—32 %, den 7- bis 14jährigen 26—69 %, den 15- bis 19jährigen 44—88 % und den wenigstens 20jährigen 56—96 % als infiziert (1).

Literatur

1. Mass BCG-Vaccination in Turkey, 1953—1963, Istanbul 1963
2. SAGLAM, T., in: L'endémie tuberculeuse et l'armement antituberculeux dans le Proche et le Moyen Orient, IUAT, Beyrouth 1963

10. Zypern

WHO und UNICEF haben 1955 1532, 1963 1680 Tuberkulinproben (RT 19 bzw. RT 23) bei Kindern von 6—12 Jahren durch eigene Teams vornehmen lassen. Während 1955 noch 42 (2,7 %) Kinder infiziert waren (Induration > 10 mm Durchmesser) galt dies 1963 nur noch für 24 (1,4 %). Der statistisch signifikante Rückgang betrifft in erster Linie die Altersklasse von 7 bis 11 Jahren; mit 6 und 12 ist gegenüber 1955 kein Unterschied zu verzeichnen.

Literatur

GESER, A.: Bull. Wld Hlth Org. 30, 601—608 (1964)

11. Ungarn

Im Jahre 1963 arbeiteten 194 Fürsorgestellen, die 22 658 (220/100 000) Neuzugänge erfaßten, davon 776 (31/100 000) Kinder. 60,6 % waren männlichen, 39,4 % weiblichen Geschlechts. Das 50. Lebensjahr hatten 1953 45,9 %, 1962 73,9 % der Verstorbenen bzw. 19,3 und 43,1 % der Neuzugänge vollendet. Durch RRU wurden 44,6 %, Arztüberweisungen 40,9 %, Selbstmeldung 5,2 %, Umgebungsuntersuchung 4,5 % der Neuzugänge bekannt. Unter 4 298 082 Schirmbildern fanden sich 2,4 ‰ unbekannte Tuberkulosen. Von 100 Neuzugängen waren 6,9 % Rückfälle; die absolute Zahl geht langsam zurück: 1958 1629, 1960 1873, 1963 1578. Bei 25,4 % der neuentdeckten Fälle wurden Tuberkulosebakterien nachgewiesen. Im Bestand befanden sich Ende 1963 125 556 (1250/100 000) Personen,

6 % weniger als 1962. Die Zahl der Kulturverfahren konnte von 249 143 (1958) auf 774 347 (1963), die der Röntgenaufnahmen von 143 699 auf 471 398 und der Tuberkulinprüfungen von 780 833 (1959) auf 1 014 014 (1963) gesteigert werden. Rd. 125 000 Neugeborene wurden BCG geimpft, außerdem 146 183 Wiederholungsimpfungen ausgeführt.

Literatur

NÉMETH, T., I. NYÁRÁDY, T. SOMI-KOVÁCS, I. PÉTER-SZABÓ: Jahresbericht 1963 der Tuberkulose-Fürsorgestellen.

12. ČSSR

Die Gesamtzugangsrate für Tuberkulose aller Organe betrug in Böhmen 1955 202,8/100 000, 1964 118,5/100 000, in der Slowakei 135/100 000. Während 1955 noch 251 (6,9/100 000) Meningitiden gemeldet wurden, waren es 1963 nur noch 23 (0,6/100 000). Die Sterblichkeit an Tuberkulose aller Organe belief sich 1937 auf 124/100 000, 1964 auf 18,1/100 000. Zwei Drittel der 1963 Verstorbenen waren 60 Jahre und älter. 1964 waren noch 13,1 % der Rinderbestände mit Tuberkulose verseucht (KŘIVINKA). Seit 1947 wurden insgesamt 7 883 986 BCG-Impfungen durchgeführt, ab 1954 jährlich über 400 000; 1964 436 243, davon 237 833 bei Kindern unter einem Jahr (ŠULA u. GALLIOVÁ). Bei Kindern sind etwa 3 % aller Erkrankungen durch M. bovis verursacht, bei der Halslymphknotentuberkulose jedoch 73 %. In 50,3 % wurde bei Kindern die Diagnose wegen bestehender Beschwerden gestellt, in 29 % durch Umgebungsuntersuchung, in 14,2 % durch präventive Massenuntersuchungen, beim Rest durch sonstige Zufallsuntersuchungen. Die Zahl der Heilstättenbetten wurde von 2436 (1955) auf 535 (1963) reduziert (VOJTEK).

Mit 183 Schirmbildgeräten wurden 1964 4,7 Mill. Schirmbilder angefertigt, dabei 1,08 ‰ neue Tuberkulosen entdeckt (VLČEK). In rd. 100 Tuberkuloselaboratorien wurden 1964 2,5 Mill. Untersuchungen ausgeführt, insgesamt 25 Mill. in den letzten 10 Jahren. 1959 waren 143/100 000 Fälle mit Bakterienausscheidung bekannt, 1963 82/100 000, dazu 985 bzw. 631/100 000 sonstige aktive und 1 157 bzw. 3 517/100 000 inaktive Prozesse (NOVÁK et al).

1957 standen 18 512 Tuberkulosebetten in Heilstätten und Krankenhäusern zur Verfügung; bis 1963 wurden 1 182 aufgegeben. Die Behandlungsdauer beträgt in Krankenhäusern im Durchschnitt 64, in Heilstätten 175 Tage. 1954 waren bei 75 %, 1963, als Folge der RRU, nur bei 25—30 % der Neuzugänge Tuberkulosebakterien nachzuweisen. In 90 % der anfangs offenen Fälle wird Sputumkonversion erreicht, bei Neuerkrankung in fast 100 % (RACLAVSKÝ u. ŘIHA). 1957 wurden 163 von 100 000 Rentenversicherten wegen Tuberkulose invalidisiert, 1963 noch 62. Die Tuberkulose ist bei den Rentenursachen vom 2. auf den 4. Platz gefallen (KVAPIL u. POLÁNSKÝ). Gemeinsam mit der WHO wird seit 1960 im Bezirk Kolin (rd. 100 000 Einwohner) ein umfassender Feldversuch über die Epidemiologie der Tuberkulose durchgeführt. Die Ergebnisse werden regelmäßig in der tschechischen Tuberkulosezeitschrift, Rozhl. Tuberk., publiziert. Die Empfehlungen internationaler Gremien basieren weitgehend auf den Resultaten von Kolin.

Literatur

RACLAVSYKÝ, V. (Herausgeber): 20 Jahre der Tuberkulosebekämpfung in der Tschechoslowakischen Sozialistischen Republik, Olomouc 1965

13. Polen

Die amtliche Registrierung verwendet folgende Einteilung:
I. Sputumpositive Tuberkulose
   A: aktive Tuberkulose der Atmungsorgane mit Tuberkulosebakteriennachweis
   A_1: chronische Fälle, Bakterienausscheidung über mehr als 2 Jahre anhaltend
II. aktive sputumnegative Lungentuberkulose
   A: negativ gewordene Fälle der Gruppe I
   B: aktive Fälle ohne Tuberkulosebakteriennachweis
III. Inaktive Lungentuberkulose
   A: früher Tuberkulosebakterien nachgewiesen
   B: früher immer Tuberkulosebakterien negativ, aber aktive Phase bekannt
   C: aktive Phase nicht bekannt, Kontrollfälle
IV. Kontaktpersonen
V. Extrapulmonale Tuberkulose
   A: aktiv, mit Ausscheidung von Tuberkulosebakterien
   B: aktiv, ohne Nachweis von Tuberkulosebakterien
   C: inaktiv.
VI. Beobachtungsfälle, keine Tuberkulose.

Tabelle 78. *Tuberkulosemorbidität in Polen 1961—1965*

Altersgruppe	Jahr				
	1961	1962	1963	1964	1965[1])
Neuzugänge					
Alle	82958	85680	80858	81244	53218
%ooo	277	282	264	261	169
davon					
0 – 14	14991	14285	12628	10773	4150
%ooo	149	142	126	108	42
Bestand					
Alle	473648	480260	469435	434218	291635
%ooo	1581	1584	1530	1394	926
davon					
0 – 14	56273	53874	48055	37508	15823
%ooo	560	536	481	378	159

[1]) = vorläufige Zahlen

Zweckmäßig erscheint die gesonderte Ausweisung der Chroniker in der Gruppe I, die Trennung zwischen primär und sekundär bakteriennegativ in Gruppe II sowie die Einführung der extrapulmonalen Tuberkulose mit Bakteriennachweis.

Die Entwicklung der Tuberkulosemorbidität kann aus Tab. 78 ersehen werden. Der Rückgang ist besonders ausgeprägt bei den Kindern, aber auch bei den 15- bis 19jährigen: 1957 266/100 000, 1961 256/100 000, 1965 125/100 000. Am 31.12. 1965 standen 9 291 Betten für Kinder und Jugendliche, 27 653 für Erwachsene, insges. 11,7/10 000 Einwohner zur Verfügung, davon 14 607 in Krankenhäusern, 22 337 in Sanatorien.

1962 waren nur 18,7 %, 1964 22,3 % der Zugänge nicht vorbehandelt.

Literatur

JUCHNIEWICZ, M.: Pers. Mitt.

14. *Rußland*

Für das Gesamtgebiet liegen leider keine Zahlen vor. Zentrum der Tuberkulosebekämpfung sind die rd. 6 000 Dispensaires, die sowohl ambulant als auch stationär behandeln. In der Regel beginnt die Behandlung in der Bettenstation des Dispensaires, wird dann im Krankenhaus oder im Sanatorium fortgesetzt und ambulant wieder im Dispensaire beendet. Auf langfristige und sorgfältige Überwachung wird Wert gelegt. Die Behandlung ist kostenlos. Während der Erkrankung kann bis zu 90 % des Durchschnittseinkommens als Unterstützung gezahlt werden. Grundsätzlich besteht Anspruch auf Rückkehr an den alten Arbeitsplatz; wenn dieser ungeeignet ist, kann auf Veranlassung des Arztes „Umvermittlung" erfolgen. Exponierte Familienangehörige werden prophylaktisch behandelt. Die RRU wird intensiv betrieben; pro Jahr werden 50—60 Mill. Schirmbilder angefertigt. Neugeborene werden BCG-geimpft; wenn Tuberkulinreversion eintritt, wird die Impfung wiederholt.

Literatur

SHMELEV, N.: Brit. J. Dis. Chest 47, 169—173 (1963)

15. *Finnland*

In Helsinki wurden 1964 insgesamt 962 Fälle von Tuberkulose neu registriert, davon 570 bei Männern, 371 bei Frauen und 21 bei Kindern. Im einzelnen handelt es sich um 538 Lungentuberkulosen, 30 Pleuratuberkulosen, 228 nur röntgenologisch diagnostizierte Lungentuberkulosen, 4 Meningitiden bzw. Tuberkulosen des ZNS, 65 Lymphknoten- und 32 Urogenitaltuberkulosen. Ende 1964 waren 2 482 Männer, 1349 Frauen und 67 Kinder mit aktiver Tuberkulose bei der Tuberkulosefürsorgestelle bekannt (3). 1957 wurden 6 062, 1964 7 730 Männer und 3 801 bzw. 3 380 Frauen in Tuberkuloseheilstätten stationär behandelt. Der Anteil nichttuberkulöser Erkrankungen nahm von 8,1 bzw. 9,6 % auf 31,0 bzw. 32,1 % zu. Die Heilstättenfälle sind bei beiden Geschlechtern im Durchschnitt jünger (Maximum bei 50–59 bzw. 20–29) als die Verstorbenen (Maximum 70–79 bzw. 80 und mehr). Das Durchschnittsalter der Heilstättenpatienten hat sich von 40,3 bzw. 32,4 (1957) auf 50,6 bzw. 38,5 Jahre erhöht (1964). 1958 waren 10,8 %, 1963 16,9 % aller mäßig und weit fortgeschrittenen Tuberkulosen bereits vor 1950 bekannt. Weit fortgeschrittene Fälle blieben 1957 im Durchschnitt 163 und 204 Tage, 1964 174 und 175 in stationären Einrichtungen. Es beendeten ihr Heilverfahren regulär: mit minimaler Tuberkulose 81,9 und 92,8 %, mit mäßig fortgeschrittener Tuberkulose 85,2 und 96,7, mit weit fortgeschrittener 74,1 und 89,6 % (*1*).

In Finnland wurde bewiesen, daß eine RRU auf gesetzlicher Basis kontinuierlich und ohne nachlassende Beteiligung durchgeführt werden kann. Wenigstens 85 % der röntgenpflichtigen Bevölkerung nehmen regelmäßig teil. Im 1. Durchgang fand man 2,3 im 3. 1,0 ‰ unbekannte Tuberkulosen (*2*).

Auf 1 TE RT 23 reagierten in einer Kontrollgruppe von 164 Personen von 60 und mehr Jahren 48,9 % auf 10 TE 12,1 % negativ, unter 25 Jahren (94 Personen) 43,6 bzw. 6,4 %. Bei 66 Tuberkulösen von wenigstens 60 Jahren fiel die Tuberkulinprobe mit 1 TE auch in 25,8 %, auf 10 TE in 9,1 % negativ aus, bei Patienten unter 25 Jahren in 5,9 bzw. 2,9 %. Bei gesunden alten Leuten nimmt die Rate der negativen Reaktionen von 6 % (60–69 Jahre) auf 24 % (80–89) zu (*4*).

Literatur

1. HÄRÖ, A. S.: J. soc. Med., Suppl. IA/1966
2. HÄRÖ, A. S., J. PÄTIÄLÄ, O. HAIMI: Acta tuberc. scand. 45, 281–187 (1964)
3. Helsingin Kaupungin, Tuberkuloosipiiri 1964
4. TALA, E., K. KARI: Acta tuberc. scand. 45, 77–83 (1964)

16. Schweden

In Malmö wurden 1960–64 bei 6 006 Obduktionen 102 (1,54 %) aktive und 85 (1,3 %) inaktive Tuberkulosen entdeckt, und zwar bei den 102 aktiven Tuberkulosen 171 verschiedene Organmanifestationen (94 mal in der Lunge, je einmal in den Meningen und im Zerebrum, außerdem 21 mal Miliartuberkulose). Von den aktiven Tuberkulosen entgingen 48 (47,1 %), von den inaktiven 54 (64 %) der Diagnose intra vitam.

Literatur

ÖSTBERG, G., F. LINLELL: Kvartalsskrift 1966, 1–7

17. Dänemark

Die Tuberkulosesituation ist ähnlich günstig wie in Holland. Der Bestand an bakteriologisch bestätigten Fällen hat sich von 3 519 (79,3/100 000) im Jahre 1955 bis 1962 auf 1 043 (22,3/100 000) verringert, die Zahl der Rückfälle von 186 (4,0/100 000) auf 163 (3,5/100 000) in der Zeit von 1961 bis 1963. Auf den Färoern wurden 1946 noch 263, 1964 nurmehr 2,5/100 000 Tuberkulosen registriert, in Grönland 1956 1 853, 1963 immer noch 466/100 000. Während 1946 erst 3 % der Bevölkerung BCG-geimpft waren, sind inzwischen, bei einer Gesamtbevölkerung von 4,6 Mill., 2—3 Mill. Impfungen vorgenommen worden. Gegenwärtig bestehen nur noch 4 Tuberkulose-Anstalten, aber auch diese sind teilweise mit geriatrischen Pflegepatienten belegt (3).

1963 wurden in den dänischen Chest Clinics („Tuberkulose-Stationen") 880 000 Schirmbilder und 65 000 Großaufnahmen angefertigt, dazu 192 000 Durchleuchtungen ausgeführt. Das bedeutet z. B. in Städten bei Männern eine Untersuchungsrate von 41%; auf dem Land werden 11—13 % der Bevölkerung in einem Jahre geröntgt. Im Zentralen Tuberkuloselabor erfolgten 1963 50 200 Auswurf- und 11 900 Magenspülwasseruntersuchungen; die Einsendungen ergingen in 50 bzw. 27 % durch die Fürsorgestellen, 14 bzw. 39 % durch Tuberkuloseanstalten, 35 bzw. 34 % durch allgemeine Krankenhäuser und in 1 bzw. 0 % durch niedergelassene Ärzte. Die Zahl der Magensaftuntersuchungen ist rückläufig (2).

In Kopenhagen waren 1947 300 (40,4/100 000) sputumpositive Fälle als Bestand registriert, 1964 140 (20,2); die entsprechenden Zugangszahlen lauten 98 (13,2/ 100 000) und 74 (10,7). Im Durchschnitt der Jahre 1957—64 wurden 59,6 % durch Beschwerden entdeckt; diese Prozesse waren durchweg ausgedehnt und stärker ansteckend als diejenigen, die bei systematischen Reihenuntersuchungen erfaßt wurden. Wie überall, ist der Rückgang beim weiblichen Geschlecht besonders ausgeprägt, am geringsten bei Männern ab 45 (s. Tab. 79). Von 1935—39 wurden in Kopenhagen 46, von 1960—64 883 Lungen- und Bronchialkrebsfälle bekannt (1).

Tabelle 79. *Neuzugänge an Lungentuberkulose je 100 000* (Kopenhagen 1936—1964)

Alters-klassen	Männer				Frauen			
	Jahr							
	1936—39	1945—49	1960—64	1936—39 = 100 1960—64 = x	1936—39	1945—49	1960—64	1936—39 = 100 1960—64 = x
0 — 4	143,9	144,6	19,0	13	138,9	125,6	16,9	12
5 — 14	95,8	140,8	9,5	10	111,7	153,6	5,0	4
15 — 19	186,8	152,9	11,8	6	257,1	173,7	11,4	4
20 — 24	215,4	258,2	24,6	11	303,8	272,4	30,1	10
25 — 34	203,8	206,2	39,2	19	235,6	205,1	34,7	15
35 — 44	130,0	165,9	47,8	37	106,8	105,9	33,2	31
45 — 54	126,4	157,2	75,9	60	58,6	50,3	19,6	33
55 — 64	117,4	147,3	92,9	79	64,1	49,3	20,4	32
65 u. älter	104,4	123,2	74,9	72	43,7	65,3	24,7	57
Sa.	151,3	168,1	47,4	31	150,1	129,9	22,1	15

Literatur

1. CHRISTENSEN, O.: Kobenhavns Kommunes Centralstatien Kopenhagen 1966 (als Manuskript gedruckt)
2. HORWITZ, O.: The Danish Approach to Tuberculosis Control. Kopenhagen 1966 (als Manuskript gedruckt)
3. LORENZEN, J. N.: Acta tuberc. scand. 46, 177—190 (1965)

b) Afrika

1. Untersuchungen der WHO

1955–60 wurden in 12 afrikanischen Ländern in 18 verschiedenen Regionen durch 2 WHO-Teams in repräsentativen Untersuchungen insgesamt 60606 Personen in irgendeiner Form untersucht, davon 41686 über 6, 10 oder 13 Jahre, und zwar mit Tuberkulin (1 oder 5 TE) 56454, mit 20 oder 100 TE 6745, mit Schirmbild 28248, bakteriologisch 32187. Schon diese Zahlenangaben lassen erkennen, wie die Akzente gesetzt werden.

Das Ergebnis der Tuberkulinprüfungen ist in Tab. 80 tabellarisch geordnet; es ergibt sich ein Quotient zwischen Höchst- und Tiefstwert von 4,1 : 1. Im allgemeinen ist die Situation in den Städten schlechter als auf dem Land. – Von den Sputumuntersuchungen fielen 143 (4,5‰) positiv aus, und zwar 5,3‰ bei den Männern und 3,8‰ bei den Frauen. Von 108 positiven Ausstrichen wurden 90 (83,3) durch eine positive Kultur bestätigt, von 72 zweifelhaften Befunden 4 (5,6%), von 8350 negativen Ausstrichen fielen 29 (0,3%) Kulturkontrollen positiv aus; dabei sind die unvorteilhaften Voraussetzungen zu bedenken. Bei systematischen Kulturunter-

Tabelle 80. *Geschätzte Durchseuchung in 12 afrikanischen Ländern bei 0- bis 9jährigen*

Land (Gebiet)	Tuberkulin-positive %	Standard-abweichung %
Niegeria, städtisch	25,6	1,9
Sierra leone, städtisch	23,6	2,1
Betschuanaland	19,8	1,2
Sierra leone, ländlich	19,0	1,5
Ghana, ländlich	15,4	1,2
Szwaziland	15,2	1,0
Ghana, städtisch	14,9	2,6
Basutoland	11,2	0,9
Gambia, ländlich	11,2	1,4
Gambia, städtisch	10,8	2,0
Sansibar, städtisch	10,0	1,5
Kenya, städtisch	9,7	0,7
Liberia, städtisch	9,2	1,7
Tanganyika, städtisch	9,0	1,1
Uganda	8,8	0,7
Kenya, ländlich	8,1	0,4
Liberia, ländlich	8,0	1,0
Sansibar, ländlich	6,3	0,8

suchungen unter günstigeren Bedingungen ist mit einer Verdoppelung der positiven Befunde zu rechnen. Sensibilitätsprüfungen liegen für 48 Fälle vor, in 18 bestand (9 mal vorbehandelt) Resistenz gegen eines der drei Hauptpräparate (Sm, PAS, INH).

Die Notwendigkeit, die Tuberkulose nicht erst im infektiösen Stadium sondern davor zu entdecken, wird ausdrücklich betont und zugegeben (was heute im Ausland nicht mehr selbstverständlich ist). — Gegen die dafür allein in Frage kommende Röntgenreihenuntersuchung wird der Einwand des erheblichen finanziellen und technischen Aufwandes sowie der mangelnden Spezifität der erhobenen Befunde vorgebracht. Von 16 617 Personen mit einer Tuberkulinreaktion von > 10 mm wiesen 130 (7,8 ‰) eine Kaverne auf, 47 (0,3 ‰) eine fragliche und 862 (51,9 ‰) ein Infiltrat. Für die 11 092 Personen mit einer Tuberkulinreaktion von maximal 9 mm lauten die entsprechenden Zahlen 29 (2,6 ‰), 14 (1,3 ‰) und 299 (27,0 ‰). Die Infiltrate in der letzten Gruppe werden als unspezifisch angesehen; das Resultat bei den Fällen mit stärkerer Tuberkulinreaktion und vorhandenen Infiltraten wird entsprechend korrigiert, ohne daß gezielte Untersuchungen vorgenommen wurden, die ein solches Vorgehen als berechtigt erscheinen lassen. Von den Personen mit stärkerer Tuberkulinreaktion schieden 6,0 ‰, von denen mit schwacher 0,2 ‰ im Auswurf säurefeste Stäbchen aus, und zwar in der ersten Gruppe 374 ‰ der kavernösen Prozesse, 103 ‰ der Fälle mit fraglichen Kavernen und 20 ‰ der Fälle mit Infiltraten. Wie die Bakterienausscheidung bei 10 Fällen ohne Röntgenbefund zustandegekommen ist und welche Bedeutung sie hat, ist nicht erwähnt. Unter den 30 Fällen mit Ausscheidung großer Bakterienmengen waren 25 kavernös. Bei Sputumreihenuntersuchungen kann nicht auf die Untersuchung rein wäßriger Sputen verzichtet werden, da auch davon 2 ‰ säurefeste Stäbchen enthalten.

Wenn man die Fallsuche auf solche Haushalte beschränkt, in denen wenigstens ein tuberkulinpositives Kind unter 10 Jahren lebt, so muß man 16,1 % der Bevölkerung untersuchen, findet dabei 16,7 % der Träger von Röntgenbefunden und 39,2 % aller bakteriologisch bestätigten Fälle. Die Quote erscheint zu gering, um die Beschränkung auf diese Gruppe zu gestatten.

Diese Ergebnisse werden ausführlich wiedergegeben, da sie sich in den Entscheidungen der internationalen Gremien niederschlagen. Mit Recht wird abgelehnt, die Verhältnisse aus den Industrieländern unbesehen auf die Entwicklunsländer zu übertragen; gegen den umgekehrten Schluß scheinen mancherorts keine oder nur geringe Bedenken zu bestehen.

Literatur

ROELSGAARD, E., E. IVERSEN, C. BLOCHER: Bull. Wld Hlth Org. 30, 459—518 (1964)

2. Portugiesisch Guinea

Die Ergebnisse umfangreicher Tuberkulintestungen (1 TE RT 23) sprechen für einen stark eingeschränkten Wert dieses Verfahrens im höheren Alter. Während bei den 5- bis 14jährigen kein Tuberkulosefall mit einer Tuberkulinreaktion von 0—1 mm gefunden wurde, stieg diese Quote von 3,8 ‰ der Getesteten (15—29 Jahre) über 8,1 (30—44) und 13,1 (45—59) auf 18,3 (60 und mehr).

Literatur

DAS NEVES ALMEIDA, F., J.M. DAS NEVES ALMEIDA: Bull. Wld Hlth Org. 30, 519—528 (1964)

3. Sudan

Für 12 Mill. Einwohner standen 1962 immerhin soviel Betten zur Verfügung, daß rd. 5 000 Tuberkulöse stationär behandelt werden konnten; 1933 war dies erst bei 521 der Fall.

Literatur

MEHDI, M., in: L'endémie etc. (*s. 3. a) 9).* IUAT Beyrouth

4. Ägypten

In der Vereinigten Arabischen Republik erhöhte sich die Zahl der Sanatorien von 32 im Jahr 1957 mit 7 334 Betten auf 41 mit 8 280 im Jahr 1961, die der Dispensaires von 49 auf 68. Die Fürsorgestellen betreuten 1957 18 925, 1961 22 915 Tuberkulöse; untersucht wurden dort 391 395 (1957) bzw. 535 121 (1961) Personen. In den gleichen Jahren wurden 167 878 bzw. 189 607 Personen BCG-geimpft.

Literatur

SAMI, A.–A., in: L'endémie etc. (*s. 3. a) 9).* IUAT Beyrouth 1963

c) Amerika

1. Canada

In der Provinz Ontario (6,3 Mill. Einwohner) wurden 1962 1 766 (27,8/100 000) aktive Tuberkulosen bekannt, bei den Männern 33,3, bei den Frauen 22,3. Der Gipfel liegt beim männlichen Geschlecht mit 91,2 in der Klasse von 70—74 Jahren, beim weiblichen mit 35,9 bei den 20- bis 24jährigen. Tuberkuloseinfiziert waren 1958—60 18,3 %, mit 0—4 Jahren 0,5 %, 10—14 2,7 %; höchster Wert bei Männern 52,6 %, (60—69), bei Frauen 37,1 % (50—59). Aufschlußreich sind die Angaben über Konversion und Reversion (*s. Tab. 81*). Die jeweiligen Extremwerte sind so

Tabelle 81. *Konversions- und Reversionsraten* (Provinz Ontario 1959—1962)

Altersgruppe	Untersuchte	Konversion		Untersuchte	Reversion	
		Zahl	%		Zahl	%
0 – 19	8 381	22	0,3	99	22	22,2
20 – 39	2 459	38	1,5	200	16	8,0
40 – 59	1 888	78	4,1	525	25	4,8
60 u. älter	640	61	9,5	377	34	9,0
Sa.	13 368	199	1,5	1 201	97	8,1

hoch, daß die Mitwirkung anderer Faktoren, z. B. Boostereffekt bei der „Konversionsrate" alter Leute, angenommen werden muß. Trotzdem besteht keinerlei Zweifel daran, daß Reversionen alles andere als ein seltenes Ereignis sind. 1923 lag der

Durchseuchungsgrad bei den 2½- bis 16jährigen mindestens ebenso hoch wie in der gleichen Kohorte 36 Jahre später, d. h. mit 38½- bis 52 Jahren. Die Ergebnisse wären noch günstiger, wenn man nur die in Canada Geborenen berücksichtigen würde; hier wurde nur ein Maximalwert von 40% Tuberkuloseinfizierten erreicht gegen rd. 58% bei Einwanderern und rd. 85% bei Indianern. Dementsprechend unterschiedlich ist auch die Mortalität dieser Gruppen, aber auch die Pathogenese aktiver Erkrankungen (*s. Tab. 82*). Das Erkrankungsrisiko nach frischer Infektion beträgt zunächst ~2500/100000 und verringert sich allmählich auf 65/100000 für alle Infizierten. Träger von Altherden müssen mit einer Erkrankungswahrscheinlichkeit von ~1000/100000 rechnen. Bezieht man das Risiko der Erkrankung nach frischer Ansteckung nicht auf die soeben Konvertierten, sondern auf das gesamte Kollektiv der Tuberkulinnegativen als Ausgangsgruppe, so beläuft sich für diese das Tuberkuloserisiko auf ~10/100000. Dabei wird nicht zwischen primär (noch nicht infizierten) und sekundär (nach Reversion wieder negativ gewordenen) tuberkulinnegativen Personen unterschieden. – Diese Untersuchungen haben weit mehr als nur lokale Bedeutung. – Die Kontrolle der Umgebung von Patienten mit Tuberkulosebakteriennachweis im direkten Ausstrich führt zur Entdeckung von aktiven Tuberkulosen in 6,5% der Untersuchten, bei Nachweis nur in der Kultur in 1,3%, und ohne Nachweis von Tuberkulosebakterien in 1,1%. Im übrigen wird lebenslange Beobachtung der inaktiven Fälle, Chemotherapie der nicht oder ungenügend behandelten Prozesse sowie BCG-Impfung der Exponierten und Studenten empfohlen (*2*).

Tabelle 82. *Erkrankungswahrscheinlichkeit* (Provinz Ontario 1962)

Bevölkerungs-gruppe	Aktive Tuberkulose %₀₀₀₀	X % der aktiven Tuberkulose entwickelten sich		
		nach frischer Erstinfektion	nach langer zurückliegender Infektion	durch Rückfall
In Canada Geborene	20,4	31,5	38,9	29,6
Indianer	195,1	58,6	24,3	17,1
Einwanderer	48,1	21,0	39,5	39,5

In der an der Hudson-Bay gelegenen Siedlung Eskimo Point ereignete sich 1963 eine schwere Tuberkuloseepidemie. Es handelt sich durchaus nicht um ein für die Tuberkulose jungfräuliches Gebiet, waren doch von 1954–1962 durch regelmäßige RRU, an denen sich 90% der Bevölkerung beteiligten, auf 2500 Großfilmen 25 aktive und allein 1956, 39 inaktive Tuberkulosen entdeckt worden. Die normalerweise knapp 300 Personen zählende Bevölkerung war nach 1960 durch Zuzug bis auf 384 angewachsen. Ab Sommer 1962 traten gehäuft in schneller Folge verschiedene Virusinfektionen auf, die als Schrittmacher der folgenden Tuberkuloseepidemie angesehen werden. Insgesamt erkrankten 82 Personen, davon 59 Kinder, und zwar 20 mit einer ansteckungsfähigen Lungentuberkulose. Nur 2 Personen waren älter als 45 Jahre. Die Erkrankungen sprachen nur sehr langsam auf die Behandlung an, so daß rd. 370000 Behandlungstage erforderlich wurden. Einschließlich der Transportkosten verursachte die Epidemie Unkosten in Höhe von 500000 $ (*1*).

Literatur

1. CAREY, St. L.: Amer. Rev. resp. Dis. 91, 479—487 (1965)
2. GRZYBOWSKI, S., E. A. ALLEN: Amer. Rev. resp. Dis. 90, 707—720 (1964)

2. *Vereinigte Staaten*

1963 gingen erstmals die Zugangszahlen gegenüber 1962 nicht wie bis dahin üblich zurück, sondern nahmen bei den absoluten Zahlen sogar geringfügig zu, jedoch nicht mehr, als dem inzwischen eingetretenen Bevölkerungszuwachs entsprach, so daß die Inzidenzrate gleich geblieben ist. Im übrigen ist eine Reihe von äußeren Faktoren für dieses etwas überraschende Resultat verantwortlich zu machen. Ein Staat meldete zum ersten Mal Zahlen aus 86 Counties, die über keinerlei Gesundheitsbehörden verfügen. Ferner wurden die Richtlinien für die Registrierung der Kindertuberkulose geändert, so daß ein Vergleich mit früher nur bedingt möglich ist. Daß es sich um keinen Umschwung in der epidemiologischen Situation handelt, beweisen die Zahlen für 1964: die Neuerkrankungsrate hat sich von 28,7 auf 26,6/100000 ermäßigt, auch die Mortalität ist weiter zurückgegangen (2). — Bis zum 5. Lebensjahr trat von 1953 bis 1964 ein Rückgang der Zugangsrate um 11,0% ein, von 5—14 um 6,6%, von 15—24 um 68,5%, von 25—44 um 54,8%, von 45—64 um 46,6% und um 37,5% von 65 und mehr Jahren. Bei den weißen Männern wurden 1964 27,3/100000 neue aktive Tuberkulosen registriert, bei den Frauen 12,8; für die Farbigen lauten die entsprechenden Raten 96,8 und 57,3, sind also 3,5 bzw. 4,5 mal höher als bei den Weißen. — Im Alter von 0—4 Jahren sterben 3mal soviel farbige Knaben an Tuberkulose als weiße (1,0/100000 gegen 0,3/100000). Von den weißen Mädchen im Alter von 5—14 starben 1964 nur 7, d. h. <0,05/100000. Nach dem 65. Lebensjahr ist die Sterblichkeit am höchsten: weiße Männer 31,8/100000, weiße Frauen 8,7, farbige Männer 77,4, farbige Frauen 22,9. Über die Entwicklung der Mortalität und Morbidität (Inzidenz) sowie die Beziehungen zwischen diesen beiden Indizes unterrichtet Tab. 83. In 17 Staaten der USA wurden 1961/64 weniger als 20/100000 neue Fälle erfaßt, in 3 (District of Columbia, Alaska und Puerto Rico) mehr als 50/100000. Zwischen dem Maximalwert für Neuzugänge von 135,2 (Alaska) und dem Minimum von 6,5 (Iowa) besteht ein Quotient von 20,8 : 1. Läßt man Alaska und den Distrikt der Bundeshauptstadt (63,1) außer Betracht, so verringert sich die Spanne auf 6,7 : 1 (Höchstwert dann 43,5 für Virginia). Auch bei der Sterberate errechnet sich ein Quotient von 12,2 : 1 für die Extremwerte. 3,6% aller Neuzugänge bzw. 22,3% aller Sterbefälle wurden erst mit dem Tode bekannt. 21,4% (1953 : 22,6%) der neuen Prozesse wurden als minimal, 43,8% (40,7%) als mäßig und 34,8% (36,7%) als weit fortgeschritten bezeichnet. In 10,6% der näher spezifizierten Formen handelt es sich um Primärtuberkulosen. — Aus 608 Counties mit 2,9% der gesamten Einwohnerschaft (5,552 Mill.) wurde 1964 nicht ein einziger neuer Fall von Tuberkulose gemeldet. Für 20,6% der Bevölkerung ergibt sich eine Rate von 1—9/100000, für 37,6% von 10—99/100000, für 26,2% von 100—499/100000, für 37,6% von mehr als 500/100000. In Städten über 500000 Einwohner liegt die Erkrankungsrate 81% über dem Landesdurchschnitt (48,1 statt 26,6/100000), aber auch in Städten von mehr als 100000 Einwohner wird dieser Wert überschritten (33,1); günstiger ist die

Tabelle 83. *Zugänge an aktiver Tuberkulose und Sterbefälle an Tuberkulose* (USA 1953—1964)

Jahr	Sterbefälle		Zugänge		Verhältnis Zugänge : Sterbefälle = X : 1
	Zahl	%ₒₒₒ	Zahl	%ₒₒₒ	
1953	19 707	12,4	84 304	53,0	4,3
1954	16 527	10,2	79 775	49,3	4,8
1955	15 016	9,1	77 368	46,9	5,2
1956	14 137	8,4	69 895	41,6	4,9
1957	13 390	7,8	67 149	39,2	5,0
1958	12 417	7,1	63 534	36,5	5,1
1959	11 474	6,5	57 535	32,5	5,0
1960	10 866	6,0	55 494	30,8	5,1
1961	9 938	5,4	53 726	29,4	5,4
1962	9 506	5,1	53 315	28,7	5,6
1963	9 311	4,9	54 042	28,7	5,8
1964	8 303	4,3	50 874	26,6	6,1
1953 = 100 1964 = X	42	35	60	50	

Situation nur in kleineren Städten und auf dem flachen Land. Ähnliches gilt für die Verteilung der Sterbefälle. 1952 waren rd. 200 000 aktive Tuberkulosen bekannt (Bestand), 1963 105 000; davon waren 42 000 stationär behandelt (3).

Am 30.6.1963 standen in den USA 60 363 Betten für Tuberkulöse zur Verfügung, von denen 43 086 (71,5 %) belegt waren; bis zum 30. 6. 1965 verringerte sich die Zahl der Betten auf 52 781, der Belegungsgrad auf 69,4 % (8).

Die Stadt New York (7,84 Mill. Einwohner) legt für das Jahr 1964 einen umfassenden Bericht vor. Von 1963 auf 1964 ging die Mortalität von 8,1 auf 6,9/ 100 000 zurück, die Neuzugangsrate von 62,9 auf 53,7. In Zentral-Haarlem erreichte die Mortalität 1963 und 1964 noch Werte von 32 und 30/100 000. Bei Weißen wurden 5,0, bei Negern 20,9, bei andern Farbigen 26,8/100 000 Sterbefälle registriert. Bei Weißen nahm die Tuberkulose 1963 als Todesursache den 14. Rang ein, bei Farbigen den achten. Auch bei den Neuzugängen sind innerhalb des Stadtgebietes erhebliche Unterschiede vorhanden: Zentral-Haarlem 167, Maspeth-Forest Hills 13/100 000. 55,1 % der Meldungen erstatteten Krankenhäuser der Stadt, 4,5 % Privatärzte; die Chest Clinics selbst erfaßten 28,9 %. 5,1 % aller Neuzugänge wurden erst mit dem Tode bekannt, das sind 25,9 % aller Sterbefälle. Seit 1953 werden günstigstenfalls 83 %, ungünstigstenfalls nur 40 % aller Miliartuberkulosen intra vitam, der Rest erst post mortem diagnostiziert. Von den 6 185 bekannten aktiven Fällen (79/100 000) befanden sich 45,5 % in stationärer Behandlung. Seit 1950 bewegt sich diese Rate zwischen 47,1 und 52,9 %, seit 1959 jedoch ständig absinkend. Weniger als 1 % aller Patienten wurden überhaupt nicht behandelt.

Die Fürsorgestellen wurden 1964 von 280 623 Personen aufgesucht. 1963 wurden 2 276, 1964 2 895 BCG-Impfungen vorgenommen. — Im Rahmen eines Feldversuches wurden 13 745 Kinder des 7. Schuljahres tuberkulinisiert. In 9,4 % fiel die Probe positiv (Induration > 8 mm) aus, mit Schwankungen in den einzelnen Stadtbezirken zwischen 2,2 und 10,7 %. 12 455, d.h. 56,3 % der Tuberkulinnegativen, wurden BCG-geimpft. Die Gesamtzahl der Röntgenuntersuchungen überschritt mit 1 003 331 wieder die Millionengrenze (1963: 932 171). Bei verschiedenen Reihenuntersuchungen mit insgesamt 561 412 Schirmbildern wurden 467 aktive Tuberkulosen gefunden, d. h. 0,6—1,3 ‰.

1955 wurde mit der systematischen Röntgenuntersuchung aller Krankenhausaufnahmen begonnen. 1964 wurden im Rahmen dieser Aktion 363 428 Aufnahmen angefertigt, dabei 1643 (4,5 ‰) aktive Tuberkulosen erkannt, davon 917 (2,5 ‰) unbekannte. Allein die stationäre Behandlung der Tuberkulose erfordert 1964 den Betrag von 21 Mill. $, pro Tag und Patienten 34,12$, pro Besuch in der Fürsorgestelle im Rahmen der ambulanten Behandlung 6,95$. Der Gesamtaufwand für die Tuberkulosebekämpfung wird auf 25 Mill. $ geschätzt (9).

In New York City und in Baltimore wurde dem Problem der erst mit dem Tode bekannt werdenden Tuberkulose nachgegangen. Unter diesen Fällen ist in beiden Städten der Anteil der psychisch Anfälligen und der Alleinstehenden bemerkenswert hoch. Die Ansteckungsfähigkeit dürfte nur in einer relativ geringen Zahl länger als 6 Monate bestanden haben; das Risiko für die Allgemeinheit ist demnach nicht ganz so groß wie oft befürchtet (5,6).

1959—62 wurden in New York insgesamt 32 199 Kinder im 1., 4. und 7. Schuljahr mit PPD getestet (HEAF-Test). Im 1. Schuljahr waren 3,5 %, im 4. 6,9 % und im 7. 10,2 % tuberkulinpositiv. Die jährliche Konversionsrate beträgt 1,1 %. In einem Viertel der Fälle mit positivem Ausfall im Jahr 1959 gab es 1962 ein negatives Resultat. In Stadtteilen mit viel Tuberkulose war die Durchseuchung in allen Jahrgängen höher als in Bezirken mit wenig Tuberkulose. Die Relation für alle Jahrgänge zusammen lautet: 8,8 %: 5,5 %; der Maximalwert von 13 % wird von den Schülern der 7. Klasse aus tuberkulosereichen Bezirken erreicht. Unter den 2 139 tuberkulinpositiven Kindern wurden 7 aktive Tuberkulosen gefunden, das sind 0,22 % aller getesteten oder 3,2 % der tuberkulinpositiven, und zwar 1,9 % in den Bezirken mit wenig, 4,4 % in denen mit viel Tuberkulose. Des weiteren konnten 77,9 % der Mitbewohner tuberkulinpositiver Kinder untersucht werden. Dabei kamen 12 (1,7 ‰) aktive Tuberkulosen heraus, hier jedoch ohne jede Abhängigkeit von der Tuberkulosehäufigkeit im Bezirk (4).

Im Staate Michigan reagierten 1960 von 383 mit 5 TE PPD-S getesteten Männern 22,2 % auf Tuberkulin, von 348 Frauen, 16,1 %, gegen 19,0 und 13,7 % positive Reaktionen auf Histoplasmin. Keines der 127 Mädchen bis zu 19 Jahren war tuberkulinpositiv. Verkalkte endothorakale Veränderungen gab es häufiger bei Histoplasmin- als bei Tuberkulinpositiven; für Pleuraveränderungen gilt das Gegenteil (1).

In Los Angeles konnten bei Umgebungsuntersuchungen 83 % aller angegebenen Kontaktpersonen untersucht werden, sofern Wohngemeinschaft bestand, sonst 66 %. Auf 100 intradomiziliär Exponierte wurden 4,8 %, auf 100 extradomiziliär Exponierte 1,0 % aktive Tuberkulosen gefunden. Insgesamt wurden, nach Repräsentativerhebungen, in Los Angeles 62,4 % der Erkrankungen infolge von Beschwerden, 14,2 % durch RRU in Gefängnissen, 8,4 % durch sonstige RRU, 7,5 % durch Umgebungsuntersuchung, der Rest anderweitig entdeckt (7).

Literatur

1. DODGE, H. J., M. W. PAYNE, W. M. WHITEHAUSE, K. A. BAUMANN: Amer. Rev. resp. Dis. 92, 459—469 (1965)

2. Newly Reported Active Tuberculosis Cases, United States, 1964: Publ. Hlth Serv. 1965
3. Reported Tuberculosis Data. Publ. Hlth Serv. Publicat. No. 638 1965, 1966
4. ROBINS, A. B., H. ABELES, A. D. CHAVES, J. BREUER, R. GLASS: Amer. Rev. resp. Dis. 91, 339–344 (1965)
5. SIMPSON, D. G.: Amer. Rev. resp. Dis. 92, 863–869 (1965)
6. SIMPSON, D. G., A. M. LOWELL: Amer. Rev. resp. Dis. 89, 165–174 (1964)
7. SWAYNE, J. B., L. TEPPER: Amer. J. Publ. Hlth 54, 1270–1281 (1964)
8. Tuberculosis Beds. Publ. Hlth Serv. Publicat. Nr. 801 1964, 1966
9. Tuberculosis in New York City 1964. New York Tuberc. and Hlth Ass.

3. Uruguay

Im Department Montevideo wurden seit 1950 in vier Durchgängen insgesamt 811 100 Tuberkulinprüfungen vorgenommen; 59,5 bis 69,4 % aller Proben fielen positiv aus, bereits im Alter von 0–4 Jahren 31,7 bis 62,7 %, nach dem 40. Lebensjahr mindestens 88 %. In den vier Kampagnen wurden 199 769 tuberkulinnegative Personen aller Altersklassen BCG-geimpft. Die Zahl der Schirmbilduntersuchungen konnte ab 2. Durchgang erheblich gesteigert werden; alles in allem wurden 1 967 100 Aufnahmen angefertigt. Die Ausbeute an wahrscheinlich aktiven Fällen ging von 7,5 ‰ im ersten auf 1,3 ‰ im 4. Durchgang zurück. Der Anteil der weit fortgeschrittenen Prozesse betrug im 2. Durchgang 14,0 %, im 3. 9,8 %, im 4. 13,1 %.

Literatur

Catastro radiofotografico, tuberculinico y de tests complementarios de la poblacion. Dpto de Montevideo, Montevideo 1965

d) Asien

1. Japan

In Japan wird die Mortalität seit 1899 registriert. Von dem 1918 erreichten Höchstwert (253/100 000) sank diese Ziffer zunächst bis 1932 ab (179/100 000), erreichte 1943 einen neuen Höhepunkt (255/100 000) und fiel ab 1947 schnell ab (1963: 24,2/100 000). Bis 1951 war ein ausgeprägter Jugendlichengipfel um das 20. Lebensjahr vorhanden (Maximalwert 1943: 620/100000), der jetzt völlig verschwunden ist. 1963 lag das Maximum in der Altersklasse von 75–79.

Die Unterlagen über die Morbidität sind lückenhaft und beruhen zunächst auf Sondererhebungen von 1953 und 1958; daraus wurde auf einen Bestand von 3,4 bzw. 3,2 % aktiven Tuberkulosen geschlossen, das sind rd. 3 Mill. Personen. Die Registrierung wurde fortlaufend verbessert und berücksichtigt ab 1961 auch die Art der Behandlung.

Eine Übersicht über die Jahre 1961–63 enthält Tab. 84. Von den ansteckungsfähigen Tuberkulosen waren 1963 50,5 % in stationärer Behandlung, von den nichtansteckungsfähigen 13,0 %; ambulant behandelt wurden 26,8 und 64,2 %.

Während 1953 41,8 % aller aktiven Fälle das 30. Lebensjahr noch nicht vollendet hatten, war das 1963 nur noch in 19,1 % der Fall. 1963 wurden 51,7 Mill. Schirmbilder angefertigt, dabei 20 ‰ aktive Tuberkulosen gefunden; 38,6 % der Patienten waren nicht beschwerdefrei. Bis 1963 hatten 80,6 % der Bevölkerung mindestens einmal an einer RRU teilgenommen. 1963 erfolgten rd. 5 Mill. BCG-Impfungen; diese Zahl ist leicht rückläufig. Die 178 000 (1953), 263 000 (1958) und 241 000 (1962) Betten für die Tuberkulosebehandlung waren zu 96,1, 82,0 und 80,9 % ausgenutzt. Die durchschnittliche Behandlungsdauer belief sich 1962 auf 359 Tage. In annähernd 50 % der Fälle wurde Sputumkonversion erreicht. 1963 wurden rd. 35 000 Patienten mit endothorakaler und rd. 10 000 mit extrapulmonaler Tuberkulose chirurgisch behandelt. Japan verfügte am 1.6.1964 über 813 Gesundheitszentren, zu deren Aufgabe auch die Dispensaire-Tätigkeit für Tuberkulöse zählt.

Tabelle 84. *Bestand an registrierter Tuberkulose* (Japan 1961—1963)

| | Jahr | | | | |
| | 1961 | | 1962 | | 1963 |
	Zahl	‰ooo	Zahl	‰ooo	Zahl
Ansteckende Lungentuberkulose					
weit fortgeschritten	53 377	59	50 794	56	39 333
sonstige	222 314	246	235 874	258	238 513
Sa.	275 691	305	286 668	313	278 346
Nicht ansteckende aktive Lungentuberkulose	625 953	692	634 424	693	655 260
Aktive extrapulmonale Tuberkulose	41 852	46	42 564	47	60 286
Inaktive Tuberkulose	302 934	335	363 683	398	396 827
Aktivität unbestimmt	340 080	376	216 938	237	161 809
Sa.	1 586 510	1 755	1 544 277	1 688	1 552 528

Literatur

Present Status of Tuberculosis and Evaluation of TB Control Program in Japan. Japan Anti-Tuberc. Ass., Tokyo 1964

2. *China*

Das riesige Reich verfügte Ende 1963 über mehr als 300 Fürsorgestellen, Krankenhäuser und Sanatorien mit zusammen gut 40 000 Betten. Die Zahl der BCG-geimpften Personen wird auf 100 Mill. geschätzt. 1963 wurden allein in Peking 1,06 Mill. Schirmbilder angefertigt. In dieser Stadt ging die Mortalität von 230 (1949) auf 29,7/100 000 (1963) zurück. In Shanghai verringerte sich die Mortalität der Kindertuberkulose von 296 auf 10/100 000 (keine Jahresangaben).

Literatur

MÜLLER, R. W.: Prax. Pneumol. **19**, 191—196 (1965)

3. Singapur

In dieser Stadt wurde 1958 mit der BCG-Impfung Neugeborener begonnen. Bis 1965 waren 322 284 Kinder geimpft; bei 98% trat eine Tuberkulinkonversion innerhalb von 3 Monaten ein.

Literatur

RICHARD, A. M. D.: CNAPT Conference of Branch Association, Colombo 1965

4. Indien

In Westbengalen stehen 4 417 Tuberkulosebetten zur Verfügung. Die Bildung von 102 Chest Clinics ist in Angriff genommen. Die Morbidität wird auf 1,3—2,5 % der Bevölkerung geschätzt.

In einer eingehenden Untersuchung in Südindien, bei Madanapalle, wurde der Nutzen der BCG-Impfung in ländlicher Gegend überprüft. Bei den Geimpften konnte die Zahl der Tuberkulosefälle um etwa 56—60 % gesenkt werden. Das 95 %-Vertrauensintervall erstreckt sich von 35,5 bis 90,3 %, für bazilläre Fälle von 25,6 bis 98,1 %. Insgesamt wurden 21 556 Personen getestet, von denen 9 979 (46,3 %) anfangs positiv waren.

Literatur

1. FRIMODT-MOLLER, J., J. THOMAS, R. PARTHASARATHY: Bull. Wld Hlth Org. 30, 545—547 (1964)
2. MOOKERJEE, S. M. K.: J. Bengal. Tuberc. Ass. 27, 123—126 (1964)

5. Pakistan

1959 dürften in Ostpakistan (Bevölkerung 50 Mill.) 90 000 Menschen an Tuberkulose gestorben und 500 000 erkrankt sein. Genaue Zahlen stehen wegen fehlender Meldepflicht nicht zur Verfügung. An der Universität Dacca reagierten 66,6 % positiv auf Tuberkulin, 47 ‰ zeigten verdächtige Röntgenbefunde, davon schieden 7 % Tuberkulosebakterien aus. Von 28 355 Fabrikarbeitern waren 80,2 % tuberkulinpositiv, 23,0 ‰ fielen mit Röntgenbefunden auf. Wenn diese Zahlen Allgemeingültigkeit besäßen, wäre mit 1,15 Mill. Tuberkulösen, darunter 230 000 ansteckungsfähigen, zu rechnen. Und für dieses Heer von Kranken standen 1962 717 Betten in 2 Hospitälern und 11 Krankenanstalten zur Verfügung, außerdem arbeiteten 13 Chest Clinics.

Literatur

JSLAM, N.: Brit. J. Dis. Chest 58, 36—41 (1964)

6. Iran

Durch das Centre antituberculeux in Teheran wurden 1959—62 100 668 Personen untersucht, 139 236 Tuberkulintestungen, 5 655 BCG-Impfungen, 402 136

Beratungen und 26 024 Auswurfkontrollen vorgenommen, sowie 194 079 Schirmbilder und 30 703 Großaufnahmen angefertigt.

Literatur

DANSHWAR, A., in: L'endémie etc. (s. 3. a) 9) IUAT Beyrouth 1963

7. Irak

Im Zentrallabor wurden 1959—62 95 861 bakteriologische Untersuchungen ausgeführt, im Institut zur Tuberkulosebekämpfung bis 1962 306 571 BCG-Impfungen. Die Zahl der Schirmbilder belief sich 1962 auf 119 029, der Tuberkulosebetten auf 2 718.

Literatur

CHAHINE, J. in: L'endémie etc. (s. 3. a) 9) IUAT Beyrouth 1963

8. Syrien

Die WHO hat 12 868 Tuberkulinproben vorgenommen; 36,8 % fielen positiv aus. Im Dispensaire wurden 1962 29 344 Tuberkulinproben abgelesen; 58,2 % wurden als positiv beurteilt. Vom 1.—5. Jahr waren 20,9 % positiv, im 6.—10. 11,6 %, im 11.—15. 30,1 %, im 16.—20. 69,0 % und ab 21. 83,6 %. 1959 wurden 51 479, 1962 32 863 Schirmbilder angefertigt, dabei 9,7 bzw. 9,0 ‰ Tuberkulosen entdeckt. Stationär behandelt wurden 1959 936, 1962 1 276 Patienten.

Literatur

CHANE, Th. in: L'endémie etc. (s. 3.a) 9) IUAT Beyrouth 1963

9. Libanon

Die Mortalität wird für 1960 mit 71/100 000 angegeben. 1953 waren 13 %, 1962 9 % der 15jährigen tuberkulinpositiv. Exakte Morbiditätszahlen fehlen. Von 38 597 in der Fürsorgestelle Beirut Untersuchten schieden 231 (6,0 ‰) Tuberkulosebakterien aus. Die Rindertuberkulose ist nur wenig verbreitet: von 46 057 daraufhin überprüften Schlachtrindern waren 268 (0,55 %) tuberkulös.

Literatur

BAROOKY, E. in: L'endémie etc. (s. 3. a) 9) IUAT Beyrouth 1963

10. Jordanien

1959—62 wurden 1 163 665 Personen mit Tuberkulin getestet; bei 593 459 (50,7 %) gab es ein positives Resultat. 545 436 Personen wurden BCG geimpft.

Literatur

FARES, R. in: L'endémie etc. (s. 3. a) 9) IUAT Beyrouth 1963

e) Ozeanien

1. West-Samoa

Von Juni 1960 bis Dezember 1963 arbeitet die WHO in diesem Gebiet (Gesamtbevölkerung bei Volkszählung 1961: 114 427). 55 702, d. h. 93,9 % der Kinder von 6 Monaten und 14 Jahren konnten mit Tuberkulin getestet werden; 2464 (4,7 %) erwiesen sich als infiziert (Grenzreaktion: > 10 mm Durchmesser). Alle positiven Reaktoren wurden prophylaktisch behandelt. Mit 50 und mehr Jahren sind 72 % der Männer und 51 % der Frauen, insgesamt 62 %, tuberkulinpositiv. — 92,9 % aller Personen von 15 und mehr Jahren wurden röntgenologisch untersucht, bei 27 ‰ mußte Verdacht auf klinisch bedeutsame Lungentuberkulose ausgesprochen werden, bei 312 (60 ‰ der röntgenologisch Untersuchten) wurden Tuberkulosebakterien nachgewiesen. Nur 37,3 % aller behandelten Patienten führten die Therapie ordnungsgemäß wenigstens ein Jahr lang durch. Auf der Insel Savai'i konnte in 79,5 % Sputumkonversion durch häusliche Behandlung erzielt werden. Der Verbleib von 27 % der anfangs sputumpositiven und 43 % der fortgeschrittenen Fälle war nicht mehr zu klären. 10—30 % der Bevölkerung wechseln pro Jahr die Wohnung.

Literatur

HANN, E. S.: Tubercle (Lond.) **46**, 46—57 (1965)

2. Neuseeland

1963 wurden in Neuseeland 270 169 Schirmbildaufnahmen angefertigt, dabei 214 (0,7 ‰) aktive Tuberkulosen gefunden. Von den 5- bis 15jährigen Schulkindern reagierten 1962 5,2 % auf Tuberkulin positiv. Beschrieben wird eine Epidemie in einer ländlichen Region (Otago). 1959—62 wurden nur 4 neue Fälle von aktiver Tuberkulose bekannt, 1963 20. 18 dieser Erkrankungen gingen auf eine gemeinsame Quelle zurück, und zwar einen Kranken mit bekannter inaktiver, jetzt reaktivierter Tuberkulose. 5 dieser Patienten wurden durch Reihenuntersuchung und Tuberkulintest, 2 durch Umgebungsuntersuchung, 6 durch Symptome entdeckt. Es wird empfohlen, in Gegenden mit wenig Tuberkulose, die praktischen Ärzte über das Vorhandensein offener Fälle zu informieren.

Literatur

TAYLOR, A. J., J. R. MEIN: Tubercle (Lond.) **46**, 345—351 (1965)

4. Schlußbetrachtung

Diese tour d'horizon vermittelt eine Vorstellung von der erstaunlichen Vielfalt des Tuberkuloseproblems, läßt aber gleichzeitig eine bemerkenswerte Übereinstimmung in den Prinzipien der Tuberkulosebekämpfung erkennen. Auch bei sehr kritischer Grundeinstellung und vielen Vorbehalten kann nicht bezweifelt werden, daß die

Tuberkulosesituation in einigen Ländern ungewöhnlich günstig, in anderen weit weniger vorteilhaft ist. Damit ist auch auf nationaler Ebene eine ganz heterogene Verteilung der Tuberkulosehäufigkeit gegeben. Wenn dies gleichsam als naturgegebener Modellversuch aufgefaßt wird, was ohne weiteres zulässig ist, so sollte versucht werden, zu erkennen, welche Faktoren im einzelnen in den einen Ländern das Dahinschwinden der Tuberkulose beschleunigen, welche in anderen diese Entwicklung verlangsamen oder gar hemmen. Dabei ist einmal der unbeeinflußbare säkuläre Gang zu bedenken, zum anderen aber die Gesamtheit der sozialen, wirtschaftlichen, soziologischen, hygienischen und zivilisatorischen Faktoren, und wohl erst an dritter Reihe der Einfluß spezifischer Bekämpfungsmaßnahmen.

V. Stand des Tuberkuloseproblems

Im Jahre 1939 sollte die Internationale Tuberkulosekonferenz, die zuletzt 1913 in Deutschland getagt hatte, in Berlin stattfinden. Aus diesem Anlaß sollte eine Festschrift erscheinen, die nur noch in wenigen Exemplaren erhalten geblieben ist. In dieser Festschrift hat Franz REDEKER, der damals in Deutschland in der vordersten Front im Kampf gegen die Tuberkulose gestanden hat, einen umfassenden und großartigen Überblick über die Gesamtentwicklung der Tuberkuloseseuche in der Welt gegeben. Der Ausbruch des zweiten Weltkrieges hat die Abhaltung der Konferenz zunichte gemacht. Als Deutschland nach den furchtbaren Schicksalen, die der zweite Krieg über die Völker der Erde gebracht hat, 1965 erneut mit dem Auftrag betraut wurde, eine — die XVIII. — Internationale Konferenz in München abzuhalten, war es naheliegend, in einer neuen Festschrift, auf der alten aufbauend, über den Stand der Tuberkulosebekämpfung in unserem Vaterland zu berichten. Der Aufbau dieser Schrift sollte den Verfassern der einzelnen Beiträge Gelegenheit geben, die Entwicklung und Lage der derzeitigen Verhältnisse zu schildern und dabei gleichzeitig der bedeutenden Männer ehrend zu gedenken, die in unserer Heimat mitgeholfen haben, Forschung und Praxis so zu fördern, daß wir heute wenigstens von einem Teilsieg über die Krankheit zu reden berechtigt sind. Aus dem jetzigen wie auch aus den vorausgegangenen Jahrbüchern geht indessen hervor, daß wir noch nicht am Ziel sind.

Dies ging anläßlich der Deutschen Tuberkulosetagung 1962 in Düsseldorf wieder in weltweiter Sicht aus den Ausführungen von HOLM, Paris, hervor, dies bewiesen aber ebenso die Erkrankungs- und Sterbezahlen an Tuberkulose im Bereich der Bundesrepublik. Daher wird es grundsätzlich für falsch gehalten, in Prophezeihungen „das Ende der Tuberkulose als einheimischer Seuche" vorauszusagen. Dazu ist das Krankheitsgeschehen bei der Tuberkulose von zu vielen unwägbaren Einflüssen abhängig, für die wir ebensowenig Voraussagen geben können wie für Naturkatastrophen oder den voraussichtlichen Fortgang der Menschheitsgeschichte. Die Versuchung zu solchen prophetischen Voraussagen ist natürlich groß, wenn man vom Gang der in der Statistik erfaßten Zahlen der Morbidität, der Mortalität und der Letalität ausgeht.

Der Ablauf dieser Zahlen beweist zwar einen Rückgang der Erkrankungsziffern, beweist aber auch eine Verlangsamung dieses Rückganges (vgl. Jahrbuch 1963: Stand des Tuberkuloseproblems). Er beweist ferner die Verschiebung des Krankheitsanfalles von jüngeren in höhere Altersstufen, schließt aber gleichzeitig den fast gleich hoch gebliebenen Krankheitsanfall in bestimmten Bevölkerungsgruppen, z. B. der Bundeswehr, nicht aus, in der größere Gruppen Jugendlicher unter gleichartigen Lebensbedingungen, aber kaserniert, sorgfältig beobachtet werden können. Die Sterblichkeitszahlen sind seit Jahren fast gleich hoch geblieben, wobei bei diesen Todesfällen die Zahl der an Tuberkulose Sterbenden, die eigentliche Letalität der

Krankheit, zunehmend geringeren Anteil gegenüber den Todesfällen Tuberkulöser an anderen Krankheiten hat. Aus den Heilverfahrensstatistiken der Rentenversicherungsträger ist deutlich zu erkennen, daß es dank der fortschreitenden Erfolge der Chemotherapie gelingt, auch noch bei Kranken in höheren Lebensaltern befriedigende Heilerfolge zu erzielen, so daß der chronisch Kranke schließlich in Altersstufen aufrückt, in denen Aufbrauchkrankheiten und bösartige Geschwülste als Haupttodesursachen zu verzeichnen sind. Die Sterblichkeitskurve der Tuberkulose liegt in der Bundesrepublik zur Zeit schon unter der an Unfallfolgen und sogar der an Selbstmorden.

Bei den erzielten Fortschritten in der Bekämpfung der Tuberkulose denken wir in erster Linie an den systematischen Ausbau der Abwehr durch ein geschlossenes und dichtes Netz von Fürsorgestellen (1964 683 Haupt- und 321 Nebenstellen) sowie an die ausgezeichnete Versorgungsmöglichkeit der Erkrankten in best eingerichteten Sanatorien. Wir dürfen indessen nie vergessen, daß nach GOTTSTEIN und HOFBAUER die Tuberkulose innerhalb eines Volkes ihren festgelegten Epidemiegang — wie jede andere Seuche nur als chronische Infektionskrankheit im Zeitlupentempo — mit Befall, seuchenartiger Ausbreitung und langsamem Rückgang von der epidemischen in die endemische Phase hat. Außerdem ist eine nicht gering einzuschätzende Auswirkung auf die Steigerung des gesamten Wohlstandes mit der Hebung der Hygiene auf den Gebieten der Wohnung, der Ernährung, der Kleidung, der Pflege der Reinlichkeit zurückzuführen. Wie bei manchen anderen Seuchen (Pest — Rattenvertilgung, Typhus — Wasserversorgung) spielen diese indirekten Faktoren bei der Überwindung der Tuberkulose als Seuche eine wesentliche Rolle. Schließlich muß, wie schon in früheren Jahrbüchern, daran erinnert werden, daß gegenüber der Epoche bis etwa 1925, und dann wieder erneut seit 1945 eine ganz erhebliche Reduzierung der Familiengrößen in Deutschland eingetreten ist, durch die die Angriffsfläche für die Tuberkulose auf breiter Basis verringert worden ist.

Die Gesamtheit dieser Einflüsse hat zu „dispositionellen Veränderungen" geführt, die in relativ kurzer Zeit eine Richtungsänderung in den epidemiologischen Vorgängen herbeiführen mußten. Dagegen war kaum zu erwarten, daß ähnliche Einflüsse auch bei den konstitutionellen Verhältnissen, also der erblichen Anlage zur Empfänglichkeit für tuberkulöse Erkrankungen bzw. zur Hinfälligkeit gegenüber der Krankheit Tuberkulose, rasch in Erscheinung treten können: Im Gegenteil, durch die Heilerfolge der Chemotherapie konservieren wir in gewissem Sinn einen Anteil der Seuchenwirksamkeit, indem das Fortleben von Hinfälligkeitsmomenten gerade bei Jugendlichen bis in das Fortpflanzungsalter mit der Heilung der Früherkrankung begünstigt wird. Bei Berücksichtigung dieser Ausgangslage kann man nur immer wieder betonen, daß bisher keine noch so günstige Entwicklung Anlaß dazu geben kann, die durch Gesetz und freiwillige Bekämpfungsmaßnahmen getroffenen Einrichtungen in irgend einer Form einzuschränken. Man möchte im Gegenteil wünschen, daß in mancher Hinsicht den Bemühungen, der Tuberkulose Herr zu werden, noch mehr Nachdruck verliehen wird. Dies hat in erster Linie durch den Ausbau der Schulung der Bevölkerung zu geschehen. Absichtlich wird nicht das so viel bemühte Wort „Aufklärung" benützt, denn der Mensch macht trotz weitgehender Aufklärung auf den Gebieten der Gesundheitspflege fortlaufend die größten Fehler, sondern das Wort „Schulung". Das bedeutet systematische Erziehung der Kinder und Jugendlichen zu hygienisch einwandfreier Lebensweise, so daß sie als Erwachsene die erlernten Grundelemente ebenso beachten wie die Regeln des öffentlichen Verkehrs oder des persönlichen Anstandes. Was die Schule in dieser Beziehung nicht fertig bringt, kann der jugendlichen erwerbstätigen Bevölkerung durch weitere Unterrichtung bei den Gewerkschaften, sowie fortlaufend selbstverständlich auch den Besuchern mittlerer und höherer Schulen vermittelt werden. Es besteht der Eindruck, daß wir in Deutschland auf diesem Gebiet gegenüber dem Ausbildungsstand in anderen Ländern zurückstehen.

Die zweite große Aufgabe wird der Versuch sein, sowohl seitens der Ärzte als auch seitens der kostentragenden Stellen die Belehrung der Kranken unausgesetzt durchzuführen, um dadurch die Elemente zu isolieren, die oft unbewußt entgegen ihrem eigensten Interesse die Ordnung in den Gemeinschaften der Krankenhäuser und Sanatorien stören. Vielleicht kann man die Hoffnung haben, daß dabei die Erziehung der jungen Männer im Rahmen der Erfüllung ihrer Wehrpflicht Früchte tragen wird. Selbstverständlich fällt der Hauptanteil dieser Aufgabe den Ärzten in den Anstalten, aber auch den in der freien Praxis tätigen, zu. Dazu bedarf es großer Einfühlbarkeit in die Denkweise Kranker aus den verschiedensten Altersstufen und aus den unterschiedlichsten sozialen Verhältnissen.

Bei der öffentlichen Unterrichtung des Volkes durch Presse, Rundfunk und Fernsehen werden häufige kurze Hinweise auf die tatsächliche Lage für erforderlich gehalten, die leicht verständlich, einprägsam und vor allem frei von aller Sensationslust sind.

Die Planung für die systematische Bekämpfung der Tuberkulose liegt fest, die erforderlichen Mittel sind vorhanden, es wird fortgesetzte Bemühung des Deutschen Zentralkomitees sein, das Interesse an der Forschung und der praktischen Arbeit wach zu halten.

Gleichzeitig darf man — mit Rücksicht auf die von Jahr zu Jahr näher werdenden und gehäufteren Beziehungen zur übrigen Welt — die Verständigung mit dieser über die Internationale Union zwecks Förderung der Tuberkulosebekämpfung außerhalb Deutschlands nicht vernachlässigen, wie das schon 1962 in Düsseldorf vom Generalsekretär und 1965 erneut vom Präsidenten des Zentralkomitees, Professor Dr. SCHRÖDER, anläßlich der Eröffnung der XVIII. Internationalen Tuberkulosekonferenz im Oktober 1965 ausdrücklich als Programmpunkt betont worden ist.

Zusammenfassung
(Stand des Tuberkuloseproblems)

Wenn auch die Tuberkuloselage in der Bundesrepublik den Stand einer Endemie erreicht hat, besteht bei den nachgewiesenen Erkrankungs- und Sterbezahlen an Tuberkulose noch kein Anlaß dazu, die Bekämpfungsmaßnahmen einzuschränken. Die Gründe für den Rückgang der Tuberkulosehäufigkeit liegen im allgemeinen Epidemiegang, den Auswirkungen der modernen Behandlung, dem Ausbau der Tuberkulosefürsorge und in indirekter Form der Hebung des allgemeinen Wohlstandes, der sich in hygienischer Beziehung besonders auswirkt.

Um im Kampf gegen die Tuberkulose weitere Fortschritte zu erzielen, bedarf es vor allem der Schulung der Bevölkerung und der ununterbrochenen Fortbildung der Ärzteschaft.

Summary: Present State of Tuberculosis Problems

Although tuberculosis in the Federal Republic has now reached the status of an endemic disease, yet morbidity and mortality figures being what they are, there is no justification for limiting the fight against tuberculosis. Reasons for the decrease of tuberculosis morbidity are the general course of epidemics, the effect of modern treatment, the increased establishment of Tuberculosis Welfare Centres and indirectly the rise in general prosperity, especially noticeable in the field of hygiene.

To obtain further progress in the battle against tuberculosis health education of the population at large and continuous post-graduate education of the medical profession are needed.

Résumé: Etat actuel du problème de la tuberculose

Quoique la tuberculose est au stade endémique dans la République Fédérale, il n'y a pas encore lieu, en considérant la morbidité et le nombre de décès par la tuberculose, de réduire les mesures prises pour lutter contre ce fléau. Les causes de la régression de la fréquence de la tuberculose sont la situation épidimique générale, les résultats thérapeutiques modernes, l'existence répandue des dispensaires antituberculeux, et indirectement l'accroissement de la prospérité générale, qui s'exprime particulièrement par l'améliorathion de l'hygiène.

Pour progresser encore dans la lutte contre la tuberculose, il faut surtout informer la population et poursuivre sans interruption l'instruction du corps médical.

Resumen: Situación del problema de la tuberculosis

Aun cuando la tuberculosis ha alcanzado en la República federal un carácter endémico, según las cifras patentes de enfermedad y muerte por tuberculosis, no existe todavía motivo alguno para limitar las medidas de lucha. Los motivos del descenso de la frecuencia de la tuberculosis se apoyan en la pauta general epidémica, las acciones del tratamiento moderno, la instalación de la previsión tuberculosa y, en forma indirecta, la subida del nivel de vida, el que se manifiesta en relación con medidas higiénicas.

Para alcanzar nuevos progresos en la lucha antituberculosa, se precisa sobre todo la instrucción de la población y la formación ininterrumpida de la clase médica.

VI. Tabellenwerk

Erläuterung zum Tabellenteil:

Mit Rücksicht darauf, daß die Unterschiede zwischen den einzelnen Bundesländern auf Gründen beruhen, die vom Deutschen Zentralkomitee weder ergründet noch erläutert werden können, erfolgt in diesem Jahrbuch für die Jahre 1963/64 nur eine Gesamt-Bundesstatistik. Soweit die Länder keine Statistik nach dieser Einteilung liefern, werden diese Länder gesondert aufgeführt.

Tabelle I. *Durchschnittliche Wohnbevölkerung der Bundesrepublik Deutschland*

Land	G	Insgesamt	0 – 1	1 – 5	5 – 10	10 – 15	15 – 20	20 – 25
Schleswig-Holstein	m	1 137 810	22 506	80 740	83 695	80 799	81 098	112 176
	w	1 254 167	21 252	76 300	79 368	76 111	74 944	91 620
	zus.	2 391 977	43 758	157 040	163 063	156 910	156 042	203 796
Hamburg	m	859 901	13 768	48 761	49 619	45 944	53 692	80 799
	w	996 643	13 107	46 879	47 270	43 633	52 177	77 073
	zus.	1 856 544	26 875	95 640	96 889	89 577	105 869	157 872
Niedersachsen	m	3 250 045	64 762	241 106	260 542	249 849	222 404	279 339
	w	3 574 092	61 421	227 747	245 692	235 502	208 000	246 546
	zus.	6 824 137	126 183	468 853	506 234	485 351	430 404	525 885
Bremen	m	343 758	6 288	23 004	23 831	21 676	23 232	30 519
	w	385 064	5 803	21 651	22 493	20 480	22 474	29 589
	zus.	728 822	12 091	44 655	46 324	42 156	45 706	60 108
Nordrhein-Westfalen	m	7 866 646	149 672	561 964	626 352	570 798	502 568	634 968
	w	8 596 628	142 289	535 501	596 456	544 802	479 100	607 083
	zus.	16 463 274	291 961	1 097 465	1 222 808	1 115 600	981 668	1 242 051
Hessen	m	2 408 954	44 117	164 406	178 524	169 563	159 477	202 177
	w	2 641 911	41 632	156 033	168 719	160 517	150 102	188 617
	zus.	5 050 865	85 749	320 439	347 243	330 080	309 579	390 794
Rheinland-Pfalz	m	1 672 665	34 001	130 318	147 359	141 383	106 361	127 368
	w	1 856 939	32 089	124 275	138 961	134 321	102 246	121 885
	zus.	3 529 604	66 090	254 593	286 320	275 704	208 607	249 253
Baden-Württemberg	m	3 920 600	80 400	300 900	321 700	285 500	256 700	344 300
	w	4 275 000	76 300	286 600	305 400	273 100	240 000	324 000
	zus.	8 195 600	156 700	587 500	627 100	558 600	496 700	668 300
Bayern	m	4 663 209	92 353	351 670	380 041	344 560	319 266	401 118
	w	5 257 375	88 021	335 945	361 230	327 250	306 121	378 006
	zus.	9 920 584	180 374	687 615	741 271	671 810	625 387	779 124
Saarland	m	533 197	10 535	42 375	48 495	45 652	33 903	40 291
	w	579 179	10 193	39 873	46 109	43 754	32 191	40 181
	zus.	1 112 376	20 728	82 248	94 604	89 406	66 094	80 472
Berlin (West)	m	938 431	13 240	46 034	44 478	49 012	54 605	103 443
	w	1 254 135	12 535	43 800	41 945	46 550	51 279	89 479
	zus.	2 192 566	25 775	89 834	86 423	95 562	105 884	192 922
Bundesgebiet mit Berlin	m	27 595 216	531 642	1 991 278	2 164 636	2 004 736	1 813 306	2 356 498
	w	30 671 133	504 642	1 894 604	2 053 643	1 906 020	1 718 634	2 194 079
	zus.	58 266 349	1 036 284	3 885 882	4 218 279	3 910 756	3 531 940	4 550 577

nach Alter und Geschlecht (nach den Länderstatistiken) im Jahre 1964

25 – 30	30 – 35	35 – 40	40 – 45	45 – 50	50 – 55	55 – 60	60 – 65	65 – 70	70 – 75	75 – 80	80 und darüber
102 200	69 527	64 615	61 422	43 257	68 938	71 901	64 907	47 970	35 484	25 292	21 283
91 248	67 039	74 646	85 486	61 186	93 309	88 707	79 524	70 263	54 681	37 169	31 314
193 448	136 566	139 261	146 908	104 443	162 247	160 608	144 431	118 233	90 165	62 461	52 597
80 642	56 557	55 105	52 273	36 831	59 226	63 527	57 471	40 654	29 489	20 497	15 046
75 495	56 129	63 690	72 153	50 814	77 378	79 116	71 017	63 914	49 821	31 869	25 108
156 137	112 686	118 795	124 426	87 645	136 604	142 643	128 488	104 568	79 310	52 366	40 154
277 085	213 559	209 141	182 756	125 554	200 828	204 178	185 830	131 410	91 529	61 440	48 733
253 009	205 768	229 266	252 511	174 753	264 204	248 508	221 216	189 346	142 161	95 180	73 262
530 094	419 327	438 407	435 267	300 307	465 032	452 686	407 046	320 756	233 690	156 620	121 995
31 438	22 644	22 225	21 130	15 148	23 645	23 662	20 040	13 567	9 733	6 887	5 089
29 383	22 581	25 339	28 764	19 678	29 423	28 267	24 188	20 451	16 126	10 335	8 039
60 821	45 225	47 564	49 894	34 826	53 068	51 929	44 228	34 018	25 859	17 222	13 128
708 432	608 569	580 794	484 014	327 783	482 024	499 707	441 318	286 213	185 688	123 396	92 386
651 690	544 873	598 932	632 298	432 632	630 830	613 268	525 921	419 562	305 742	194 939	140 710
1 360 122	1 153 442	1 179 726	1 116 312	760 415	1 112 854	1 112 975	967 239	705 775	491 430	318 335	233 096
211 024	172 258	171 377	150 844	97 502	151 042	156 476	138 969	96 289	65 845	44 353	34 711
192 558	156 830	176 950	199 779	129 459	196 559	192 829	169 237	139 261	103 846	66 952	52 031
403 582	329 088	348 327	350 623	226 961	347 601	349 305	308 206	235 550	169 691	111 305	86 742
136 906	117 255	115 058	98 163	64 619	99 519	103 766	93 749	64 023	42 880	28 060	21 877
129 653	109 838	124 881	134 601	88 940	133 067	130 693	114 954	92 847	67 549	43 331	32 808
266 559	227 093	239 939	232 764	153 559	232 586	234 459	208 703	156 870	110 429	71 391	54 685
371 700	302 100	272 300	229 500	149 700	235 400	233 100	202 000	137 300	90 800	60 800	46 400
329 600	264 400	281 600	307 600	204 900	309 500	291 900	250 500	204 700	150 400	99 400	75 100
701 300	566 500	553 900	537 100	354 600	544 900	525 000	452 500	342 000	241 200	160 200	121 500
402 350	324 943	310 412	276 578	184 578	287 946	286 205	257 667	182 521	122 451	79 337	59 213
379 566	313 509	342 898	386 876	258 236	386 193	364 013	327 940	274 495	201 472	130 180	95 424
781 916	638 452	653 310	663 454	442 814	674 139	650 218	585 607	457 016	323 923	209 517	154 637
45 508	38 725	37 109	33 044	21 518	31 608	33 035	28 902	18 437	11 289	7 374	5 397
43 947	35 893	39 536	42 745	27 957	41 164	40 381	34 006	25 725	17 475	10 799	7 250
89 455	74 618	76 645	75 789	49 475	72 772	73 416	62 908	44 162	28 764	18 173	12 647
81 111	52 968	49 122	44 618	37 978	68 392	81 368	73 555	52 882	39 260	26 938	19 427
75 932	54 330	63 607	76 799	64 807	112 018	121 915	110 864	102 611	85 120	58 277	42 267
157 043	107 298	112 729	121 417	102 785	180 410	203 283	184 419	155 493	124 380	85 215	61 694
2 448 396	1 979 105	1 887 258	1 634 342	1 104 468	1 708 568	1 756 925	1 564 408	1 071 266	724 448	484 374	369 562
2 252 081	1 831 190	2 021 345	2 219 612	1 513 362	2 273 645	2 199 597	1 929 367	1 603 175	1 194 393	778 431	583 313
4 700 477	3 810 295	3 908 603	3 853 954	2 617 830	3 982 213	3 956 522	3 493 775	2 674 441	1 918 841	1 262 805	952 875

Tabelle II. *Bestand der an aktiver Tuberkulose Erkrankten im Bundesgebiet (ohne Berlin West) am 31. 12. 1963 nach Alter und Geschlecht;* *absolute und relative Zahlen auf 100 000 Einwohner*
(Entnommen und berechnet aus den Länderstatistiken)

| Alter | Geschlecht | Tuberkulose der Atmungsorgane | | | | | | | | Tuberkulose anderer Organe | | | | | | | | | | | | | | Summe | |
| | | Ia | | Ib | | Ic | | Ia–Ic | | Knochen und Gelenke | | Pheripher. Lymphknoten | | Haut | | Meningitis | | Urogenital | | Sonstige | | Id gesamt | | Ia–Id gesamt | |
		abs.	rel.	abs.	rel.	abs.	rel.	abs.	rel.	abs.	rel.	abs.	rel.	abs.	rel.	abs.	rel.	abs.	rel.	abs.	rel.	abs.	rel.	abs.	rel.
0– 1	m	5	1,0	—	—	119	23,1	124	24,1	—	—	1	0,2	—	—	5	1,0	—	—	4	0,8	10	1,9	134	26,0
	w	2	0,4	—	—	102	20,8	104	21,2	1	0,2	3	0,6	—	—	5	1,0	—	—	6	1,2	15	3,1	119	24,3
	zus.	7	0,7	—	—	221	22,0	228	22,7	1	0,1	4	0,4	—	—	10	1,0	—	—	10	1,0	25	2,5	253	25,2
1– 5	m	46	2,4	11	0,6	3159	164,8	3216	167,8	63	3,3	99	5,2	9	0,5	74	3,9	10	0,5	41	2,1	296	15,4	3512	183,2
	w	51	2,8	7	0,4	2897	158,7	2955	161,9	48	2,6	99	5,4	6	0,3	80	4,4	7	0,4	45	2,5	285	15,6	3240	177,5
	zus.	97	2,6	18	0,5	6056	161,8	6171	164,9	111	3,0	198	5,3	15	0,4	154	4,1	17	0,5	86	2,3	581	15,5	6752	180,4
5–10	m	69	3,3	25	1,2	5577	267,8	5671	272,3	223	10,7	236	10,7	31	1,5	93	4,5	25	1,2	67	3,2	675	32,4	6346	304,7
	w	59	3,0	17	0,9	4955	250,3	5031	254,1	189	9,5	250	12,6	21	1,1	124	6,3	13	0,7	81	4,1	678	34,2	5709	288,4
	zus.	128	3,2	42	1,0	10532	259,2	10702	263,4	412	10,1	486	12,0	52	1,3	217	5,3	38	0,9	148	3,6	1353	33,3	12055	296,7
10–15	m	112	5,7	44	2,3	3246	166,4	3402	174,4	327	16,8	299	15,3	38	1,9	70	3,6	31	1,6	102	5,2	867	44,4	4269	218,8
	w	163	8,8	45	2,4	3129	168,5	3337	179,7	268	14,4	325	17,5	50	2,7	77	4,1	29	1,6	147	7,9	896	48,3	4233	228,0
	zus.	275	7,2	89	2,3	6375	167,4	6739	177,0	595	15,6	624	16,4	88	2,3	147	3,9	60	1,6	249	6,5	1763	46,3	8502	223,3
15–20	m	817	46,9	184	10,6	3460	198,6	4461	256,1	365	21,0	248	14,2	55	3,2	61	3,5	140	8,0	157	9,0	1026	58,9	5487	314,9
	w	576	34,8	137	8,3	3211	193,8	3924	236,8	292	17,0	330	19,9	64	3,7	64	3,9	123	7,4	209	12,0	1082	65,3	5006	302,1
	zus.	1393	41,0	321	9,4	6671	196,3	8385	246,7	657	19,3	578	17,0	119	3,5	125	3,7	263	7,7	366	10,8	2108	62,0	10493	308,7
20–25	m	1971	85,6	323	14,0	6187	268,8	8481	368,4	398	17,3	217	9,4	75	3,3	49	2,1	298	12,9	306	13,3	1343	58,3	9824	426,8
	w	1049	48,7	245	11,4	5068	235,1	6362	295,1	339	15,7	527	24,4	134	6,2	55	2,6	336	15,6	367	17,0	1758	81,5	8120	376,6
	zus.	3020	67,7	568	12,7	11255	252,5	14843	333,0	737	16,5	744	16,7	209	4,7	104	2,3	634	14,2	673	15,1	3101	69,6	17944	402,5
25–30	m	2331	101,3	388	16,9	6305	274,0	9024	392,1	453	19,7	234	10,2	77	3,3	33	1,4	418	18,2	321	13,9	1536	66,7	10560	458,9
	w	1235	58,0	263	12,3	5259	246,9	6757	317,3	296	13,9	424	19,9	171	8,0	30	1,4	560	26,3	433	20,3	1914	89,9	8671	407,1
	zus.	3566	80,5	651	14,7	11564	261,0	15781	356,2	749	16,9	658	14,9	248	5,6	63	1,4	978	22,1	754	17,0	3450	77,9	19231	434,0
30–35	m	2745	145,0	494	26,1	6701	353,9	9940	524,9	382	20,2	228	12,0	121	6,4	29	1,5	625	33,0	358	18,9	1743	92,0	11683	617,0
	w	1265	71,8	284	16,1	5175	293,8	6724	381,7	362	20,5	378	21,5	193	11,0	29	1,6	658	37,4	427	24,2	2047	116,2	8771	497,9
	zus.	4010	109,7	778	21,3	11876	324,9	16664	455,9	744	20,4	606	16,6	314	8,6	58	1,6	1283	35,1	785	21,5	3790	103,7	20454	559,6

		1		2		3		4		5		6		7		8		9		10		11		12	
35–40	m	3437	192,9	573	32,2	7252	407,0	11262	632,0	469	26,3	188	10,6	119	6,7	23	1,3	896	50,3	356	20,0	2051	115,1	13313	747,1
	w	1438	72,9	299	15,2	5340	270,6	7077	358,7	378	19,2	342	17,3	208	10,5	21	1,1	730	37,0	464	23,5	2143	108,6	9220	467,3
	zus.	4875	129,8	872	23,2	12592	335,3	18339	488,4	847	22,6	530	14,1	327	8,7	44	1,2	1626	43,3	820	21,8	4194	111,7	22533	600,0
40–45	m	3553	227,7	622	39,9	7198	461,3	11373	728,9	444	28,5	154	9,9	123	7,9	17	1,1	745	47,7	347	22,2	1830	117,3	13203	846,2
	w	1406	66,5	332	15,7	4847	229,1	6585	311,2	355	16,8	318	15,0	235	11,1	18	0,9	668	31,6	402	19,0	1996	94,3	8581	405,6
	zus.	4959	134,9	954	26,0	12045	327,7	17958	488,5	799	21,7	472	12,8	358	9,7	35	1,0	1413	38,4	749	20,4	3826	104,1	21784	592,6
45–50	m	3308	302,8	571	52,3	6507	595,6	10386	950,6	322	29,5	116	10,6	144	13,2	8	0,7	480	43,9	286	26,2	1356	124,1	11742	1074,7
	w	1142	76,7	303	20,4	3491	234,6	4936	331,7	313	21,0	236	15,9	251	16,9	10	0,7	392	26,3	355	23,9	1557	104,6	6493	436,3
	zus.	4450	172,4	874	33,9	9998	387,4	15322	593,7	635	24,6	352	13,6	395	15,3	18	0,7	872	33,8	641	24,8	2913	112,9	18235	706,6
50–55	m	5668	341,8	888	53,5	8985	541,8	15541	937,1	383	23,1	108	6,5	205	12,4	15	0,9	543	32,7	341	20,6	1595	96,2	17136	1033,3
	w	1200	55,3	356	16,4	3965	182,7	5521	254,4	371	17,1	247	11,4	350	16,1	12	0,6	342	15,8	389	17,9	1711	78,8	7232	333,2
	zus.	6868	179,4	1244	32,5	12950	338,2	21062	550,1	754	19,7	355	9,3	555	14,5	27	0,7	885	23,1	730	19,1	3306	86,3	24368	636,4
55–60	m	6094	362,6	1047	62,3	9280	552,1	16421	977,0	391	23,3	86	5,1	208	12,4	14	0,8	455	27,1	268	15,9	1422	84,6	17843	1061,6
	w	1117	54,2	314	15,2	3314	160,9	4745	230,3	320	15,5	257	12,5	316	15,3	12	0,6	318	15,4	299	14,5	1522	73,9	6267	304,2
	zus.	7211	192,8	1361	36,4	12594	336,7	21166	565,8	711	19,0	343	9,2	524	14,0	26	0,7	773	20,7	567	15,2	2944	78,7	24110	644,5
60–65	m	5964	405,8	1107	75,3	8691	591,4	15762	1072,6	319	21,7	79	5,4	211	14,4	6	0,4	372	25,3	222	15,1	1209	82,3	16971	1154,8
	w	1126	62,6	303	16,9	2891	160,8	4320	240,3	324	18,0	225	12,5	369	20,5	8	0,4	231	12,9	278	15,5	1435	79,8	5755	320,2
	zus.	7090	217,0	1410	43,2	11582	354,5	20082	614,7	643	19,7	304	9,3	580	17,8	14	0,4	603	18,5	500	15,3	2644	80,9	22726	695,6
65–70	m	3662	370,1	695	70,2	5036	509,0	9393	949,3	209	21,1	50	5,1	108	10,9	2	0,2	190	19,2	112	11,3	671	67,8	10064	1017,2
	w	966	65,3	286	19,3	2359	159,5	3611	244,1	234	15,8	184	12,4	277	18,7	5	0,3	121	8,2	160	10,8	981	66,3	4592	310,4
	zus.	4628	187,5	981	39,7	7395	299,6	13004	526,8	443	17,9	234	9,5	385	15,6	7	0,3	311	12,6	272	11,0	1652	66,9	14656	593,7
70–75	m	2207	324,2	496	72,9	2927	429,9	5630	827,0	142	20,9	44	6,5	88	12,9	1	0,1	85	12,5	56	8,2	416	61,1	6046	888,1
	w	792	72,7	237	21,7	1521	139,5	2550	233,9	226	20,7	115	10,5	207	19,0	2	0,2	66	6,1	103	9,4	719	66,0	3269	299,9
	zus.	2999	169,3	733	41,4	4448	251,2	8180	461,9	368	20,8	159	9,0	295	16,7	3	0,2	151	8,5	159	9,0	1135	64,1	9315	526,0
75 und mehr	m	1668	208,8	431	53,9	2353	294,5	4452	557,2	144	18,0	53	6,6	110	13,8	—	—	81	10,1	51	6,4	439	54,9	4891	612,2
	w	891	72,4	252	20,5	1524	123,8	2667	216,6	196	15,9	151	12,3	231	18,8	—	—	41	3,3	79	6,4	698	56,7	3365	273,3
	zus.	2559	126,1	683	33,6	3877	191,0	7119	350,7	340	16,7	204	10,0	341	16,8	—	—	122	11,8	130	6,4	1137	56,0	8256	406,7
Insges.	m	43657	165,3	7899	29,9	92983	352,0	144539	547,1	5034	19,1	2440	9,2	1722	6,5	500	1,9	5394	20,4	3395	12,9	18485	70,0	163024	617,1
	w	14478	49,5	3680	12,6	59048	201,8	77206	263,9	4512	15,4	4411	15,1	3083	10,5	552	1,9	4635	15,8	4244	14,5	21437	73,3	98643	387,1
	zus.	58135	104,4	11579	20,8	152031	273,1	221745	398,3	9546	17,1	6851	12,3	4805	8,6	1052	1,9	10029	18,0	7639	13,7	261667	470,0

Tabelle III. *Bestand der an aktiver Tuberkulose Erkrankten im Bundesgebiet (ohne Berlin (West)) am 31. 12. 1964 nach Alter und Geschlecht; absolute und relative Zahlen auf 100 000 Einwohner*
(Entnommen und berechnet aus den Länderstatistiken)

| Alter | Geschlecht | Tuberkulose der Atmungsorgane | | | | | | | | Tuberkulose anderer Organe | | | | | | | | | | | | | | Summe | | | |
| | | Ia | | Ib | | Ic | | Ia–Ic | | Knochen und Gelenke | | Peripher. Lymphknoten | | Haut | | Meningitis | | Urogenital | | Sonstige | | Id gesamt | | Ia–Id gesamt | |
		abs.	rel.	abs.	rel.	abs.	rel.	abs.	rel.	abs.	rel.	abs.	rel.	abs.	rel.	abs.	rel.	abs.	rel.	abs.	rel.	abs.	rel.	abs.	rel.
0– 1	m	7	1,3	—	—	133	25,6	140	26,9	1	0,2	2	0,4	—	—	9	1,7	—	—	1	0,2	13	2,5	153	29,4
	w	1	0,2	1	0,2	108	21,8	110	22,2	3	0,6	3	0,6	—	—	7	1,4	—	—	3	0,6	16	3,2	126	25,5
	zus.	8	0,8	1	0,1	241	23,7	250	24,6	4	0,4	5	0,5	—	—	16	1,6	—	—	4	0,4	29	2,9	279	27,5
1– 5	m	39	2,0	4	0,2	2952	150,0	2995	152,2	52	2,6	91	4,6	9	0,5	69	3,5	5	0,3	42	2,1	268	13,6	3263	165,8
	w	38	2,0	7	0,4	2737	145,9	2782	148,3	56	3,0	86	4,6	6	0,3	61	3,3	5	0,3	46	2,5	260	13,9	3042	162,2
	zus.	77	2,0	11	0,3	5689	148,0	5777	150,3	108	2,8	177	4,6	15	3,9	130	3,4	10	0,3	88	2,3	528	13,7	6305	164,0
5–10	m	58	2,7	15	0,7	5204	241,9	5277	245,3	197	9,2	194	9,0	18	0,8	76	3,5	10	0,5	63	2,9	558	25,9	5835	271,2
	w	54	2,6	18	0,9	4486	219,6	4558	223,1	160	7,8	199	9,7	15	0,7	101	4,9	9	0,4	70	3,4	554	27,1	5112	250,2
	zus.	112	2,7	33	0,8	9690	231,0	9835	234,5	357	8,5	393	9,4	33	0,8	177	4,2	19	0,5	133	3,2	1112	26,5	10947	261,0
10–15	m	101	5,2	37	1,9	2952	151,0	3090	158,1	276	14,1	245	12,5	33	1,7	69	3,5	33	1,7	79	4,0	735	37,6	3825	195,7
	w	171	9,2	36	1,9	2914	156,5	3121	167,6	238	12,8	275	14,8	37	2,0	69	3,7	37	2,0	131	7,0	787	42,3	3908	209,9
	zus.	272	7,1	73	1,9	5866	153,7	6211	162,7	514	13,5	520	13,6	70	1,8	138	3,6	70	1,8	210	5,5	1522	39,9	7733	202,6
15–20	m	810	45,8	162	9,2	3318	187,4	4290	242,3	310	17,5	209	11,8	49	2,8	44	2,5	131	7,4	152	8,6	895	50,6	5185	292,9
	w	558	33,3	131	7,8	2956	176,2	3645	217,3	249	14,8	315	18,8	52	3,1	54	3,2	98	5,8	177	10,6	945	56,3	4590	273,6
	zus.	1368	39,7	293	8,5	6274	182,0	7935	230,2	559	16,2	524	15,2	101	2,9	98	2,8	229	6,6	329	9,5	1840	53,4	9775	283,5
20–25	m	1794	81,6	339	15,4	6103	277,7	8236	374,7	377	17,2	200	9,1	62	2,8	56	2,5	273	12,4	276	12,6	1244	56,6	9480	431,3
	w	944	46,0	217	10,6	4611	224,6	5772	281,2	296	14,4	486	23,7	118	5,7	52	2,5	319	15,5	353	17,2	1624	79,1	7396	360,3
	zus.	2738	64,4	556	13,1	10714	252,1	14008	329,6	673	15,8	686	16,1	180	4,2	108	2,5	592	13,9	629	14,8	2868	67,5	16876	397,0
25–30	m	2 219	91,4	378	15,6	6035	248,7	8632	355,7	417	17,2	219	9,0	80	3,3	27	1,1	431	17,8	324	13,4	1498	61,7	10130	417,4
	w	1115	50,2	236	10,6	4868	219,1	6219	279,9	286	12,9	416	18,7	150	6,8	44	2,0	533	24,0	417	18,8	1846	83,1	8065	363,0
	zus.	3334	71,7	614	13,2	10903	234,5	14851	319,5	703	15,1	635	13,7	230	4,9	71	1,5	964	20,7	741	15,9	3344	71,9	18195	391,4

30–35	m	2614	133,8	408	20,9	6186	316,7	9208	471,4	338	17,3	216	11,1	104	5,3	22	1,1	588	30,1	315	16,1	1583	81,0	10791	552,5
	w	1050	58,6	246	13,7	4599	256,7	5895	329,0	332	18,5	393	21,9	203	11,3	29	1,6	635	35,4	412	23,0	2004	111,9	7899	440,9
	zus.	3664	97,8	654	17,5	10785	288,0	15103	403,3	670	17,9	609	16,3	307	8,2	51	1,4	1223	32,7	727	19,4	3587	95,8	18690	499,1
35–40	m	3305	174,9	553	29,3	6657	352,4	10515	556,6	435	23,0	200	10,6	124	6,6	23	1,2	832	44,0	358	18,9	1972	104,4	12487	661,0
	w	1287	66,3	272	14,0	4846	249,5	6405	329,8	338	17,4	343	17,7	202	10,4	28	1,4	699	36,0	449	23,1	2059	106,0	8464	435,8
	zus.	4592	119,9	825	21,5	11503	300,2	16920	441,6	773	20,2	543	14,2	326	8,5	51	1,3	1531	40,0	807	21,1	4031	105,2	20951	546,8
40–45	m	3503	216,9	621	38,5	6875	425,7	10999	681,1	400	24,8	135	8,4	127	7,9	28	1,7	830	51,4	334	20,7	1854	114,8	12853	795,9
	w	1339	61,7	318	14,7	4741	218,5	6398	294,9	351	16,2	318	14,7	216	10,0	27	1,2	690	31,8	389	17,9	1991	91,8	8389	386,7
	zus.	4842	128,0	939	24,8	11616	307,0	17397	459,7	751	19,8	453	12,0	343	9,1	55	1,5	1520	40,2	723	19,1	3845	101,6	21242	561,3
45–50	m	2946	284,0	521	50,2	5788	557,9	9255	892,1	298	28,7	106	10,2	142	13,7	16	1,5	486	46,8	266	25,6	1314	126,7	10569	1018,7
	w	1008	71,6	247	17,5	3285	233,2	4540	322,3	286	20,3	253	18,0	224	15,9	15	1,1	386	27,4	321	22,8	1485	105,4	6025	427,8
	zus.	3954	161,7	768	31,4	9073	370,9	13795	564,0	584	23,9	359	14,7	366	15,0	31	1,3	872	35,7	587	24,0	2799	114,4	16594	678,4
50–55	m	5209	322,0	815	50,4	8422	520,6	14446	893,0	373	23,1	108	6,7	188	11,6	20	1,2	547	33,8	333	20,6	1569	97,0	16015	990,0
	w	1142	53,1	298	13,8	3844	178,6	5284	245,5	350	16,3	266	12,4	319	14,8	14	0,7	368	17,1	382	17,7	1699	78,9	6983	324,4
	zus.	6351	168,5	1113	29,5	12266	325,4	19730	523,4	723	19,2	374	9,9	507	13,4	34	0,9	915	24,3	715	19,0	3268	86,7	22998	610,1
55–60	m	5776	346,8	1013	60,8	8752	525,4	15541	933,0	381	22,9	75	4,5	192	11,5	23	1,4	479	28,8	271	16,3	1421	85,3	16962	1018,3
	w	1040	49,6	301	14,4	3278	156,5	4619	191,8	303	14,5	251	12,0	306	14,6	11	0,5	309	14,8	328	15,7	1508	72,0	6127	292,5
	zus.	6816	181,3	1314	34,9	12030	319,9	20160	536,1	684	18,2	326	8,7	498	13,2	34	0,9	788	21,0	599	15,9	2929	77,9	23089	614,0
60–65	m	5756	381,7	1072	71,1	8700	576,9	15528	1029,7	319	21,2	76	5,0	185	12,3	13	0,9	373	24,7	215	14,3	1181	78,3	16709	1108,0
	w	990	53,8	299	16,3	2870	156,1	4159	226,1	344	18,7	221	12,0	344	18,7	8	0,5	250	13,6	253	13,8	1420	77,2	5579	303,3
	zus.	6746	201,5	1371	41,0	11570	345,7	19687	588,2	663	19,8	297	8,9	529	15,8	21	0,6	623	18,6	468	14,0	2601	77,7	22288	665,9
65–70	m	3656	350,0	714	68,3	5301	507,4	9671	925,8	214	20,5	67	6,4	113	10,8	3	0,3	231	22,1	112	10,7	740	70,8	10411	996,6
	w	962	63,2	264	17,4	2325	152,8	3551	233,4	237	15,6	164	10,8	269	17,7	2	0,1	127	8,3	182	12,0	981	64,5	4532	297,9
	zus.	4618	180,0	978	38,1	7626	297,2	13222	515,3	451	17,6	231	9,0	382	14,9	5	0,2	358	14,0	294	11,5	1721	67,1	14943	582,3
70 und	m	3802	253,2	916	61,0	5355	356,6	10073	670,9	280	18,6	82	5,5	193	12,9	1	0,1	166	11,1	83	5,5	805	53,6	10878	724,5
mehr	w	1654	68,4	490	20,3	3173	131,2	5317	219,8	428	17,7	305	12,6	422	17,4	5	0,2	109	4,5	183	7,6	1452	60,0	6769	279,8
	zus.	5456	139,2	1406	35,9	8528	217,5	15390	392,6	708	18,1	387	9,9	615	15,7	6	0,2	275	7,0	266	6,8	2257	57,6	17647	450,1
Ins-	m	41595	155,1	7568	28,1	88733	330,8	137896	514,1	4668	17,4	2225	8,3	1619	6,0	499	1,9	5415	20,2	3224	12,0	17650	65,8	155546	579,9
gesamt	w	13353	45,2	3381	11,4	55641	188,2	72375	244,7	4257	14,4	4294	14,5	2883	9,8	527	1,8	4574	15,5	4096	13,9	20631	69,8	93006	314,6
	zus.	54948	97,4	10949	19,4	144374	256,0	210271	372,9	8925	15,8	6519	11,6	4502	8,0	1026	1,8	9989	17,7	7320	13,0	38281	67,9	248552	440,8

Tabelle IV. *Bestand der an aktiver extrapulmonaler Tuberkulose Erkrankten im Bundesgebiet nach Alter und Geschlecht (ohne Berlin (West), das statistisch andere Altersgruppen erfaßt) am 31. 12. 1963*

Alter	Ge-schlecht	Knochen und Gelenke	Periphere Lymphknoten	Haut	Meningitis	Urogenital	Sonstige	extrapulmonal gesamt
0 – 10	m	286	336	40	172	35	112	981
	w	238	352	27	209	20	132	978
	zus.	524	688	67	381	55	244	1959
10 – 20	m	692	547	93	131	171	259	1893
	w	560	655	114	141	152	356	1978
	zus.	1252	1202	207	272	323	615	3871
20 – 30	m	851	451	152	82	716	627	2879
	w	635	951	305	85	896	800	3672
	zus.	1486	1402	457	167	1612	1427	6551
30 – 40	m	851	416	240	52	1521	714	3794
	w	740	720	401	50	1388	891	4190
	zus.	1591	1136	641	102	2909	1605	7984
40 – 50	m	766	270	267	25	1225	633	3186
	w	668	554	486	28	1060	757	3553
	zus.	1434	824	753	53	2285	1390	6739
50 – 60	m	774	194	413	29	998	609	3017
	w	691	504	666	24	660	688	3233
	zus.	1465	698	1079	53	1658	1297	6250
60 – 70	m	528	129	319	8	562	334	1880
	w	558	409	646	13	352	438	2416
	zus.	1086	538	965	21	914	772	4296
70 und darüber	m	286	97	198	1	166	107	855
	w	422	266	438	2	107	182	1417
	zus.	708	363	636	3	273	289	2272
Ins-gesamt	m	5034	2440	1722	500	5394	3395	18485
	w	4512	4411	3083	552	4635	4244	21437
	zus.	9546	6851	4805	1052	10029	7639	39922

Tabelle V. *Bestand der an aktiver extrapulmonaler Tuberkulose Erkrankten im Bundesgebiet nach Alter und Geschlecht (ohne Berlin (West), das statistisch andere Altersgruppen erfaßt) am 31. 12. 1964*

Alter	Ge-schlecht	Knochen und Gelenke	Periphere Lymphknoten	Haut	Meningitis	Urogenital	Sonstige	extrapulmonal gesamt
0 – 10	m	250	287	27	153	16	106	839
	w	219	288	21	158	25	119	830
	zus.	469	575	48	311	41	225	1 669
10 – 20	m	586	454	82	113	164	231	1 630
	w	487	590	89	122	136	308	1 732
	zus.	1 073	1 044	171	235	300	539	3 362
20 – 30	m	794	419	142	83	704	600	2 742
	w	582	902	268	96	852	770	3 470
	zus.	1 376	1 321	410	179	1 556	1 370	6 212
30 – 40	m	773	416	228	45	1 420	673	3 555
	w	670	736	405	57	1 334	861	4 063
	zus.	1 443	1 152	633	102	2 754	1 534	7 618
40 – 50	m	698	241	269	44	1 316	600	3 168
	w	637	571	440	42	1 076	710	3 476
	zus.	1 335	812	709	86	2 392	1 310	6 644
50 – 60	m	754	183	380	43	1 026	604	2 990
	w	653	517	625	25	677	710	3 207
	zus.	1 407	700	1 005	68	1 703	1 314	6 197
60 – 70	m	533	143	298	16	604	327	1 921
	w	581	385	613	10	371	435	2 401
	zus.	1 114	528	911	26	981	762	4 322
70 und darüber	m	280	82	193	1	166	83	805
	w	428	305	422	5	109	183	1 452
	zus.	708	387	615	6	275	266	2 257
Ins-gesamt	m	4 668	2 225	1 619	498	5 416	3 224	17 650
	w	4 257	4 294	2 883	515	4 586	4 096	20 631
	zus.	8 925	6 519	4 502	1 013	10 002	7 320	38 281

Tabelle VI. *Bestätigte Neuzugänge an aktiver Tuberkulose in Schleswig-Holstein, Hamburg, Niedersachsen, Bremen, Rheinland-Pfalz, Baden-Württemberg, Saarland, Berlin-West im Jahre 1963 nach Alter und Geschlecht; absolute und relative Zahlen auf 100 000 Einwohner*
(Entnommen und berechnet aus den Länderstatistiken)
Wegen andersartiger Zählmethode sind die Berichte aus den Ländern Bayern, Hessen und Nordrhein-Westfalen nicht berücksichtigt!

| Alter | Geschlecht | Tuberkulose der Atmungsorgane | | | | | | | | Tuberkulose anderer Organe | | | | | | | | | | | | | | Summe | |
| | | Ia | | Ib | | Ic | | Ia–Ic | | Knochen und Gelenke | | Peripher. Lymphknoten | | Haut | | Meningitis | | Urogenital | | Sonstige | | Id gesamt | | Ia–Id gesamt | |
		abs.	rel.	abs.	rel.	abs.	rel.	abs.	rel.	abs.	rel.	abs.	rel.	abs.	rel.	abs.	rel.	abs.	rel.	abs.	rel.	abs.	rel.	abs.	rel.
0– 1	m	2	0,8	—	—	48	20,1	50	20,9	—	—	3	1,3	—	—	—	—	—	—	—	—	3	1,3	53	22,2
	w	1	0,4	—	—	39	17,2	40	17,6	—	—	1	0,4	—	—	3	1,3	—	—	1	0,4	5	2,2	45	19,8
	zus.	3	0,6	—	—	87	18,7	90	19,3	—	—	4	0,9	—	—	3	0,6	—	—	1	0,2	8	1,7	98	21,0
1– 5	m	8	0,9	3	0,3	649	73,4	660	74,7	12	1,4	22	2,5	2	0,2	13	1,5	1	0,1	5	0,6	55	6,2	715	80,9
	w	10	1,2	2	0,2	586	69,9	598	71,4	7	0,8	21	2,5	3	0,4	15	1,8	—	—	4	0,5	50	6,0	648	77,4
	zus.	18	1,0	5	0,3	1235	71,7	1258	73,1	19	1,1	43	2,5	5	0,3	28	1,6	1	0,1	9	0,5	105	6,1	1363	79,2
5–10	m	13	1,4	7	0,7	879	92,4	899	94,5	20	2,1	29	3,0	3	0,3	11	1,2	—	—	6	0,6	69	7,3	968	101,8
	w	9	1,0	3	0,3	700	77,7	712	79,0	9	1,0	41	4,5	1	0,1	13	1,4	3	0,3	10	1,1	77	8,5	789	87,5
	zus.	22	1,2	10	0,5	1579	85,2	1611	87,0	29	1,6	70	3,8	4	0,2	24	1,3	3	0,2	16	0,9	146	7,9	1757	94,9
10–15	m	22	2,4	8	0,9	551	59,9	581	63,1	19	2,1	19	2,1	3	0,3	6	0,7	7	0,8	11	1,2	65	7,1	646	70,2
	w	29	3,3	11	1,3	509	58,4	549	63,0	11	1,3	33	3,8	4	0,5	4	0,5	6	0,7	12	1,4	70	8,0	619	71,0
	zus.	51	2,8	19	1,1	1060	59,1	1130	63,0	30	1,7	52	2,9	7	0,4	10	0,6	13	0,7	23	1,3	135	7,5	1265	70,6
15–20	m	180	21,6	40	4,8	643	77,2	863	103,5	37	4,4	29	3,5	—	—	11	1,3	22	2,6	23	2,8	122	14,6	985	118,2
	w	110	14,0	37	4,7	583	74,2	730	92,9	20	2,5	53	6,7	1	0,1	9	1,1	20	2,5	35	4,5	138	17,6	868	110,5
	zus.	290	17,9	77	4,8	1226	75,7	1593	98,4	57	3,5	82	5,1	1	0,1	20	1,2	42	2,6	58	3,6	260	16,1	1853	114,4
20–25	m	410	35,6	93	8,1	1089	94,5	1592	138,2	51	4,4	53	4,6	3	0,3	9	0,8	48	4,2	58	5,0	222	19,3	1814	157,4
	w	188	17,8	53	5,0	821	77,7	1062	100,5	38	3,6	89	8,4	5	0,5	10	0,9	59	5,6	65	6,1	266	25,2	1328	125,6
	zus.	598	27,1	146	6,6	1910	86,4	2654	120,1	89	4,0	142	6,4	8	0,4	19	0,9	107	4,8	123	5,6	488	22,1	3142	142,2
25–30	m	327	30,9	75	7,1	848	80,1	1250	118,1	38	3,6	48	4,5	6	0,6	8	0,8	53	5,0	49	0,5	202	19,1	1452	137,2
	w	178	18,3	44	4,5	641	66,0	863	88,9	28	2,9	66	6,8	9	0,9	7	0,7	71	7,3	67	6,9	248	25,5	1111	114,4
	zus.	505	24,9	119	5,9	1489	73,4	2113	104,1	66	3,3	114	5,6	15	0,7	15	0,7	124	6,1	116	5,7	450	22,2	2563	126,3
30–35	m	333	38,4	75	8,7	712	82,2	1120	129,3	37	4,3	33	3,8	5	0,6	9	1,0	66	7,6	36	4,2	186	21,5	1306	150,8
	w	131	16,0	41	5,0	520	63,4	692	84,4	33	4,0	62	7,6	12	1,5	12	1,5	105	12,8	53	6,5	277	33,8	969	118,2
	zus.	464	27,5	116	6,9	1232	73,1	1812	107,1	70	4,2	95	5,6	17	1,0	21	1,2	171	10,1	89	5,3	463	27,5	2275	134,9

Alter																									
35–40	m	303	38,9	71	9,1	600	77,1	974	125,1	33	4,2	20	2,6	1	0,1	6	0,8	76	9,8	64	8,2	200	25,7	1174	150,8
	w	139	15,2	37	4,0	439	48,0	615	67,2	28	3,1	52	5,7	13	1,4	7	0,8	83	9,1	49	5,4	232	25,3	847	92,5
	zus.	442	26,1	108	6,4	1039	61,3	1589	93,8	61	3,6	72	4,3	14	0,8	13	0,8	159	9,4	113	6,7	432	25,5	2021	119,3
40–45	m	327	47,8	86	12,6	606	88,6	1019	149,0	38	5,6	17	2,5	6	0,9	5	0,7	61	8,9	33	4,8	160	23,4	1179	172,4
	w	122	12,8	47	4,9	424	44,5	593	62,2	28	2,9	52	5,5	17	1,8	5	0,5	77	8,1	45	4,7	224	23,5	817	85,7
	zus.	449	27,4	133	8,1	1030	62,9	1612	98,5	66	4,0	69	4,2	23	1,4	10	0,6	138	8,4	78	4,8	384	23,5	1996	121,9
45–50	m	259	47,2	71	13,0	470	85,7	800	145,9	21	3,8	15	2,7	9	1,6	4	0,7	42	7,7	32	5,8	123	22,4	923	168,4
	w	99	13,0	27	3,5	342	44,8	468	61,3	17	2,2	28	3,7	14	1,8	2	0,3	39	5,1	32	4,2	132	17,3	600	78,6
	zus.	358	27,3	98	7,5	812	61,9	1268	96,7	38	2,9	43	3,3	23	1,8	6	0,5	81	6,2	64	4,9	255	19,4	1523	116,1
50–55	m	489	60,5	116	14,4	738	91,4	1343	166,3	39	4,8	14	1,7	6	0,7	4	0,5	47	5,8	30	3,7	140	17,3	1483	183,6
	w	122	11,4	27	2,5	403	37,6	552	51,6	29	2,7	43	4,0	21	2,0	5	0,5	52	4,9	48	4,5	198	18,5	750	70,1
	zus.	611	32,5	143	7,6	1141	60,7	1895	100,9	68	3,6	57	3,0	27	1,4	9	0,5	99	5,3	78	4,2	338	18,0	2233	118,9
55–60	m	546	66,7	116	14,2	846	103,3	1508	184,1	27	3,3	13	1,6	15	1,8	6	0,7	41	5,0	27	3,3	129	15,7	1637	199,9
	w	107	10,6	30	3,0	322	31,9	459	45,5	22	2,2	45	4,5	15	1,5	4	0,4	35	3,5	31	3,1	152	15,1	611	60,6
	zus.	653	35,7	146	8,0	1168	63,9	1967	107,6	49	2,7	58	3,2	30	1,6	10	0,5	76	4,2	58	3,2	281	15,4	2248	123,0
60–65	m	486	68,6	120	16,9	767	108,3	1373	193,8	24	3,4	10	1,4	8	1,1	2	0,3	37	5,2	28	4,0	109	15,4	1482	209,2
	w	137	15,4	29	3,3	305	34,2	471	52,9	19	2,1	44	4,9	12	1,3	1	0,1	23	2,6	31	3,5	130	14,6	601	67,5
	zus.	623	39,0	149	9,3	1072	67,0	1844	115,3	43	2,7	54	3,4	20	1,3	3	0,2	60	3,8	59	3,7	239	14,9	2083	130,2
65–70	m	311	64,3	68	14,1	398	82,2	777	160,6	26	5,4	9	1,9	5	1,0	1	0,2	33	6,8	15	3,1	89	18,4	866	179,0
	w	121	16,2	35	4,7	210	28,1	366	48,9	27	3,6	29	3,9	10	1,3	1	0,1	13	1,7	18	2,4	98	13,1	464	62,0
	zus.	432	35,0	103	8,4	608	49,3	1143	92,7	53	4,3	38	3,1	15	1,2	2	0,2	46	3,7	33	2,7	187	15,2	1330	107,9
70–75	m	226	65,0	52	14,9	246	70,7	524	150,6	18	5,2	10	2,9	4	1,1	1	0,3	11	3,2	3	0,9	47	13,5	571	164,1
	w	137	24,3	28	4,9	151	26,8	316	56,1	17	3,0	37	6,6	7	1,2	1	0,2	12	2,1	19	3,4	93	16,5	409	72,6
	zus.	363	39,8	80	8,8	397	43,6	840	92,2	35	3,8	47	5,2	11	1,2	2	0,2	23	2,5	22	2,4	140	15,4	980	107,6
75 und mehr	m	201	48,3	47	11,3	200	48,1	448	107,8	25	6,0	13	3,1	3	0,7	1	0,2	9	2,2	9	2,2	60	14,4	508	122,2
	w	156	23,9	29	4,4	155	23,7	340	52,0	23	3,5	33	5,0	17	2,6	1	0,2	5	0,8	16	2,4	95	14,5	435	66,6
	zus.	357	33,4	76	7,1	355	33,2	788	73,7	48	4,5	46	4,3	20	1,9	2	0,2	14	1,3	25	2,3	155	14,5	943	88,2
Ins-gesamt	m	4443	35,6	1048	8,4	10290	82,3	15781	126,3	465	3,7	357	2,9	79	0,6	97	0,8	554	4,4	429	3,4	1981	15,9	17762	142,1
	w	1796	12,8	480	3,4	7150	50,9	9426	67,1	356	2,5	729	5,2	161	1,1	100	0,7	603	4,3	536	3,8	2485	17,7	11911	84,8
	zus.	6239	23,5	1528	5,8	17440	65,7	25207	95,0	821	3,1	1086	4,1	240	0,9	197	0,7	1157	4,4	965	3,6	4466	16,8	29673	111,8

Tabelle VII. *Bestätigte Neuzugänge an aktiver Tuberkulose in Schleswig-Holstein, Hamburg, Niedersachsen, Bremen, Rheinland-Pfalz, Baden-Württemberg, Saarland, Berlin-West*) im Jahre 1964 nach Alter und Geschlecht; absolute und relative Zahlen auf 100 000 Einwohner*
(Entnommen und berechnet aus den Länderstatistiken)
Wegen andersartiger Zählmethode sind die Berichte aus den Ländern Bayern, Hessen und Nordrhein-Westfalen nicht berücksichtigt!

Alter	Geschlecht	Tuberkulose der Atmungsorgane								Tuberkulose anderer Organe													Summe	
		Ia		Ib		Ic		Ia–Ic		Knochen und Gelenke		Peripher. Lymphknoten		Haut		Meningitis		Urogenital		Sonstige		Id gesamt		Ia–Id gesamt	
		abs.	rel.	abs.	rel.	abs.	rel.	abs.	rel.	abs.	rel.	abs.	rel.	abs.	rel.	abs.	rel.	abs.	rel.	abs.	rel.	abs.	rel.	abs.	rel.
0– 1	m	–	–	–	–	31	12,6	31	12,6	–	–	1	0,4	–	–	2	0,8	–	–	1	0,4	4	1,6	35	14,3
	w	–	–	–	–	29	12,5	29	12,5	–	–	–	–	–	–	1	0,4	–	–	–	–	1	0,4	30	12,9
	zus.	–	–	–	–	60	12,5	60	12,5	–	–	1	0,2	–	–	3	0,6	–	–	1	0,2	5	1,0	65	13,6
1– 5	m	9	1,0	1	0,1	616	67,5	626	68,5	10	1,1	17	1,9	3	0,3	15	1,6	–	–	10	1,1	55	6,0	681	74,6
	w	9	1,0	1	0,1	489	56,4	499	57,5	2	0,2	15	1,7	–	–	16	1,8	–	–	6	0,7	39	4,5	538	62,0
	zus.	18	1,0	2	0,1	1105	62,1	1125	63,2	12	0,7	32	1,8	3	0,2	31	1,7	–	–	16	0,9	94	5,3	1219	68,5
5–10	m	7	0,7	4	0,4	792	80,8	803	82,9	14	1,4	38	3,9	–	–	12	1,2	1	0,1	6	0,6	71	7,2	874	89,2
	w	7	0,8	4	0,4	707	76,2	718	77,4	8	0,9	16	1,7	3	0,3	8	0,9	1	0,1	5	0,5	41	4,4	759	81,9
	zus.	14	0,7	8	0,4	1499	78,6	1521	79,8	22	1,2	54	2,8	3	0,2	20	1,0	2	0,1	11	0,6	112	5,9	1633	85,6
10–15	m	19	2,1	8	0,9	476	51,7	503	54,7	22	2,4	21	2,3	3	0,3	4	0,4	4	0,4	12	1,3	66	7,2	569	61,9
	w	21	2,4	13	1,5	419	48,0	453	51,9	25	2,9	31	3,5	2	0,2	9	1,0	7	0,8	9	1,0	83	9,5	536	61,4
	zus.	40	2,2	21	1,2	895	49,9	956	53,3	47	2,6	52	2,9	5	0,3	13	0,7	11	0,6	21	1,2	149	8,3	1105	61,6
15–20	m	155	18,6	47	5,6	677	81,4	879	105,6	22	2,6	19	2,3	2	0,2	15	1,8	15	1,8	29	3,5	102	12,3	981	117,9
	w	109	13,9	37	4,7	514	65,6	660	84,3	21	2,7	55	7,0	1	0,1	7	0,9	13	1,7	39	5,0	136	17,4	796	101,6
	zus.	264	16,3	84	5,2	1191	73,7	1539	95,3	43	2,7	74	4,6	3	0,2	22	1,4	28	1,7	68	4,2	238	14,7	1777	110,0
20–25	m	347	31,0	98	8,8	1057	94,5	1502	134,3	40	3,6	43	3,8	7	0,6	3	0,3	46	4,1	49	4,4	188	16,8	1690	151,1
	w	184	18,0	57	5,6	698	68,4	939	92,0	23	2,3	82	8,0	9	0,9	11	1,1	77	7,5	70	6,9	272	26,7	1211	118,7
	zus.	531	24,8	155	7,2	1755	82,1	2441	114,1	63	2,9	125	5,8	16	0,7	14	0,7	123	5,8	119	5,6	460	21,5	2901	135,6
25–30	m	340	30,2	75	6,7	876	77,8	1291	114,6	48	4,3	46	4,1	7	0,6	4	0,4	75	6,7	48	4,3	228	20,2	1519	134,8
	w	169	16,4	55	5,3	644	62,6	868	84,4	32	3,1	71	6,9	9	0,9	8	0,8	94	9,1	63	6,1	277	26,9	1145	111,4
	zus.	509	23,6	130	6,0	1520	70,5	2159	100,2	80	3,7	117	5,4	16	0,7	12	0,6	169	7,8	111	5,2	505	23,4	2664	123,6
30–35	m	323	37,0	64	7,3	653	74,8	1040	119,1	38	4,4	36	4,1	6	0,7	2	0,2	69	7,9	44	5,0	195	22,3	1235	141,4
	w	120	14,7	36	4,4	418	51,2	574	70,3	25	3,1	64	7,8	14	1,7	8	1,0	92	11,3	56	6,9	259	31,7	833	102,1
	zus.	443	26,2	100	5,9	1071	63,4	1614	95,5	63	3,7	100	5,9	20	1,2	10	0,6	161	9,5	100	5,9	454	26,9	2068	122,4

Alter																									
35–40	m	344	41,7	70	8,5	545	66,1	959	116,3	26	3,2	19	2,3	6	0,7	1	0,1	100	12,1	50	6,1	202	24,5	1161	140,8
	w	103	11,4	36	4,0	400	44,3	539	60,0	28	3,1	47	5,2	11	1,2	5	0,6	81	9,0	55	6,1	227	25,2	766	84,9
	zus.	447	25,9	106	6,1	945	54,7	1498	86,7	54	3,1	66	3,8	17	1,0	6	0,3	181	10,5	105	6,1	429	24,8	1927	111,6
40–45	m	288	39,8	76	10,5	538	74,4	902	124,8	32	4,4	18	2,5	5	0,7	3	0,4	87	12,0	37	5,1	182	25,2	1084	150,0
	w	111	11,1	34	3,4	427	42,7	572	57,2	31	3,1	43	4,3	16	1,6	3	0,3	86	8,6	49	4,9	228	22,8	800	80,0
	zus.	399	23,1	110	6,4	965	56,0	1474	85,5	63	3,7	61	3,5	21	1,2	6	0,3	173	10,0	86	5,0	410	23,8	1884	109,3
45–50	m	247	50,0	55	11,1	424	85,7	726	146,8	18	3,6	8	1,6	7	1,4	1	0,2	54	10,9	19	3,8	107	21,6	833	168,4
	w	84	12,1	20	2,9	232	33,5	336	48,5	22	3,2	23	3,3	10	1,4	2	0,3	45	6,5	34	4,9	136	19,6	472	68,1
	zus.	331	27,9	75	6,3	656	55,2	1062	89,4	40	3,4	31	2,6	17	1,4	3	0,3	99	8,3	53	4,5	243	20,5	1305	109,9
50–55	m	431	54,7	91	11,6	703	89,3	1225	155,5	21	2,7	9	1,1	7	0,9	4	0,5	40	5,1	29	3,7	110	14,0	1335	169,5
	w	119	11,2	40	3,8	345	32,5	504	47,5	23	2,2	36	3,4	17	1,6	4	0,4	53	5,0	36	3,4	169	15,9	673	63,5
	zus.	550	29,8	131	7,1	1048	56,7	1729	93,6	44	2,4	45	2,4	24	1,3	8	0,4	93	5,0	65	3,5	279	15,1	2008	108,7
55–60	m	466	57,2	131	16,1	705	86,6	1302	159,8	38	4,7	5	0,6	8	1,0	1	0,1	46	5,6	21	2,6	119	14,6	1421	174,5
	w	92	8,9	29	2,8	317	30,8	438	42,5	31	3,0	50	4,9	16	1,6	–	–	31	3,0	37	3,6	165	16,0	603	58,6
	zus.	558	30,3	160	8,7	1022	55,4	1740	94,4	69	3,7	55	3,0	24	1,3	1	0,1	77	4,2	58	3,1	284	15,4	2024	109,8
60–65	m	473	65,1	112	15,4	702	96,6	1287	177,2	29	4,0	9	1,2	4	0,6	–	–	43	5,9	19	2,6	104	14,3	1391	191,5
	w	112	12,4	32	3,5	274	30,2	418	46,1	31	3,4	46	5,1	19	2,1	2	0,2	36	4,0	28	3,1	162	17,9	580	64,0
	zus.	585	35,8	144	8,8	976	59,8	1705	104,4	60	3,7	55	3,4	23	1,4	2	0,1	79	4,8	47	2,9	266	16,3	1971	120,7
65–70	m	321	63,4	56	11,1	387	76,4	764	150,9	13	2,6	8	1,6	5	1,0	–	–	17	3,4	13	2,6	56	11,1	820	162,0
	w	119	15,5	32	4,2	247	32,1	398	51,7	30	3,9	32	4,2	11	1,4	2	0,3	21	2,7	25	3,2	121	15,7	519	67,4
	zus.	440	34,5	88	6,9	634	49,7	1162	91,1	43	3,4	40	3,1	16	1,3	2	0,2	38	3,0	38	3,0	177	13,9	1339	104,9
70–75	m	221	63,1	54	15,4	248	70,8	523	149,2	16	4,6	11	3,1	7	2,0	–	–	16	4,6	9	2,6	59	16,8	582	166,1
	w	135	23,1	31	5,3	170	29,1	336	57,6	23	3,9	35	6,0	12	2,1	2	0,3	10	1,7	15	2,6	97	16,6	433	74,2
	zus.	356	38,1	85	9,1	418	44,8	859	92,0	39	4,2	46	4,9	19	2,0	2	0,2	26	2,8	24	2,6	156	16,7	1015	108,7
75 und mehr	m	231	54,9	49	11,7	205	48,7	485	115,3	19	4,5	10	2,4	6	1,4	–	–	11	2,6	10	2,4	56	13,3	541	128,6
	w	181	26,6	40	5,9	152	22,3	373	54,7	31	4,5	40	5,9	9	1,3	–	–	7	1,0	27	4,0	114	16,7	487	71,5
	zus.	412	37,4	89	8,1	357	32,4	858	77,9	50	4,5	50	4,5	15	1,4	–	–	18	1,6	37	3,4	170	15,4	1028	93,3
Insgesamt	m	4222	33,4	991	7,8	9635	76,1	14848	117,3	406	3,2	318	2,5	83	0,7	67	0,5	624	4,9	406	3,2	1904	15,0	16752	132,4
	w	1675	11,8	497	3,5	6482	45,7	8654	61,1	386	2,7	686	4,8	159	1,1	88	0,6	654	4,6	554	3,9	2527	17,8	11181	78,9
	zus.	5897	22,0	1488	5,5	16117	60,1	23502	87,6	792	3,0	1004	3,7	242	0,9	155	0,6	1278	4,8	960	3,6	4431	16,5	27933	104,1

*) Berlin Ersterkrankungen, Wiedererkrankungen und Rückfälle, keine Zugänge, bei den anderen Bundesländern Ersterkrankungen, Wiedererkrankungen und Zugänge

Tabelle VIII. *Bestätigte Neuzugänge an aktiver Tuberkulose in Nordrhein-Westfalen im Jahre 1963 nach Alter und Geschlecht; absolute und relative Zahlen auf 100 000 Einwohner* (Entnommen und berechnet aus der Länderstatistik)

| Alter | Geschlecht | Tuberkulose der Atmungsorgane | | | | | | | | Tuberkulose anderer Organe | | | | | | | | | | | | | | Summe | |
| | | Ia | | Ib | | Ic | | Ia–Ic | | Knochen und Gelenke | | Peripher. Lymphknoten | | Haut | | Meningitis | | Urogenital | | Sonstige | | Id gesamt | | Ia–Id gesamt | |
		abs.	rel.	abs.	rel.	abs.	rel.	abs.	rel.	abs.	rel.	abs.	rel.	abs.	rel.	abs.	rel.	abs.	rel.	abs.	rel.	abs.	rel.	abs.	rel.
0– 1	m	1	0,7	1	0,7	37	25,3	39	26,7	—	—	—	—	—	—	3	2,1	—	—	3	2,1	6	4,1	45	30,8
	w	3	2,2	—	—	26	18,8	29	20,9	—	—	1	0,7	—	—	1	0,7	—	—	2	1,4	4	2,9	33	23,8
	zus.	4	1,4	1	0,4	63	22,1	68	23,9	—	—	1	0,4	—	—	4	1,4	—	—	5	1,8	10	3,5	78	27,4
1– 5	m	8	1,5	2	0,4	390	71,0	400	72,8	3	0,5	9	1,6	—	—	12	2,2	—	—	10	1,8	34	6,2	434	79,0
	w	1	0,2	1	0,2	329	62,8	331	63,2	1	0,2	7	1,3	1	0,2	8	1,5	—	—	5	1,0	22	4,2	353	67,4
	zus.	9	0,8	3	0,3	719	67,0	731	68,1	4	0,4	16	1,5	1	0,1	20	1,9	—	—	15	1,4	56	5,2	787	73,3
5–10	m	3	0,5	3	0,5	417	68,3	423	69,3	10	1,6	21	3,4	—	—	10	1,6	3	0,5	2	0,3	46	7,5	469	76,8
	w	5	0,9	3	0,5	344	59,2	352	60,5	7	1,2	16	2,8	2	0,3	11	1,9	2	0,3	5	0,9	43	7,4	395	67,9
	zus.	8	0,7	6	0,5	761	63,8	775	65,0	17	1,4	37	3,1	2	0,2	21	1,8	5	0,4	7	0,6	89	7,5	864	72,5
10–15	m	6	1,1	3	0,5	194	34,3	203	35,9	8	1,4	13	2,3	5	0,9	5	0,9	4	0,7	8	1,4	43	7,6	246	43,5
	w	21	3,9	7	1,3	180	33,4	208	38,6	11	2,0	8	1,5	1	0,2	3	0,6	3	0,6	6	1,1	32	5,9	240	44,6
	zus.	27	2,4	10	0,9	374	33,9	411	37,3	19	1,7	21	1,9	6	0,5	8	0,7	7	0,6	14	1,3	75	6,8	486	44,0
15–20	m	111	22,2	16	3,2	249	49,7	376	75,1	13	2,6	11	2,2	—	—	3	0,6	9	1,8	12	2,4	48	9,6	424	84,7
	w	63	13,2	22	4,6	221	46,2	306	64,0	14	2,9	28	5,9	4	0,8	5	1,0	11	2,3	14	2,9	76	15,9	382	79,9
	zus.	174	17,8	38	3,9	470	48,0	682	69,7	27	2,8	39	4,0	4	0,4	8	0,8	20	2,0	26	2,7	124	12,7	806	82,3
20–25	m	212	32,0	27	2,1	453	68,4	692	104,4	22	3,3	27	4,1	1	0,2	3	0,5	28	4,2	15	2,3	96	14,5	788	118,9
	w	129	20,4	34	5,4	312	49,3	475	75,0	18	2,8	27	4,3	6	0,9	2	0,3	31	4,9	24	3,8	108	17,1	583	92,1
	zus.	341	26,3	61	4,7	765	59,0	1167	90,0	40	3,1	54	4,2	7	0,5	5	0,4	59	4,6	39	3,0	204	15,7	1371	105,8
25–30	m	264	39,2	36	5,3	394	58,5	694	103,1	25	3,7	30	4,5	1	0,1	4	0,6	37	5,5	24	3,6	121	18,0	815	121,0
	w	107	17,1	22	3,5	271	43,4	400	64,1	19	3,0	41	6,6	9	1,4	2	0,3	38	6,1	21	3,4	130	20,8	530	84,9
	zus.	371	28,6	58	4,5	665	51,2	1094	84,3	44	3,4	71	5,5	10	0,8	6	0,5	75	5,8	45	3,5	251	19,3	1345	103,6
30–35	m	248	40,8	42	6,9	359	59,0	649	106,7	24	3,9	17	2,8	3	0,5	2	0,3	41	6,7	35	5,8	122	20,1	771	126,7
	w	95	17,3	15	2,7	251	45,8	361	65,8	12	2,2	29	5,3	5	0,9	4	0,7	56	10,2	36	6,6	142	25,9	503	91,7
	zus.	343	29,6	57	4,9	610	52,7	1010	87,3	36	3,1	46	4,0	8	0,7	6	0,5	97	8,4	71	6,1	264	22,8	1274	110,1
35–40	m	244	44,9	49	9,0	361	66,4	654	120,4	13	2,4	14	2,6	4	0,7	2	0,4	64	11,8	28	5,2	125	23,0	779	143,4
	w	130	21,5	23	3,8	215	35,5	368	60,8	19	3,1	33	5,5	12	2,0	3	0,5	59	9,8	26	4,3	152	25,1	520	85,9
	zus.	374	32,6	72	6,3	576	50,2	1022	89,0	32	2,8	47	4,1	16	1,4	5	0,4	123	10,7	54	4,7	277	24,1	1299	470,2

40–45	m	229	50,3	55	12,1	340	74,7	624	137,1	22	4,8	5	1,1	9	2,0	2	0,4	64	14,1	19	4,2	121	26,6	745	163,6
	w	100	16,7	19	3,2	227	38,0	346	57,9	15	2,5	20	3,3	4	0,7	1	0,2	36	6,0	19	3,2	95	15,9	441	73,8
	zus.	329	31,3	74	7,0	567	53,9	970	92,1	37	3,5	25	2,4	13	1,2	3	0,3	100	9,5	38	3,6	216	20,5	1186	112,7
45–50	m	242	67,7	51	14,3	309	86,4	602	168,3	14	3,9	5	1,4	6	1,7	1	0,3	27	7,6	16	4,5	69	19,3	671	187,6
	w	78	16,5	20	4,2	161	34,0	259	54,7	18	3,8	22	4,6	7	1,5	2	0,4	27	5,7	21	4,4	97	20,5	356	75,2
	zus.	320	38,5	71	8,5	470	56,6	861	103,6	32	3,9	27	3,2	13	1,6	3	0,4	54	6,5	37	4,5	166	20,0	1027	123,6
50–55	m	363	73,8	66	13,4	469	95,3	898	182,6	24	4,9	6	1,2	3	0,6	3	0,6	33	6,7	13	2,6	82	16,7	980	199,2
	w	78	12,3	14	2,2	180	28,3	272	42,7	10	1,6	24	3,8	8	1,3	–	–	18	2,8	16	2,5	76	11,9	348	54,7
	zus.	441	39,1	80	7,1	649	57,5	1170	103,7	34	3,0	30	2,7	11	1,0	3	0,3	51	4,5	29	2,6	158	14,0	1328	117,7
55–60	m	421	83,5	89	17,6	482	95,6	992	196,7	15	3,0	6	1,2	8	1,6	1	0,2	27	5,4	12	2,4	69	13,7	1061	210,4
	w	65	10,8	12	2,0	145	24,1	222	37,0	12	2,0	17	2,8	7	1,2	1	0,2	26	4,3	17	2,8	80	13,3	302	50,3
	zus.	486	44,0	101	9,1	627	56,7	1214	109,9	27	2,4	23	2,1	15	1,4	2	0,2	53	4,8	29	2,6	149	13,5	1363	123,4
60–65	m	421	98,3	81	18,9	421	98,3	923	215,6	13	3,0	10	2,3	5	1,2	–	–	25	5,8	8	1,9	61	14,2	984	229,8
	w	74	14,4	15	2,9	137	26,7	226	44,1	13	2,5	23	4,5	10	2,0	–	–	14	2,7	6	1,2	66	12,9	292	57,0
	zus.	495	52,6	96	10,2	558	59,3	1149	122,2	26	2,8	33	3,5	15	1,6	–	–	39	4,1	14	1,5	127	13,5	1276	135,7
65–70	m	219	80,7	43	15,8	182	67,0	444	163,5	8	2,9	–	–	3	1,1	–	–	6	2,2	7	2,6	24	8,8	468	172,4
	w	64	15,8	13	3,2	67	16,5	144	35,5	11	2,7	12	3,0	5	1,2	–	–	7	1,7	6	1,5	41	10,1	185	45,6
	zus.	283	41,8	56	8,3	249	36,8	588	86,8	19	2,8	12	1,8	8	1,2	–	–	13	1,9	13	1,9	65	9,6	653	96,4
70–75	m	139	75,3	25	13,5	112	60,7	276	149,5	7	3,8	4	2,2	3	1,6	–	–	6	3,2	2	1,1	22	11,9	298	161,4
	w	73	24,7	9	3,1	48	16,3	130	44,1	6	2,0	10	3,4	9	3,1	–	–	5	1,7	2	0,7	32	10,8	162	54,9
	zus.	212	44,2	34	7,1	160	33,4	406	84,6	13	2,7	14	2,9	12	2,5	–	–	11	2,3	4	0,8	54	11,3	460	95,9
75–80	m	69	56,4	8	6,5	42	34,3	119	97,2	2	1,6	5	4,1	4	3,3	–	–	2	1,6	1	0,8	14	11,4	133	108,7
	w	32	17,2	3	1,6	37	19,9	72	38,7	4	2,1	6	3,2	2	1,1	–	–	1	0,5	3	1,6	16	8,6	88	47,3
	zus.	101	32,7	11	3,6	79	25,6	191	61,9	6	1,9	11	3,6	6	1,9	–	–	3	1,0	4	1,3	30	9,7	221	71,6
80 und mehr	m	29	31,8	3	3,3	12	13,2	44	48,2	–	–	3	3,3	3	3,3	–	–	–	–	–	–	6	6,6	50	55,8
	w	22	16,3	4	2,9	14	10,4	40	29,7	1	0,7	3	2,2	–	–	–	–	1	0,7	5	3,7	10	7,4	50	37,1
	zus.	51	22,6	7	3,1	26	11,5	84	37,2	1	0,4	6	2,7	3	1,3	–	–	1	0,4	5	2,2	16	7,1	100	44,3
Ins- gesamt	m	3229	41,6	600	7,7	5223	67,2	9052	116,5	223	2,9	186	2,4	58	0,7	51	0,7	376	4,8	215	2,8	1109	14,3	10161	130,8
	w	1140	13,4	236	2,8	3165	37,2	4541	53,3	191	2,2	327	3,8	92	1,1	43	0,5	335	3,9	234	2,7	1222	14,4	5763	67,7
	zus.	4369	26,8	836	5,1	8388	51,5	13593	83,5	414	2,5	513	3,2	150	0,9	94	0,6	711	4,4	449	2,8	2331	14,3	15924	97,8

Tabelle IX. *Bestätigte Neuzugänge an aktiver Tuberkulose in Nordrhein-Westfalen im Jahre 1964 nach Alter und Geschlecht;*
absolute und relative Zahlen auf 100 000 Einwohner
(Entnommen und berechnet aus der Länderstatistik)

| Alter | Geschlecht | Tuberkulose der Atmungsorgane | | | | | | | | Tuberkulose anderer Organe | | | | | | | | | | | | Summe | |
| | | Ia | | Ib | | Ic | | Ia—Ic | | Knochen und Gelenke | | Peripher. Lymphknoten | | Haut | | Meningitis | | Urogenital | | Sonstige | | Id gesamt | | Ia—Id gesamt | |
		abs.	rel.	abs.	rel.	abs.	rel.	abs.	rel.	abs.	rel.	abs.	rel.	abs.	rel.	abs.	rel.	abs.	rel.	abs.	rel.	abs.	rel.	abs.	rel.
0— 1	m	1	0,7	—	—	23	15,4	24	16,0	—	—	—	—	1	0,7	—	—	—	—	—	—	1	0,7	25	16,7
	w	1	0,7	1	0,7	22	15,5	24	16,9	—	—	—	—	—	—	1	0,7	—	—	2	1,4	3	2,1	27	19,0
	zus.	2	0,7	1	0,3	45	15,4	48	16,4	—	—	—	—	1	0,3	1	0,3	—	—	2	0,7	4	1,4	52	17,8
1— 5	m	10	1,8	2	0,4	328	58,4	340	60,5	9	1,6	6	1,1	—	—	10	1,8	1	0,2	2	0,4	28	5,0	368	65,5
	w	3	0,6	1	0,2	305	57,0	309	57,7	5	0,9	7	1,3	—	—	12	2,2	—	—	1	0,2	25	4,7	334	62,4
	zus.	13	1,2	3	0,3	633	57,7	649	59,1	14	1,3	13	1,2	—	—	22	2,0	1	0,1	3	0,3	53	4,8	702	64,0
5—10	m	3	0,5	1	0,2	339	54,1	343	54,8	3	0,5	13	2,1	—	—	7	1,1	1	0,2	4	0,6	28	4,5	371	59,2
	w	6	1,0	—	—	317	53,1	323	54,2	4	0,7	18	3,0	—	—	6	1,0	—	—	2	0,3	30	5,0	353	59,2
	zus.	9	0,7	1	0,1	656	53,6	666	54,5	7	0,6	31	2,5	—	—	13	1,1	1	0,1	6	0,5	58	4,7	724	59,2
10—15	m	6	1,1	5	0,9	196	34,3	207	36,3	12	2,1	10	1,8	1	0,2	3	0,5	1	0,2	1	0,2	28	4,9	235	41,2
	w	16	2,9	5	0,9	170	31,2	191	35,1	9	1,7	18	3,3	—	—	3	0,6	5	0,9	10	1,8	45	8,3	236	43,3
	zus.	22	2,0	10	0,9	366	32,8	398	35,7	21	1,9	28	2,5	1	0,1	6	0,5	6	0,5	11	1,0	73	6,5	471	42,2
15—20	m	63	12,5	15	3,0	238	47,4	316	62,9	12	2,4	13	2,6	2	0,4	2	0,4	16	3,2	10	2,0	55	10,9	371	73,8
	w	48	10,0	23	4,8	227	47,4	298	62,2	16	3,3	22	4,6	4	0,8	7	1,5	7	1,5	15	3,1	71	14,8	369	77,0
	zus.	111	11,3	38	3,9	465	47,4	614	62,5	28	2,9	35	3,6	6	0,6	9	0,9	23	2,3	25	2,5	126	12,8	740	75,4
20—25	m	205	32,3	43	6,8	436	68,7	684	107,7	15	2,4	24	3,8	3	0,5	4	0,6	30	4,7	10	1,6	86	13,5	770	121,3
	w	119	19,6	28	4,6	327	53,9	474	78,1	13	2,1	40	6,6	3	0,5	4	0,7	33	5,4	29	4,8	122	20,1	596	98,2
	zus.	324	26,1	71	5,7	763	61,4	1158	93,2	28	2,3	64	5,2	6	0,5	8	0,6	63	5,1	39	3,1	208	16,7	1366	110,0
25—30	m	248	35,0	37	5,2	357	50,4	642	90,6	15	2,1	22	3,1	2	0,3	3	0,4	35	4,9	28	4,0	105	14,8	747	105,4
	w	107	16,4	28	4,3	277	42,5	412	63,2	11	1,7	39	6,0	4	0,6	4	0,6	46	7,1	32	4,9	136	20,9	548	84,1
	zus.	355	26,1	65	4,8	634	46,6	1054	77,5	26	1,9	61	4,5	6	0,4	7	0,5	81	6,0	60	4,4	241	17,7	1295	95,2
30—35	m	252	41,4	41	6,7	375	61,6	668	109,8	18	3,0	26	4,3	2	0,3	4	0,7	45	7,4	18	3,0	113	18,6	781	128,3
	w	115	21,1	23	4,2	254	46,6	392	71,9	17	3,1	41	7,5	6	1,1	4	0,7	56	10,3	30	5,5	154	28,3	546	100,2
	zus.	367	31,8	64	5,5	629	54,5	1060	91,9	35	3,0	67	5,8	8	0,7	8	0,7	101	8,8	48	4,2	267	23,1	1327	115,0
35—40	m	232	39,9	40	6,9	343	59,1	615	105,9	16	2,8	15	2,6	3	0,5	3	0,5	63	10,8	19	3,3	119	20,5	734	126,4
	w	95	15,9	21	3,5	253	42,2	369	61,6	11	1,8	26	4,3	8	1,3	2	0,3	62	10,4	24	4,0	133	22,2	502	83,8
	zus.	327	27,7	61	5,2	596	50,5	984	83,4	27	2,3	41	3,5	11	0,9	5	0,4	125	10,6	43	3,6	252	21,4	1236	104,8

Alter																									
40–45	m	261	53,9	50	10,3	397	82,0	708	146,3	24	5,0	12	2,5	3	0,6	1	0,2	50	10,3	16	3,3	106	21,9	814	168,2
	w	107	16,9	26	4,1	225	35,6	358	56,6	24	3,8	23	3,6	5	0,8	2	0,3	60	9,5	19	3,0	133	21,0	491	77,7
	zus.	368	33,0	76	6,8	622	55,7	1066	95,5	48	4,3	35	3,1	8	0,7	3	0,3	110	9,9	35	3,1	239	21,4	1305	116,9
45–50	m	199	60,7	33	10,1	285	86,9	517	157,7	6	1,8	2	0,6	—	—	3	0,9	34	10,4	10	3,1	55	16,8	572	174,5
	w	54	12,5	9	2,1	140	32,4	203	46,9	9	2,1	19	4,4	6	1,4	3	0,7	27	6,2	16	3,7	80	18,5	283	65,4
	zus.	253	33,3	42	5,5	425	55,9	720	94,7	15	2,0	21	2,8	6	0,8	6	0,8	61	8,0	26	3,4	135	17,8	855	112,4
50–55	m	336	69,7	57	11,8	491	101,9	884	183,4	16	3,3	8	1,7	4	0,8	2	0,4	39	8,1	12	2,5	81	16,8	965	200,2
	w	75	11,9	15	2,4	168	26,6	258	40,9	17	2,7	26	4,1	14	2,2	6	1,0	16	2,5	14	2,2	93	14,7	351	55,6
	zus.	411	36,9	72	6,5	659	59,2	1142	102,6	33	3,0	34	3,1	18	1,6	8	0,7	55	4,9	26	2,3	174	15,6	1316	118,3
55–60	m	381	76,2	74	14,8	474	94,9	929	185,9	11	2,2	6	1,2	6	1,2	1	0,2	47	9,4	11	2,2	82	16,4	1011	202,3
	w	66	10,8	6	1,0	147	24,0	219	35,7	12	2,0	25	4,1	12	2,0	—	—	20	3,3	16	2,6	85	13,9	304	49,6
	zus.	447	40,2	80	7,2	621	55,8	1148	103,1	23	2,1	31	2,8	18	1,6	1	0,1	67	6,0	27	2,4	167	15,0	1315	118,2
60–65	m	413	93,6	78	17,7	421	95,4	912	206,7	19	4,3	6	1,4	6	1,4	2	0,5	24	5,4	13	2,9	70	15,9	982	222,5
	w	73	13,9	19	3,6	121	23,0	213	40,5	13	2,5	19	3,6	10	1,9	—	—	21	4,0	9	1,7	72	13,7	285	54,2
	zus.	486	50,2	97	10,0	542	56,0	1125	116,3	32	3,3	25	2,6	16	1,7	2	0,2	45	4,7	22	2,3	142	14,7	1267	131,0
65–70	m	246	85,9	30	10,5	192	67,1	468	163,5	7	2,4	7	2,4	7	2,4	1	0,3	14	4,9	5	1,7	41	14,3	509	177,8
	w	66	15,7	8	1,9	85	20,3	159	37,9	8	1,9	19	4,5	10	2,4	—	—	3	0,7	3	0,7	43	10,2	202	48,1
	zus.	312	44,2	38	5,4	277	39,2	627	88,8	15	2,1	26	3,7	17	2,4	1	0,1	17	2,4	8	1,1	84	11,9	711	100,7
70–75	m	149	80,2	18	9,7	94	50,6	261	140,6	5	2,7	3	1,6	1	0,5	—	—	8	4,3	—	—	17	9,2	278	149,7
	w	66	21,6	12	3,9	54	17,7	132	43,2	9	2,9	19	6,2	5	1,6	1	0,3	5	1,6	10	3,3	49	16,0	181	59,2
	zus.	215	43,7	30	6,1	148	30,1	393	80,0	14	2,8	22	4,5	6	1,2	1	0,2	13	2,6	10	2,0	66	13,4	459	93,4
75–80	m	80	64,8	15	12,2	39	31,6	134	108,6	5	4,1	3	2,4	1	0,8	—	—	4	3,2	—	—	13	10,5	147	119,1
	w	48	24,6	8	4,1	34	17,4	90	46,2	3	1,5	7	3,6	3	1,5	—	—	—	—	3	1,5	16	8,2	106	54,4
	zus.	128	40,2	23	7,2	73	22,9	224	70,4	8	2,5	10	3,1	4	1,3	—	—	4	1,3	3	0,9	29	9,1	253	79,5
80 und mehr	m	32	34,6	2	2,2	20	21,6	54	58,5	—	—	4	4,3	—	—	—	—	1	1,1	2	2,2	7	7,6	61	66,0
	w	35	24,9	1	0,7	9	6,4	45	32,0	7	5,0	8	5,7	2	1,4	—	—	1	0,7	3	2,1	21	14,9	66	46,9
	zus.	67	28,7	3	1,3	29	12,4	99	42,5	7	3,0	12	5,1	2	0,9	—	—	2	0,9	5	2,1	28	12,0	127	54,5
Insgesamt	m	3117	39,6	541	6,9	5048	64,2	8706	110,7	193	2,5	180	2,3	42	0,5	46	0,6	413	5,3	161	2,0	1035	13,2	9741	123,8
	m	1100	12,8	234	2,7	3135	36,5	4469	52,0	188	2,2	376	4,4	92	1,1	55	0,6	362	4,2	238	2,8	1311	15,3	5780	67,2
	zus.	4217	25,6	775	4,7	8183	49,7	13175	80,0	381	2,3	556	3,4	134	0,8	101	0,6	775	4,7	399	2,4	2346	14,2	15521	94,3

Tabelle X. *Bestätigte Neuzugänge an aktiver Tuberkulose in Bayern und Hessen im Jahre 1963 nach Alter und Geschlecht; absolute und relative Zahlen auf 100 000 Einwohner* (Entnommen und berechnet aus den Länderstatistiken)

Alter	Geschlecht	Tuberkulose der Atmungsorgane								Tuberkulose anderer Organe												Summe	
		Ia		Ib		Ic		Ia—Ic		Knochen und Gelenke		Peripher. Lymphknoten		Haut		Meningitis		Urogenital		Sonstige		Id gesamt		Ia—Id gesamt
		abs.	rel.	abs.	rel.	abs.	rel.	abs.	rel.	abs.	rel.	abs.	rel.	abs.	rel.	abs.	rel.	abs.	rel.	abs.	rel.	abs.	rel.	abs.	rel.
0—15	m	14	0,8	2	0,1	1125	66,6	1141	67,5	30	1,8	54	3,2	4	0,2	23	1,4	2	0,1	10	0,6	123	7,3	1264	74,8
	w	21	1,3	5	0,3	988	61,6	1014	63,2	25	1,6	52	3,2	4	0,2	21	1,3	1	0,1	11	0,7	114	7,1	1128	70,3
	zus.	35	1,1	7	0,2	2113	64,1	2155	65,4	55	1,7	106	3,2	8	0,2	44	1,3	3	0,1	21	0,6	237	7,2	2392	72,6
15 und darüber	m	2220	42,1	492	9,3	3246	61,6	5958	113,0	164	3,1	121	2,3	53	1,0	24	0,5	154	2,9	250	4,7	766	14,5	6724	127,5
	w	829	13,4	198	3,2	2103	33,9	3130	50,4	181	2,9	282	4,5	101	1,6	24	0,4	157	2,5	306	4,9	1051	16,9	4181	67,4
	zus.	3049	26,6	690	6,0	5349	46,6	9088	79,2	345	3,0	403	3,5	154	1,3	48	0,4	311	2,7	556	4,8	1817	15,8	10905	95,0
Ins- gesamt	m	2234	32,1	494	7,1	4371	62,8	7099	102,0	194	2,8	175	2,5	57	0,8	47	0,7	156	2,2	260	3,7	889	12,8	7988	114,8
	w	850	10,9	203	2,6	3091	39,6	4144	53,1	206	2,6	334	4,3	105	1,3	45	0,6	158	2,0	317	4,1	1165	14,9	5309	68,0
	zus.	3084	20,9	697	4,7	7462	50,5	11243	76,1	400	2,7	509	3,4	162	1,1	92	0,6	314	2,1	577	3,9	2054	13,9	13297	90,0

Tabelle XI. *Bestätigte Neuzugänge an aktiver Tuberkulose in Bayern und Hessen im Jahre 1964 nach Alter und Geschlecht; absolute und relative Zahlen auf 100 000 Einwohner*
(Entnommen und berechnet aus den Länderstatistiken)

| Alter | Geschlecht | Tuberkulose der Atmungsorgane | | | | | | | | Tuberkulose anderer Oragane | | | | | | | | | | | | Summe | |
| | | Ia | | Ib | | Ic | | Ia—Ic | | Knochen und Gelenke | | Peripher. Lymphknoten | | Haut | | Meningitis | | Urogenital | | Sonstige | | Id gesamt | | Ia—Id gesamt | |
		abs.	rel.	abs.	rel.	abs.	rel.	abs.	rel.	abs.	rel.	abs.	rel.	abs.	rel.	abs.	rel.	abs.	rel.	abs.	rel.	abs.	rel.	abs.	rel.
0—15	m	5	0,3	5	0,3	1081	62,7	1091	63,2	25	1,4	53	3,1	4	0,2	14	0,8	2	0,1	14	0,8	112	6,5	1203	69,7
	w	22	1,3	5	0,3	943	57,5	970	59,2	26	1,6	47	2,9	4	0,2	22	1,3	4	0,2	11	0,7	114	7,0	1084	66,1
	zus.	27	0,8	10	0,3	2024	60,2	2061	61,3	51	1,5	100	3,0	8	0,2	36	1,1	6	0,2	25	0,7	226	6,7	2287	68,0
15 und darüber	m	2219	41,5	513	9,6	3434	64,2	6166	115,3	188	3,5	115	2,2	51	1,0	24	0,4	144	2,7	244	4,6	766	14,3	6932	129,6
	w	759	12,1	200	3,2	2145	34,3	3104	49,6	172	2,7	261	4,2	82	1,3	21	0,3	115	1,8	270	4,3	921	14,7	4025	64,3
	zus.	2978	25,7	713	6,1	5579	48,0	9270	79,9	360	3,1	376	3,2	133	1,1	45	0,4	259	2,2	514	4,4	1687	14,5	10957	94,4
Ins-gesamt	m	2224	31,4	518	7,3	4515	63,8	7257	102,6	213	3,0	168	2,4	55	0,8	38	0,5	146	2,1	258	3,6	878	12,4	8135	115,0
	w	781	9,9	205	2,6	3088	39,1	4074	51,6	198	2,5	308	3,9	86	1,1	43	0,5	119	1,5	281	3,6	1035	13,1	5109	64,7
	zus.	3005	20,1	723	4,8	7603	50,8	11331	75,7	411	2,7	476	3,2	141	0,9	81	0,5	265	1,8	539	3,6	1913	12,8	13244	88,5

Tabelle XII. *Allgemeine Sterblichkeit und Sterblichkeit an Tuberkulose im Bundesgebiet (auf je 100 000 der betr. Altersklasse)*

Nr. des dtsch. T.U.V. 1950	Todesursachen	G	Insgesamt abs.	Insgesamt rel.	0 – 1 abs.	0 – 1 rel.	1 – 5 abs.	1 – 5 rel.	5 – 10 abs.	5 – 10 rel.
00,01	Tuberkulose der Atmungsorgane	m	5 963	21,90	2	0,37	3	0,16	1	0,05
		w	1 784	5,88	1	0,20	3	0,16	–	–
		zus.	7 747	13,45	3	0,28	6	0,16	1	0,02
02	Tuberkulose der Hirnhäute und des ZNS	m	93	0,35	5	0,92	9	0,47	8	0,38
		w	75	0,25	3	0,59	12	0,65	6	0,30
		zus.	168	0,29	8	0,76	21	0,56	14	0,34
03	Tuberkulose anderer Organe	m	179	0,66	–	–	–	–	1	0,05
		w	145	0,48	–	–	–	–	–	–
		zus.	324	0,56	–	–	–	–	1	0,02
02+03	Tuberkulose der Hirnhäute usw. + Tbk. anderer Organe	m	272	1,01	5	0,92	9	0,47	9	0,43
		w	220	0,73	3	0,59	12	0,65	6	0,30
		zus,	492	0,85	8	0,76	21	0,56	15	0,37
00–03	Tuberkulose insgesamt	m	6 235	22,90	7	1,29	12	0,62	10	0,48
		w	2 004	6,60	4	0,78	15	0,82	6	0,30
		zus.	8 239	14,31	11	1,04	27	0,72	16	0,39
0–9	Allgemeine Todesursachen insgesamt	m	347 717[1]) 1 277,16		16 292	3 006,95	2 595	134,14	1 317	62,68
		w	325 352[1]) 1 071,58		12 181	2 377,66	1 991	108,29	822	41,21
		zus.	673 069[1]) 1 168,78		28 473	2 701,11	4 586	121,55	2 139	52,22

[1]) einschl. unbekannten Alters zus. 28 unbekannt (23 m u. 5 w)

Tabelle XII.

Nr. des dtsch. T.U.V. 1950	Todesursachen	G	45 – 50 abs.	45 – 50 rel.	50 – 55 abs.	50 – 55 rel.	55 – 60 abs.	55 – 60 rel.	60 – 65 abs.	60 – 65 rel.
00,01	Tuberkulose der Atmungsorgane	m	278	22,88	598	34,24	967	54,71	1 104	72,49
		w	98	5,90	118	5,15	135	6,26	181	9,57
		zus.	376	13,08	716	17,73	1 102	28,09	1 285	37,63
02	Tuberkulose der Hirnhäute und des ZNS	m	2	0,16	6	0,34	7	0,40	10	0,66
		w	5	0,30	1	0,04	5	0,23	3	0,16
		zus.	7	0,24	7	0,17	12	0,31	13	0,38
03	Tuberkulose anderer Organe	m	8	0,66	22	1,26	23	1,30	21	1,38
		w	2	0,12	10	0,44	9	0,42	19	1,00
		zus.	10	0,35	32	0,79	32	0,82	40	1,17
02+03	Tuberkulose der Hirnhäute usw. + Tbk. anderer Organe	m	10	0,82	28	1,60	30	1,70	31	2,04
		w	7	0,42	11	0,48	14	0,65	22	1,16
		zus.	17	0,59	39	0,97	44	1,12	53	1,55
00–03	Tuberkulose insgesamt	m	288	23,71	626	35,84	997	56,41	1 135	74,53
		w	105	6,33	129	5,63	149	6,91	203	10,73
		zus.	393	13,67	755	18,69	1 146	29,21	1 338	39,19
0–9	Allgemeine Todesursachen insgesamt	m	6 845	563,42	16 418	940,00	29 118	1 647,51	41 991	2 757,31
		w	6 094	367,11	12 055	525,82	17 537	813,52	25 742	1 360,93
		zus.	12 939	450,07	28 473	704,92	46 655	1 189,24	67 733	1 983,74

einschließlich Berlin (West) im Jahre 1963 nach Alter und Geschlecht — absolute und relative Zahlen
(Angaben des Statistischen Bundesamtes)

10 – 15		15 – 20		20 – 25		25 – 30		30 – 35		35 – 40		40 – 45	
abs.	rel.	abs.	rel.	abs.	rel.	abs.	rel.	abs.	rel.	abs.	rel.	abs.	rel.
1	0,05	8	0,44	15	0,62	61	2,65	136	6,91	196	11,03	264	17,13
2	0,11	5	0,29	20	0,88	39	1,83	73	3,97	108	5,27	122	5,79
3	0,08	13	0,37	35	0,74	100	2,25	209	5,49	304	7,94	386	10,58
4	0,20	7	0,39	2	0,08	6	0,26	2	0,10	5	0,28	4	0,26
2	0,11	4	0,23	5	0,22	3	0,14	4	0,22	4	0,20	1	0,05
6	0,15	11	0,31	7	0,15	9	0,20	6	0,16	9	0,24	5	0,14
–	–	1	0,06	4	0,16	4	0,17	5	0,25	7	0,39	10	0,65
–	–	4	0,23	1	0,04	1	0,05	3	0,16	5	0,24	5	0,24
–	–	5	0,14	5	0,11	5	0,11	8	0,21	12	0,31	15	0,41
4	0,20	8	0,45	6	0,24	10	0,43	7	0,35	12	0,67	14	0,91
2	0,11	8	0,46	6	0,26	4	0,19	7	0,38	9	0,44	6	0,29
6	0,15	16	0,45	12	0,25	14	0,32	14	0,37	21	0,55	20	0,55
5	0,25	16	0,89	21	0,86	71	3,08	143	7,26	208	11,70	278	18,04
4	0,21	13	0,76	26	1,14	43	2,02	80	4,35	117	5,71	128	6,08
9	0,23	29	0,82	47	1,00	114	2,57	223	5,85	325	8,49	406	11,13
931	46,55	2 198	121,62	4 135	169,61	3 602	156,38	3 581	181,83	4 119	231,78	5 374	348,67
525	27,65	864	50,36	1 321	57,99	1 608	75,40	1 881	102,19	3 134	152,85	5 019	238,32
1 456	37,34	3 062	86,91	5 456	115,70	5 210	117,45	5 462	143,36	7 253	189,50	10 393	284,94

(Fortsetzung)

65 – 70		70 – 75		75 – 80		80 – 85		85 – 90		90 u. mehr	
abs.	rel.	abs.	rel.	abs.	rel.	abs.	rel.	abs.	rel.	abs.	rel.
915	89,63	698	97,19	438	91,27	207	81,59	56	60,61	15	85,71
234	15,04	217	18,83	231	30,94	133	34,46	54	37,95	10	32,89
1 149	44,59	915	48,91	669	54,55	340	53,16	110	46,85	25	52,19
6	0,59	4	0,56	3	0,63	2	0,79	1	1,08	–	–
3	0,19	8	0,69	3	0,40	2	0,52	1	0,70	–	–
9	0,35	12	0,64	6	0,49	4	0,63	2	0,85	–	–
27	2,64	12	1,67	22	4,58	10	3,94	2	2,16	–	–
19	1,22	25	2,17	16	2,14	19	4,92	5	3,51	2	6,58
46	1,79	37	1,98	38	3,10	29	4,53	7	2,98	2	4,18
33	3,23	16	2,23	25	5,21	12	4,73	3	3,24	–	–
22	1,41	33	2,86	19	2,54	21	5,44	6	4,21	2	6,58
55	2,13	49	2,62	44	3,59	33	5,16	9	3,83	2	4,18
948	92,86	714	99,42	463	96,48	219	86,32	59	63,85	15	85,71
256	16,45	250	21,69	250	33,49	154	39,90	60	42,16	12	39,47
1 204	46,73	964	51,53	713	58,14	373	58,32	119	50,68	27	56,37
43 689	4 279,46	46 491	6 473,27	48 627	10 132,73	40 684	16 036,26	23 095	24 994,59	6 592	37 668,57
36 597	2 352,29	48 796	4 233,19	57 470	7 698,59	51 020	13 217,62	30 569	21 482,08	10 121	33 292,76
80 286	3 115,84	95 287	5 093,39	106 097	8 651,10	91 704	14 337,71	53 664	22 855,20	16 713	34 891,44

Tabelle XIII. *Allgemeine Sterblichkeit und Sterblichkeit an Tuberkulose im Bundesgebiet*
(auf je 100 000 der betr. Altersklasse)

Nr. des dtsch. T.U.V. 1950	Todesursachen	G	Insgesamt		0 – 1		1 – 5		5 – 10	
			abs.	rel.	abs.	rel.	abs.	rel.	abs.	rel.
00,01	Tuberkulose der	m	5 265	19,0	–	–	5	0,3	1	0,05
	Atmungsorgane	w	1 623	5,3	–	–	2	0,1	1	0,05
		zus.	6 888	11,8	–	–	7	0,2	2	0,05
02	Tuberkulose der	m	68	0,2	2	0,4	10	0,5	1	0,05
	Hirnhäute und	w	96	0,3	–	–	9	0,5	5	0,2
	des ZNS	zus.	164	0,3	2	0,2	19	0,5	6	0,1
03	Tuberkulose	m	167	0,6	–	–	–	–	–	–
	anderer Organe	w	171	0,6	–	–	–	–	–	–
		zus.	338	0,6	–	–	–	–	–	–
02+03	Tuberkulose der	m	235	0,8	2	0,4	10	0,5	1	0,05
	Hirnhäute usw. +	w	267	0,9	–	–	9	0,5	5	0,2
zu	Tbk. anderer Organe	zus.	502	0,9	2	0,2	19	0,5	6	0,1
00—03	Tuberkulose	m	5 500	19,9	2	0,4	15	0,8	2	0,1
	insgesamt	w	1 890	6,1	–	–	11	0,6	6	0,3
		zus.	7 390	12,6	2	0,2	26	0,7	8	0,2
0—9	Allgemeine Todes-	m	333 879	1 206,6	15 429	2 815,5	2 411	120,8	1 323	61,0
	ursachen insgesamt	w	310 249	1 008,8	11 519	2 225,9	1 734	91,3	843	40,9
		zus.	644 128	1 102,5	26 948	2 529,4	4 145	106,4	2 166	51,2

Tabelle XIII.

Nr. des dtsch. T.U.V. 1950	Todesursachen	G	45 – 50		50 – 55		55 – 60		60 – 65	
			abs.	rel.	abs.	rel.	abs.	rel.	abs.	rel.
00,01	Tuberkulose der	m	187	16,9	488	28,5	781	44,3	986	62,9
	Atmungsorgane	w	63	4,2	129	5,7	134	6,1	163	8,4
		zus.	250	9,5	617	15,5	915	23,1	1 149	32,8
02	Tuberkulose der	m	6	0,5	5	0,3	–	–	8	0,5
	Hirnhäute und	w	3	0,2	1	0,04	11	0,5	7	0,4
	des ZNS	zus.	9	0,3	6	0,2	11	0,3	15	0,4
03	Tuberkulose	m	9	0,8	18	1,1	24	1,4	22	1,4
	anderer Organe	w	3	0,2	11	0,5	17	0,8	20	1,0
		zus.	12	0,5	29	0,7	41	1,0	42	1,2
02+03	Tuberkulose der	m	15	1,4	23	1,3	24	1,4	30	1,9
	Hirnhäute usw. +	w	6	0,4	12	0,5	28	1,3	27	1,4
	Tbk. anderer Organe	zus.	21	0,8	35	0,9	52	1,3	57	1,6
00—03	Tuberkulose	m	202	18,2	511	29,8	805	45,7	1 016	64,8
	insgesamt	w	69	4,5	141	6,2	162	7,3	190	9,8
		zus.	271	10,3	652	16,3	967	24,4	1 206	34,4
0—9	Allgemeine Todes-	m	6 065	547,6	15 664	914,3	28 054	1 592,5	41 842	2 667,4
	ursachen insgesamt	w	5 250	346,0	11 644	510,8	17 385	788,2	25 246	1 305,0
		zus.	11 315	431,1	27 308	683,9	45 439	1 145,4	67 088	1 915,0

einschließlich Berlin (West) im Jahre 1964 nach Alter und Geschlecht — absolute und relative Zahlen (Angaben des Statistischen Bundesamtes)

10 – 15		15 – 20		20 – 25		25 – 30		30 – 35		35 – 40		40 – 45	
abs.	rel.	abs.	rel.	abs.	rel.	abs.	rel.	abs.	rel.	abs.	rel.	abs.	rel.
–	–	9	0,5	20	0,8	62	2,5	110	5,5	196	10,4	266	16,2
–	–	4	0,2	8	0,4	31	1,4	67	3,6	94	4,6	100	4,5
–	–	13	0,4	28	0,6	93	2,0	177	4,6	290	7,4	366	9,5
–	–	4	0,2	3	0,1	2	0,1	3	0,2	4	0,2	3	0,2
4	0,2	4	0,2	8	0,4	3	0,1	6	0,3	1	0,05	7	0,3
4	0,1	8	0,2	11	0,2	5	0,1	9	0,2	5	0,1	10	0,3
1	0,05	1	0,1	2	0,1	3	0,1	1	0,1	9	0,5	8	0,5
1	0,05	–	–	2	0,1	5	0,2	1	0,1	9	0,4	7	0,3
2	0,1	1	0,03	4	0,1	8	0,2	2	0,1	18	0,5	15	0,4
1	0,05	5	0,3	5	0,2	5	0,2	4	0,2	13	0,7	11	0,7
5	0,3	4	0,2	10	0,5	8	0,4	7	0,4	10	0,5	14	0,6
6	0,2	9	0,3	15	0,3	13	0,3	11	0,3	23	0,6	25	0,6
1	0,05	14	0,8	25	1,1	67	2,7	114	5,7	209	11,0	277	16,9
5	0,3	8	0,5	18	0,8	39	1,7	74	4,0	104	5,1	114	5,1
6	0,2	22	0,6	43	0,9	106	2,2	188	4,9	313	8,0	391	10,1
1047	52,1	2231	122,7	4206	178,0	3927	160,0	3576	180,2	4503	238,0	5778	352,6
572	29,9	795	46,1	1306	59,4	1606	71,1	1877	102,2	3086	152,3	5149	231,4
1619	41,3	3026	85,4	5512	120,8	5533	117,4	5453	142,7	7589	193,6	10927	282,8

(Fortsetzung)

65 – 70		70 – 75		75 – 80		80 – 85		85 – 90		90 u. mehr + unbekannt	
abs.	rel.	abs.	rel.	abs.	rel.	abs.	rel.	abs.	rel.	abs.	rel.
861	80,2	596	82,1	418	86,1	205	80,0	61	64,0	13	67,9
192	11,9	236	19,7	218	27,9	124	31,0	43	28,5	14	41,6
1053	39,3	832	43,2	636	50,2	329	50,1	104	42,3	27	51,1
5	0,5	5	0,7	1	0,2	6	2,3	–	–	–	–
8	0,5	8	0,7	8	1,0	2	0,5	1	0,7	–	–
13	0,5	13	0,7	9	0,7	8	1,2	1	0,4	–	–
21	2,0	17	2,3	17	3,5	8	3,1	6	6,3	–	–
22	1,4	18	1,5	28	3,6	16	4,0	9	6,0	2	5,9
43	1,6	35	1,8	45	3,6	24	3,7	15	6,1	2	3,8
26	2,4	22	3,0	18	3,7	14	5,5	6	6,3	–	–
30	1,9	26	2,2	36	4,6	18	4,5	10	6,6	2	5,9
56	2,1	48	2,5	54	4,3	32	4,9	16	6,5	2	3,8
887	82,6	618	85,1	436	89,8	219	85,5	67	70,3	13	67,9
222	13,8	262	21,9	254	32,5	142	35,5	53	35,1	16	47,5
1109	41,4	880	45,7	690	54,5	361	55,0	120	48,8	29	54,9
43984	4094,6	44478	6123,4	45535	9374,9	36809	14373,4	20702	21732,7	6315	32910,9
35624	2216,1	46846	3911,5	54062	6925,6	47501	11866,9	28482	18886,4	9722	28826,7
79608	2968,5	91324	4746,6	99597	7865,7	84310	12844,8	49184	19988,2	16037	30306,9

VII. Anhang

„Franz-Redeker-Preis"
I. Ausführungsbestimmungen

1. Das Präsidium des Deutschen Zentralkomitees zur Bekämpfung der Tuberkulose schreibt jährlich (erstmalig 1957) einen Preis aus für eine bisher noch nicht veröffentlichte wissenschaftliche Arbeit auf dem Gebiet der Tuberkulosebekämpfung in sozialhygienischer Hinsicht (unter Ausschluß der medikamentösen oder operativen Therapie).

2. Der Franz-Redeker-Preis besteht aus einem Geldpreis von DM 4 000,—, der in einer Summe oder in Teilbeträgen an höchstens drei Bewerber vergeben werden kann. Der Franz-Redeker-Preis braucht nicht jährlich oder in voller Höhe vergeben werden, wenn keine der eingereichten Arbeiten den Anforderungen entspricht.

3. Die Preisträger erhalten eine Urkunde über die Verleihung des Preises.

4. Bewerbungsberechtigt sind alle Personen, die sich in Deutschland beruflich mit der Bekämpfung der Tuberkulose beschäftigen.

5. Über die Bewertung der Arbeiten entscheidet ein durch den Präsidialbeirat des Deutschen Zentralkomitees zur Bekämpfung der Tuberkulose zu bildendes Preisrichterkollegium, dem sowohl der Präsident als auch der Generalsekretär des Deutschen Zentralkomitees zur Bekämpfung der Tuberkulose angehören.

   Vor der Prüfung der einzelnen Arbeiten durch die Herren des Preisrichterkollegiums erfolgt eine kurze Begutachtung durch den Vorsitzenden des für das in der Arbeit behandelte Fachgebiet zuständigen Arbeitsausschusses des Deutschen Zentralkomitees zur Bekämpfung der Tuberkulose.

6. Die Bekanntgabe der Entscheidung des Preisgerichtes und die Verleihung des Preises an den oder die Preisträger erfolgt im Anschluß an die Beschlußfassung durch das Preisrichterkollegium, zu dem die Beurteiler der einzelnen Arbeiten eingeladen werden können.

7. Mit der Zuerkennung eines Preises geht die Arbeit in das ausschließliche Verfügungsrecht des Deutschen Zentralkomitees zur Bekämpfung der Tuberkulose über, welches auch über die Veröffentlichung an geeigneter Stelle gemeinsam mit dem Verfasser entscheidet.

8. Die Entscheidung des Preisrichterkollegiums ist bindend, Einsprüche gegen diese Entscheidung oder die Beschreitung des Rechtsweges sind nicht möglich.

9. Mit der Einsendung seiner Arbeit an das Deutsche Zentralkomitee zur Bekämpfung der Tuberkulose erklärt sich der Bewerber um den Franz-Redeker-Preis mit den vorstehenden Ausführungsbestimmungen einverstanden.

II Richtlinien zur Beurteilung der Franz-Redeker-Preise

preiswürdig	*bedingt preiswürdig*	*Freigabe zur Drucklegung*	*nicht wettbewerbsfähig*
I	II	III	IV
Zwischenstufen I—II	II—III		
Eigene Gedanken oder Ergebnisse zur Lösung einer sozialhygienisch aktuellen Frage	Kritische Auswertung fremder Forschungsergebnisse durch eigene Bearbeitung mit verwertbarer Beurteilung	Übersicht über Stand aktueller Fragen in der Tbk-Bekämpfung aufgrund umfangreichen Literatur-studiums mit kritischer Auswertung	Gelegenheitsarbeit ohne sichere eigene Forschungs- oder Erfahrungsergebnisse mit ungenügender Verwertung der Literatur
Bearbeitung eigenen Forschungsmaterials	Verwertung der wesentlichen (wenigstens inländischen) Literatur	Flüssige, stilistisch einwand-freie Darstellung mit klarer Disposition	Stilistisch schwierig, ohne übersichtliche Stoffeinteilung
Verwertung der wesentlichen (wenigstens inländischen) Literatur	Verständliche Ausdrucksweise, klare Disposition, befriedigender Stil		
Verständliche Ausdrucksweise, klare Disposition, guter Stil			

III

Vom Generalsekretär wurden 1965 dazu folgende Ausführungen gemacht:

Die Preisrichter geben sich die größte Mühe, bei der *Beurteilung der* eingesandten *Arbeiten* einen objektiven Maßstab anzulegen, und trotzdem kann die Zuteilung des Preises Glücksache sein. Wenn in einem Jahr nur wenige Arbeiten eingereicht worden sind, dann sind die Aussichten auf einen Preis wesentlich günstiger; bei einer größeren Anzahl von Arbeiten muß die eine oder andere unberücksichtigt bleiben, weil die Satzung der Stiftung höchstens eine Dreiteilung des Preises zuläßt. Die Möglichkeit einer vom Zentralkomitee empfohlenen *Veröffentlichung in der Fachpresse* ist dann ein gewisser, wenn auch schwacher Trost für den Autor.

Die Beurteilung erfolgt nach bestimmten Gesichtspunkten: Die Arbeiten sollen Neues, eigene Gedanken enthalten, sollen keine *handbuchmäßigen Zusammenstellungen* schon *bekannter Literatur* sein, sie sollen diese berücksichtigen und nicht als „Eigenmeinung" im leeren Raum stehen, sie sollen *keine Spekulationen* enthalten, sondern über Wahrnehmungen berichten, die *induktiv zu nachprüfbaren Schlüssen* führen. *Deduktive Ableitungen* im Sinne von „Arbeitshypothesen" sind nur dort von Wert, wo man aus ihnen mit „Wahrscheinlichkeit" eine Zukunftslösung ersehen kann. Zuletzt soll einer Arbeit, die Anspruch auf Zuteilung eines Preises erhebt, eine *klare Disposition* zu Grunde liegen; sie soll in wenigstens „anständigem" *deutschem Stil* geschrieben sein und möglichst wenige womöglich selbst erzeugte oder erschaffene Fremdwörter enthalten.

Sie werden sagen, daß das ein ganzes Bündel von Forderungen ist, deren Erfüllung nicht jedem Bewerber liegt. Aber wir würden den *Sinn des Redeker-Preises* entstellen, wenn wir anders verfahren würden; gilt doch der Preis dem Andenken eines Mannes, der sich nie ermüdend der Lösung von Fragen gewidmet hat, die er aus seiner damaligen Schau entsprechend der epidemiologischen Lage stellen mußte, und die für die Klärung der Pathogenese der Tuberkulose so fruchtbar und fördernd geworden sind.

Der Wunsch, kranken Menschen zu helfen, soll Ursprung der Fragestellungen sein, der *Drang, sich wissenschaftlich ernstlich mit den Problemen auseinanderzusetzen,* soll die Forschung befruchten. Es ist gleichgültig, ob es gelingt, nur in *einer,* aber wesentlichen Arbeit zu Lösungen beizutragen, oder ob ein Autor in fortbestehendem Wissensdrang und -durst immer wieder neue Fragestellungen aufgreift und diese einer stichhaltigen Beantwortung zuführen will. Der *Beweggrund, Unerforschtes zu ergründen* mit dem Ziel, *Krankheit zu heilen und zu bekämpfen,* ist und bleibt das Wesentliche, sei es mit Mitteln der individuellen oder denen der sozialen Therapie. Stoff dafür gibt es auch heute noch genug, ohne daß wir zum Augenblicke sagen müssen: „Verweile doch, du bist so schön!"

PRÄSIDIUM

Präsident Prof. Dr. S c h r ö d e r , Berlin
Vize-Präsident Direktor L i e b i n g , Frankfurt
Schatzmeister Direktor Dr. J e n s e n , Bremen
Generalsekretär Prof. Dr. K r e u s e r , Winnenden

Vertreter des Bundesgesundheitsministeriums:
  Ministerialdirektor Dr. S t r a l a u, Bad Godesberg

Vertreter von 4 Bundesländern:
  Senatsdirektorin Dr. von R e n t h e - F i n k , Berlin
  Präsident Dr. med. L ö f f l e r , Hamburg
  Obermedizinalrat Dr. S a t t l e r , Mainz   } ab 1. 4. 1966 für 2 Jahre
  Ministerialrat Dr. S t ö c k e l , Stuttgart

Vertreter des Verbandes Deutscher Rentenversicherungsträger:
  Direktor Dr. S c h l e m m , Hannover

Vertreter der Landesvereine:
  Direktor Z a p p e , Lübeck

Vertreter der Deutschen Gesellschaft für Tuberkulose und Lungenkrankheiten:
  Prof. Dr. K a l k o f f , Freiburg
  ab 1. 1. 1967 Ob. Reg. Med. Rat Dr. B r e u , Ludwigsburg

Vertreter des Bundes Deutscher Medizinalbeamten:
  Ob. Reg. Med. Rat. Dr. G ö t t s c h i n g , Freiburg

PRÄSIDIALBEIRAT

Der Präsidialbeirat setzt sich zusammen aus:

den Vorsitzenden der Arbeitsausschüsse

einem Vertreter der freipraktizierenden Lungenfachärzte:
  Dr. S t e i n h a e u s e r , Facharzt für Lungenkrankheiten, Hamburg-Altona

einem Vertreter der Arbeitsgemeinschaft der Spitzenverbände der Freien Wohlfahrt:
  Direktor S t a u s s , Frankfurt

einem Vertreter der Angestelltengewerkschaft:
  Dir. Dr. O b e r w i n s t e r , Köln

Vertretern der Arbeitergewerkschaft:
  Wilhelm M u s a , Düsseldorf
  Dr. K r u e l , München

VIII. Sachverzeichnis

Offsetdruck: Julius Beltz, Weinheim/Bergstr.